处世九策

U0507084

口才三绝

会赞美　会幽默　会拒绝

启文　编著

花山文艺出版社

河北·石家庄

图书在版编目（CIP）数据

口才三绝：会赞美 会幽默 会拒绝/启文编著
. -- 石家庄：花山文艺出版社，2020.5
（处世九策/张采鑫，陈启文主编）
ISBN 978-7-5511-5143-6

Ⅰ.①口… Ⅱ.①启… Ⅲ.①口才学—通俗读物
Ⅳ.① H019-49

中国版本图书馆 CIP 数据核字（2020）第 066316 号

书　　名：**处世九策**
　　　　　CHUSHI JIU CE
主　　编：张采鑫　陈启文
分 册 名：口才三绝：会赞美 会幽默 会拒绝
　　　　　KOUCAI SAN JUE：HUI ZANMEI HUI YOUMO HUI JUJUE
编　　著：启　文

责任编辑：郝卫国　张凤奇
责任校对：董　舸
封面设计：青蓝工作室
美术编辑：胡彤亮
出版发行：花山文艺出版社（邮政编码：050061）
　　　　　（河北省石家庄市友谊北大街 330 号）
销售热线：0311-88643221/29/31/32/26
传　　真：0311-88643225
印　　刷：北京朝阳新艺印刷有限公司
经　　销：新华书店
开　　本：850 毫米 ×1168 毫米　1/32
印　　张：15
字　　数：330 千字
版　　次：2020 年 5 月第 1 版
　　　　　2020 年 5 月第 1 次印刷
书　　号：ISBN 978-7-5511-5143-6
定　　价：89.40 元（全 3 册）

（版权所有　翻印必究·印装有误　负责调换）

前　言

人有很多种，但归根结底只有两种：会说话的人和不会说话的人。如果你在社会上工作久了，或者你社交得多了，就会发现这个社会可以把人按是否会说话分成两种：一种是不善言谈的人，也就是不会说话的人，这种人通常也不善于社交，至多就会死干活，而且有时候甚至连干活都干不好；另外一种人是能言善辩之人，也就是所谓的会说话的人。

你总会发现，那些会说话善于社交的人，通常在工作中都能够活得比较轻松，而且比较自在，也容易获得领导的喜欢和提拔。相反，不会说话的人，总是活得闷闷不乐的，工作经常都做不好，也不懂得社交，害怕与人接触。最终，工作也许勉强能够完成，但完成得不是很好。得不到领导的喜欢，也不容易升职加薪。所以不会说话是很吃亏的。

当然，会说话的人也有很多种，但归纳起来不外乎三种：会赞美，会幽默，会拒绝。

可以说，不管做什么事，与什么人交往，只要掌握了这三种说话技巧，都能体现出自己的高情商。这样的人，不论在人脉，还是事业方面，永远都比那些自闭、寡言的人收获更多。许多时候，他们不需要和别人比拼技能、资历、学识，只要他们一开口，就占了先机，就赢了。

会赞美，会幽默，会拒绝，是说话的精髓，它可以让你在第一时间就说对话，说好话，在最短的时间内引起对方的兴趣，并打动对方，使你在面对各种各样的人时，都能应对自如。

所以，从现在起，请张开你的嘴巴，练习好好说话吧。掌握了这三门说话本领，你就是赢家！

目　录

第一章
赞美有度："好话"不能张口就来

一个气球再漂亮、再鲜艳，吹得太小，不会好看；吹得太大，很容易爆炸。赞美就如吹气球，应点到为止，适度为佳。夸奖或赞美一个人时，有时候稍微夸张一点更能充分地表达自己的赞美之情，别人也会乐意接受。但如果过分夸张，赞美就脱离了实际情况，让人感觉到缺乏真诚。

高尔基曾经说过："过分地夸奖一个人，结果就会把人给毁了。"因为过分的夸奖，往往会使被赞美者不思进取，误以为自己已经是完美无缺了，从而停止前进的脚步。

赞美是好事，但非易事

美国钢铁大王卡内基，在 1921 年以一百万美元的超高年薪聘请夏布出任 CEO。许多记者问卡内基为什么是他。卡内基说："他最会赞美别人，这是他最值钱的本事。"卡内基为自己写的墓志铭是这样的："这里躺着一个人，他懂得如何让比他聪明的人更开心。"可见，赞美在社会交际中是多么重要，它是你混社会的金钥匙。

人都有获得尊重的需要，而赞美则会使人的这一需要得到极大的满足。正如心理学家所指出的：每个人都有渴求别人赞扬的心理期望，人被认定其价值时，总是喜不自胜。由此可知，你要想取悦客户，最有效的方法就是热情地赞扬他。

是的，每一个人都渴望得到别人的赞美，你如果能在工作中和生活中适时地运用赞美，学会欣赏，你的工作便会更加顺利，你的生活便会更加美好。无论在哪个领域，懂得赞美的人，肯定是优秀的人。

某公司销售员周强有一次去拜访一家商店的老板："先生，你好！""你是谁呀？""我是某某公司的周强。"老板一听说是某公司的，马上说："我不买产品，请你去别的地方推销吧。"周强说："今天我刚到贵地，有几件事想请教你这位远近出名的老板。""什么？远近出名的老板？""是啊，根据我调查的结果，大家都说这个问题最好请教你。""哦！大家都在说我啊！真不敢当，到底是什么问题呢？""实不相瞒，是……""站着谈不方便，请进来吧！"

就这样，周强轻而易举地取得了客户的信任和好感。有人不解，因为这商店的老板是没有任何人能说动的，就向周强请教秘籍。周强说："我没有任何秘籍，除了赞美。"

的确，赞美是混社会的一种必需的技能。要在最短的时间里找到对方可以被赞美的地方，这才是你混社会的本领。赞美的内容很多，只要你的赞美出自真诚，就能起到神奇的作用。

西汉时，渤海太守龚遂在任上的政绩非常突出，深受当地百姓爱戴，这件事不知不觉就传到了汉宣帝的耳中，这一天汉宣帝心血来潮，下了一道圣旨召龚遂进京面圣。

叩拜皇帝之后，宣帝当着满朝文武大臣的面问龚遂渤海郡是如何治理的（在这种情况下，很多人也许都会认为机会来了，忙不迭地大肆渲染自己的手段）。龚遂从容答道："启禀皇上，微臣才疏学浅，没有什么特别的才能，渤海郡之所以能治理得好，全都是因为皇恩浩荡，都是托陛下您的洪福啊！"

宣帝听了龚遂的赞颂，颇为受用，觉得他不居功自傲，是可塑之材，于是，当下给龚遂加官晋爵。

龚遂官场的成功，在于他运用了人际关系中"要懂得赞美别人"的技巧，没有把取得的成绩说成是自己的功劳，而归功于"皇恩浩荡"，皇帝在得到赞美的同时，必然会尽可能地去发现去挖掘龚遂的诸般好处，因为人与人之间的作用力是相互的。

赞美别人，仿佛用一支火把照亮别人的生活，也照亮自己的心田，有助于发扬被赞美者的美德和推动彼此友谊健康地发展，还可以消除人际间的龃龉和怨恨。赞美是一件好事，但绝不是一件易事。赞美别人时如不审时度势，不掌握一定的赞美技巧，即使你是真诚的，也会变好事为坏事。所以，开口前我们一定要掌握以下技巧。

赞美的话要适可而止

几乎每个人都喜欢美食，但即使是自己最爱吃的东西，吃得太多也会觉得腻。赞美也是如此。虽然人人都爱听好话，但是对他人赞美的话语并非就是多多益善。有时候，赞美的话说得过了头，反倒会弄巧成拙。

下面给大家讲一个日本超级保险推销员原一平刚开始运用赞美时，赞美过分的故事。

原一平到一位年轻的小公司老板那里去推销保险。进了办公室后，他便赞美年轻老板："您如此年轻，就做上了老板，真了不起呀，在我们日本是不太多见的。能请教一下，您是多少岁开始工作吗？"

"十七岁。"

"十七岁！天哪，太了不起了，这个年龄时，很多人还在父母面前撒娇呢。那您什么时候开始当老板呢？"

"两年前。"

"哇，才做了两年的老板就已经有如此气度，一般人还真培养不出来。对了，你怎么这么早就出来工作了呢？"

"因为家里只有我和妹妹，家里穷，为了能让妹妹上学，我就出来干活了。"

"你妹妹也很了不起呀，你们都很了不起呀。"

就这样一问一赞，最后赞到了那位年轻老板的七大姑八大姨，越赞越远了。最后，这位老板本来已经打算上原一平的保险的，结果也不买了。

后来，原一平才知道，原来那天自己的赞美没完没了，本来刚开始时，他听到几句赞美后，心里很舒服，可是原一平说得太多了，搞得他由原来的高兴变得不胜其烦了。

恰到好处、恰如其分的赞美，才是达到事半功倍的效果的关键，所以过多的赞美就适得其反了。在办公室里，常常有这样一群人，他们总是喜欢对着谁都是一阵吹捧，尤其喜欢向上司大献殷勤，以为这样就能够博得上司的好感，从而获得升迁。事实上，这可能一点作用也没有起到，说不定还起了反作用。

某公司有一个特别爱拍马屁的人，只要一看到他们部门经理就马上赞美一番。无论是经理的发型、领带、衣服、裤子、鞋子等等，从头到脚都被他夸奖了一番。他自以为这样就能给经理留下好印象，殊不知，经理每次都被他夸张的赞美弄得很烦，但有碍于其他同事在场不好发作。

有一次，公司的一个重要的方案交给这个人做，做完后他自我感觉良好。交上去就一直等待着被经理表扬。经理果然喊他到办公室一趟，他以为他终于要被表扬了，说不定还要被提拔，心情很放松。进入办公室，他还没等经理开口，又开始夸赞经理的办公室布置得如何好，经理这时脸色冷清地说："你嘴皮子的功夫倒是比你做方案的功夫好多了，看看你做的方案，出了这么多错！"

说赞美的话也有学问，并非是人人都能把赞美的话说到恰如其分。赞美也要适可而止，注意技巧，既能使对方欣然接受，不觉得赞美之言过火而心生烦躁，而且还要赢得对方对自己的好感，以达到其真正的赞美效果。赞美的语言是对别人言行举止或者身上的某个细节或者做事成效的一种表扬，要使用得当，恰到好处，也并非是越多越好，过分的语言，不切合实际的赞美，那就过犹不及了。

赞美其实是充满了无穷奥妙的一门学问，"赞美"的实质是能够抓住所赞美事物的实质。生活中的有些人经常会犯一些错误，就是见了什么都说好，信马由缰，天花乱坠，不懂装懂，本来的赞美之言，听起来倒像讽刺。作为一个赞美者，赞美不适度，反而会适得其反。因此，赞美别人一定要适可而止。赞美的尺度掌握得如何，往往直接影响赞美的效果。记住，恰如其分、点到为止的赞美才是真正的赞美。使用过多的华丽辞藻，过度的恭维，空洞的吹捧，只会使对方感到不舒服、不自在，甚至难受、肉麻、厌恶，其结果肯定是适得其及。

赞美用词要优雅得体

抓住一个人的独特之处进行委婉的赞美，最能赢取人心，调节气氛。这是有敏锐的观察、机智的应变能力才能达到的境界。

《红楼梦》中有这样的描述：史湘云、薛宝钗劝贾宝玉为官为宦，走仕途之路，贾宝玉大为反感，对着史湘云和袭人赞美黛玉道："林姑娘从来没有说过这些混账话！要是她说这些话，我早就和她生分了。"凑巧这时黛玉正好来到窗外，无意中听到这番话，使她不觉又惊又喜，又悲又叹。这之后，贾宝玉和林黛玉之间的爱情更加深厚了。

赞美别人，不单单是甜言蜜语，还要根据对方的文化修养、性格、心理需求、所处背景、语言习惯乃至职业特点、个人经历等不同因素，恰如其分地赞美对方。

张之洞任湖北总督时，适逢新春佳节抚军，谭继洵为了讨好张之洞，设宴招待他，不料，席间谭继洵与张之洞因长江的宽度争论不休。谭继洵说五里三，张之洞认为是七里三，两人各持己见，互不相让。眼见气氛紧张，席间谁也不敢出来相劝。

这时位列末座的江夏知县陈树屏说："水涨七里三，水落五里三，制台、中丞说得都对。"这句话给两人解了围，两人拊掌大笑，并赏陈树屏二十锭大银。

陈树屏巧妙且得体的言辞，既解了围，又使双方都有面子。这种赞赏就充分考虑了听者的心理和当时的情况。

人的素质有高低之分，年龄有长幼之别，因而特别的赞美比一般的赞美能收到更好的效果。老年人总希望别人不忘他当年的业绩与雄风，同其交谈时，可多称赞他引以为豪的过去；对年轻人，不妨语气稍微夸张地赞扬他的创造才能和开拓精神，并举出几点实例证明他的确能够前程似锦；对于经商的人，可称赞他头脑灵活，生财有道；对于有地位的干部，可称赞他为国为民，廉洁公正；对于知识分子，可称赞他知识渊博，宁静淡泊。当然这一切要依据事实，切不可流于虚情假意与浮夸。

在生活中，并不是人人都有好的口才，许多人的赞美往往"美"不起来。有的人说话不自在、不自然、不连贯，甚至面红耳赤，自己别扭，别人听了更别扭。还有的人因为不能恰当地运用赞美的语言，以致词不达意，反令被赞者极为尴尬。

一次，小刘的几位中学同学到自己家玩。刘妈妈对人非常热情，同这些当年的"小毛头"亲切地交谈起来。

听到大家都大学毕业了，工作也都不错，刘妈妈眼里流露出既高兴又羡慕的神色，摇着头叹息说："你看你们，是多好的孩子！一个个油光满面，到哪都讨人喜欢。俺那个崽，不会来事，三脚踹不出个屁来，到现在还没找到工作呢。"

一句话差点儿让大家背过气去，笑也不是，怒也不成。老太太本是好意，想夸奖他们一下，也许想说一句"春风满面"，但却用了一个"油光满面"，意思来了个一百八十度的大转弯。大家虽然都知道她老人家是一位文化不高的农村妇女，不知从哪里捡来一个连她自己也弄不懂的词语，但毕竟让人无言以对。

笨拙的讲话就像一架破烂不堪的录音机，使赞美这本该美妙动听的旋律变得刺耳难听，不能打动人，感染人，反而会损伤人的情绪，扭曲原意。

在一次管理层会议上，一位报告人登台了。会议主持人介绍说："这位就是吴女士，几年来她的销售培训工作做得非常出色，也算有点儿名气了。"

这末尾一句话显然是画蛇添足，让人怎么听都觉得不太舒服，什么叫也算有点儿名气呢？称赞的话如果用词不当，让对方听起来不像赞美，倒更像是贬低或侮辱。所以在表扬或称赞他人时一定要谨言慎行，注意措辞，尤其要把握好以下几条原则。

（1）列举对方身上的优点或成绩时，不要举那些无足轻重的内容，比如向客户介绍自己的销售员时说他"很和气"或"纪律观念强"之类与推销工作无关的事。

（2）赞美中不可暗含对方的缺点。比如一句口无遮拦的话："太好了，在屡次失败之后，你终于成功了一回！"

（3）不能以你曾经不相信对方能取得今日的成绩为由来称赞他。比如："真想不到你居然能做成这件事。"或是，"能取得这样的成绩，你恐怕自己都没想到吧！"

总之，称赞别人时在用词上要再三斟酌，千万不要胡言乱语。

赞美的话要说到点子上

赞美要有点专业精神，大而泛之的"真好啊""真美啊"之类的赞美，虽也属于赞美，但让人感到乏味与空洞，受到你赞美的人也激不起多少惬意。如果碰上多心或不够自信的人，说不定还会引起困惑或不安：会不会是故意这样说的呢？难道……

打个比方，别人要你看一篇他发表的文章。你看完后，只知道说"好啊好啊"的，很难取得赞美的效果。好在哪？视角独特？结构严谨？行文雅致？字字珠玑？这些话不说到，难道是因为在他的文章中找不到半点此类优点，才不得不空泛地说好？

邹忌在赞美齐威王琴艺时，是这么说的："……大王运用的指法十分精湛纯熟，弹出来的个个音符都十分和谐动听，该深沉的深沉，该舒展的舒展，既灵活多变，又相互协调，就像一个国家明智的政令一样……"

邹忌的赞美恰到好处，让人听了不会觉得他在故意逢迎，而是真心的赞美。但要恰到好处，多少需要一点专业知识，也就是说要"懂行"。懂行的话，你就能抓住需要赞美的事和物的本质，不会说乏味肤浅的空话。许多人常犯外行的错误，见了什么都说好，见了谁都说高，有的是不懂装懂，有的是只知其一，不知其二，语言不到位，说不到点子上，切不中要害，缺乏力度。

当然，世上的行业多如牛毛，我们不可能成为一个全才或通才。很多事物我们都没有拥有足够的知识去品味。这需要我们在平时有空多学习，扩大知识面。同时，对于你不具备基本知识的事物，在主动赞美时就应该避开。而在别人请你鉴赏或评论时，也可以实实在在地说明自己不懂，然后以外行的眼光简单地赞美也无可厚非。

　　有一次，我和几个朋友去拜访一位作家，谈到他新发表的中篇小说，有的说："写得真感人！"还有的说："我恐怕一辈子也写不出这么优秀的小说出来了。"其中有一位朋友说得有点特色："常言道，文如其人。您的这个中篇，全文大开大合，显示了您为人的大气；行文洗练，和您做事干脆利落的风格一致；对小人物的细腻刻画中，又见您善良悲悯的人文情怀；写的虽是悲剧但没有过多地沉浸于伤感，而是将视角抬升到了产生悲剧的原因，说明您对社会有着深刻的思考。"夸文赞人，在行在理，独辟蹊径，巧妙地换了个新角度，令人耳目一新。他的赞美与众不同，技高一筹。

　　可见，见解深刻的赞美是多么与众不同。不仅能让人对你刮目相看，更重要的是：能让被赞美者产生真实的认同感，能让他产生与你积极沟通与交流的愿望。

赞美要真诚，避免夸大其词

不管是赞美，还是恭维，稍微有些脑子的人，都知道你说的是真话还是假话。不过，人人都爱听好听的，假话说到位也受听，这里就涉及一个度的问题。过分的真诚，过分的做作，都超出了这个度，这个度的掌握，在口气里，在语言中，在表情上。

一个穷困潦倒的年轻人到达巴黎，他拜访父亲的朋友，期望对方帮自己找一份工作。

对方问："你精通数学吗？"他不好意思地摇摇头。"历史、地理呢？"他又摇摇头。"法律呢？"他再次摇摇头。"那好吧，你先留个地址，有合适的工作我再找你。"

年轻人写下地址，道别后要走时却被父亲的朋友拉着："你的字写得很漂亮啊，这就是你的优点！"年轻人不解。对方接着说："能把字写得让人称赞，一般来说是擅长写文章！"年轻人受到赞美和鼓励后，非常兴奋。

后来，他果然写出了经典的作品。他就是家喻户晓的法国作家大仲马。可见，给予真心、真诚的赞美，对方都会开心地接受并从中获得力量。

好的赞美要真诚，并且发自内心。生活中，很多人赞美别人的时候，都唯唯诺诺，声如蚊蚋。这种态度不可取，如果你用这样的态度和语气来赞美别人，显示不出你的情商。观察那些优秀的销售人员，你会发现他们夸赞别人的时候，都大大方方，不做作。

要知道，当一个人心情好的时候，思维就会变得活跃，思考问题会倾向于积极的一面，这有助于推动和加速两个人的互动关系。所以，要学会大方、真诚地赞美别人。当然，赞美别人的方式很多种，但切忌浮夸、造作。即使你的赞美缺少华丽的语言，但是只要能流露出真情实感，也会让人感觉到你的真诚——没有人能够拒绝真诚。

如，你可以夸女生漂亮，但是不可以说"你是我这辈子见过最漂亮的女生"这样的话，否则显得太虚假，一般人非但不会相信，反而会给你印上"浮夸"的标签。

贾经理在KTV唱歌时，跑调跑得厉害，最后连他自己都唱不下去了。他摆摆手说："哎呀，不行了，献丑了。"谁知他手下的一个职员马上说："唱得很好呢，简直和某某歌星不相上下。"贾经理听了，不但没高兴，还很奇怪地看了他一眼，然后不冷不热地说："我还是有自知之明的。"弄得那个职员十分尴尬。

这个职员在赞美经理时就没有遵循真诚的原则。他的赞美之词明显是随口说出的，所以经理会觉得不舒服。虽然人们都喜欢听赞美的话，但并非任何赞美都会让对方高兴。没有根据、虚情假意地赞美别人，不仅会让人莫名其妙，还会让人觉得你心口不一。例如，如果你见到一位相貌平平的先生，却偏要说："你太帅了。"对方就会认为你在讽刺他。但如果你从他的服饰、谈吐、举止等方面来表示赞美，他就可能很高兴地接受，并对你产生好感。

赞美绝不是阿谀奉承、言不由衷、夸大其词，甚至心怀叵测地夸赞对方的缺点和错误，就是非常卑鄙的了。这样的"赞美"，都不是正确的社交手段，而是钩心斗角的阴谋伎俩。所以，对人对事的评价绝对不能脱离客观基础，措辞也应把握分寸。

具体来说，真诚地赞美别人，在说话时应把握好以下几个说话要点。

第一，赞美别人要发自内心。

真诚的赞美是对对方表露出来的优点的由衷赞美，所赞美的内容是确实存在的，不是虚假的。这样的赞美才能令人信服。如果你赞美别人时口是心非，不是发自内心的，对方就会觉得你言不由衷，或另有所图。

第二，不要把奉承误认为是赞美。

真诚赞美是无本的投资，阿谀奉承等于以伪币行贿。真诚的赞美是发现——发现对方的优点而赞美之，阿谀奉承是发明——发明一个优点而夸奖之。

第三，赞美别人时要有眼神交流。

赞美时眼睛要注视对方，流露出一种专心倾听对方讲话的表情，让对方意识到自己的重要，这样才能达到一种无声胜有声的效果。

第四，赞美要有见地。

赞美对方的容貌不如赞美对方的服饰、能力和品质。同样是赞美一个人，不同的表达方法取得的效果会大相径庭。例如，当你见到一位其貌不扬的女士，却偏要对她说："你真是一位超级美女。"对方很难认可你的这些虚伪之辞。但如果你着眼于赞美她的服饰、工作能力、谈吐、举止，她一定会高兴地接受。

第五，用语要讲究一些。

要尽量避免使用模棱两可的表述，如"还可以""凑合""挺好"等。含糊的赞扬往往比侮辱性的言辞还要糟糕，侮辱至少不会带有怜悯的味道。

此外，赞美别人的时候，不能老想着能从他身上得到什么好处，能让他帮着干什么事。这样的赞美目的性太强，很容易让人觉得不舒服，甚至产生被戏弄的感觉。真诚赞美别人的前提是欣赏别人，如果赞美掺杂了很多目的性，那就动机不单纯了，一旦被人识破，就会遭人鄙视和厌弃。

真诚一直是人际交往中最重要的品质，真诚的赞美更容易获得他人的青睐。真诚的赞美，就是话语要做到准确、精炼，并且慷慨。此外，赞美行为并非局限于语言，可以是一张庆祝的小字条，一个拥抱，或者一个信任的眼神。

别让赞美变阿谀奉承

在与人交往时，有些人总是竭力恭维、美言别人。他们认为既然人都是喜欢听好话的，那么，自己多说好话自然就能取得好效果。殊不知别人并不怎么买好话的账。这是什么原因呢？

赞美并不等于善言，赞美适度才是善言。如果错误地把赞美当作善言，不分对象、不分时机、不分尺度，在交际中总是千方百计、搜肠刮肚找出一大堆的好话、赞词，甚至把阿谀当作善言，那么常常会事与愿违。

那么，如何准确地把握赞美，使赞美恰如其分而不失度地成为真正的善言，取得事半功倍的效果呢？

1. 因人而异，使赞美具有针对性

赞美要根据不同人的年龄、性别、职业、社会地位、人生阅历和性格特征进行。对青年人应赞美他的创造才能和开拓精神；对老年人则要赞美他身体健康、富有经验；对教龄长的教师可赞美他桃李满天下，对新教师这种赞美则不适当。

2. 借题发挥，选择适当的话题

赞美本身不是目的，而是为自荐创造一种融洽的气氛。比如看到电视机、电冰箱先问问其性能如何；看到墙上的字画就谈谈对字画的欣赏知识，然后再借题发挥地赞美主人的工作能力和知识阅历，从而找到双方的共同语言。

3. 语意恳切，增强赞美的可信度

在赞美的同时，准确地说出自己的感受，或者有意识地说出一些具体细节，都能让人感到你的真诚，而不至于让对方以为是过分的溢美之词。如赞美别人的发式可问及是哪家理发店理的，或说明自己也很想理这样的发式。美国前总统罗斯福在赞扬英国前首相张伯伦时说："我真感谢你花在制造这辆汽车上的时间和精力，造得太棒了。"总统还注意到了张伯伦曾经费过心思的一个细节，特意把各种零件指给旁人看，这就大大增强了夸赞的诚意。

4. 注意场合，不使旁人难堪

在多人在场的情况下，赞美其中某一人必然会引起其他人的心理反应。假如我们无意中赞美了某职称晋升考试中成绩好的人，那么在场的其他参加考试但成绩较差的人就会感到受奚落、挖苦。

5. 适度得体，不要弄巧成拙

不合乎实际的赞美其实是一种讽刺，违心地迎合、奉承和讨好别人也有损自己的人格。适度得体的赞美应建立在理解他人、鼓励他人、满足他人的正常需要及为人际交往创造一种和谐友好气氛的基础之上。

在这个物价高企的社会，美丽的辞藻是为数不多的免费"物资"之一。你不用花钱，就可以拿赞美当礼物送给别人。而接受

你礼物的人，会回馈你感激与友好。除此以外，你还将享受感激与友好带来的一切回报。

第二章
赞美有料：一句话要把人说得笑

为人处世时，不要以为一味地赞美就能赢得他人的心。因为陈词滥调或者不着边际的赞美只会惹人生厌，赞美的直接目的是让对方高兴，如果你不想让对方出现审美疲劳的话，赞美的话一定要有新意，切忌老调重弹。

喜新厌旧是人们普遍具有的心理，所以赞美他人时要尽可能有些新意。陈词滥调的赞美，会让人觉得索然无味，而新颖独特的赞美，则会令人回味无穷。

赞美要带着情商

心理学家威廉·杰姆斯说："人性最深层的需要就是渴望别人欣赏。"心理学研究发现，人性都有一个共同的弱点，即每一个人都喜欢别人的赞美。一句恰当的赞美犹如银盘上放的一个金苹果，使人陶醉。

当然，赞美人并不是一件容易的事，正如水能载舟亦能覆舟一样。适当的赞美之词，恰如人际关系的润滑剂，使你和他人关系融洽，心境美好；而肉麻的恭维话却让人觉得你不怀好意，从而对你心生轻蔑。

古时有一个说客，说服别人的功力堪称一流。他曾当众夸口道："小人虽不才，但极能奉承。平生有一志愿，要将一千顶高帽子戴给我遇到的一千个人，现在已送出了九百九十九顶，只剩下最后一顶了。"一长者听后摇头说道："我偏不信，你那最后一顶用什么方法也戴不到我的头上。"说客一听，忙拱手道："先生说得极是，不才走南闯北，见过的人不计其数，但像先生这样秉性刚直、不喜奉承的人，委实没有！"长者顿时手持胡须，扬扬自得地说："这你算说对了。"听了这话，那位说客哈哈大笑："恭喜先生，我这最后一顶高帽已经戴到先生头上了。"

这个故事生动地说明了，再刚正不阿的人，也无法拒绝一个说到他心坎上的赞美。

很多人都说自己并不喜欢听别人对自己的赞美，那只是他们不喜欢听到重复、老套、空洞的赞美。高情商的人赞美别人的时候，往往会让人听得"上瘾"。

那什么是高情商的赞美？来看两段对话。

有个女生买了一个包包。你可以这样说："哟，这个包包真漂亮，从哪里买的？我前段时间也看上这款了，记得很贵的，怎么也得四五千元。"

对方说："没有啦，也就一千多点。"

"不会吧，完全看不出来，你就骗我吧。"

这是通过物贵来赞美，当然，也可以通过"人贱"来赞美。

遇到一个锻炼身体的老人，你可以说："您老人家这腿脚，这身子骨，有五十五了吗？"

"哪有，早过了，今年七十八啦。"

"不会吧，看上去至少要年轻十岁啊。"

想必老人听了，心里乐开了花。

可以说，每个人身上都可以找到值得夸赞的地方，只要你的情商足够高，就会发现不同的赞美点。

在居民小区的早点铺子里，有两位顾客都想让老板给他添些稀饭。一位皱着眉头："老板，太小气啦，只给这么一点，哪里吃得饱？"结果老板说："我们稀饭是要成本的，吃不饱再买一碗好啦。"无奈这位客人只好又添钱买了一碗稀饭。另一位客人则是笑着说："老板，你们煮的稀饭实在太好吃了，我一下子就吃完了。"结果，他拿到一大碗又香又甜的免费稀饭。

两个人两种说方式，得到两种不同的结果，可见会说话是多么重要。在我们的生活中，人人都需要赞美，赞美不一定要把人夸得心花怒放，许多时候，它是一种社交礼仪、素养、情商的体现。

比如，我们到菜市场买菜的时候，有的摊贩嘴很甜：

"这位帅哥，要来点什么，都便宜处理了。"

"这位美女，想买点什么，今天做特价。"

见到一位女士就是"美女"，对方听了，也会欣然接受：既然这么热情，谁家都是买，就买你家的吧。结果，嘴甜的商贩生意特别好。

所以说，人人都喜欢被赞美。但是，与矫揉造作、阿谀奉承这种拍马屁式的赞美不同，高情商地赞美别人，一定要表现出一种诚意，一种胸怀，一种发自内心的欣赏。

赞美要有新意，忌老调重弹

为人处世时，不要以为一味地赞美就能赢得他人的心。因为陈词滥调或者不着边际的赞美只会惹人生厌，赞美的直接目的是让对方高兴，如果你不想让对方出现审美疲劳的话，赞美的话一定要有新意，切忌老调重弹。

有这么一个故事。

一位将军听说有人称赞他漂亮的胡须，非常高兴。因为之前，几乎所有人都会称赞他的英勇善战及富于谋略的军事才干。作为一个军人，不论在这方面怎样赞美他，他都很少会产生自豪感。而赞美他胡须的那个人，他的聪明之处在于，在他的赞美词中增加了新的条目，使他的赞美让人耳目一新。

由此可见，有新意的赞美是多么重要。

有新意的赞美之所以让人印象深刻，是因为它能反映赞美者较高的情商，以及他对被赞美者的深入了解，和独具匠心的观察。因此，在赞美别人的时候，要花一些心思，多添加一些新鲜的元素，这样会提升赞美的效果。

1. 配合一个小礼物进行赞美

一次，王经理过生日的时候，收到下属的一件礼物，是一条领带。这个礼物选得有品位，又不夸张。更有意思的是，下属还对王经理说了这样一句话："谢谢您一直以来的信任，希望您继续领着我、带着我，一起成长和进步。"

哪个领导会拒绝这样送来的"领带"呢？可以看得出来，这位下属不只是嘴上说说而已，私下他是用了心的。所以说，如此的赞美，自然难以让人拒绝。

2.适当赞扬他人的缺点

赞扬缺点？那不是反讽，或是挖苦对方吗？当然不是，这要看你的情商与话术了。应用这种方式赞美他人的原理是：对于优秀的人来说，被他人赞扬是很常有的事，所以如果你仍然赞扬对方的优点，很难给对方造成深刻印象，这时，可以从他的缺点入手进行赞美。比如，一位身材很好的女生，皮肤稍黑，你再说她身材好，很难能给她留下深刻的印象，因为有太多的人说过她身材好。那你可以说："你的肤色看上去非常健康，一看你就经常运动。"

当然，赞扬他人的缺点也有相当的风险，操作起来难度较大，很容易让对方觉得你是在"讽刺"他，所以，使用这种方法一定要考虑双方的关系、说话的场合等。

3.利用第三者进行赞美

如果你跟对方有不少的共同朋友，则非常适合使用这个方法。比如：

"小何曾跟我讲过，他觉得你做事很靠谱，很实在。"

"说实话，无论是长辈，还是我的一些朋友，当他们谈及你的时候，都对你赞赏有加。"

接着，你感受下面的两说法，哪种更好一点。

"你读书真的很用功。"

"张老师跟我说过，你读书真的很用心。"

这两者的区别：我们有时潜意识认为，眼前和我聊天的这个人，可能会因为利益而讨好我、说好话；而转述第三者的赞美就不一样了，让人感觉更加真实，不做作。

这里需要注意的是，你在赞美对方时提到的"第三者"最好是对方比较信赖或是看重的人。有时，我们说对方如何如何，对方不一定会相信，当你通过第三者之口赞美时，可信度更高。

4. 公开场合进行赞美

很多时候，在公开场合赞美，要比私下赞美更有说服力。比如，你和老王一起跟领导汇报工作，你说："李总，我们小组这次项目之所以能够顺利地完成，很大程度也是因为有老王的帮助。他给我们提供了非常详细的数据，讲解时也很耐心，真的很不错……"这时，老王定会向你投来感激的目光。公开赞美不仅表示出了你的诚意，也让其他人对他有更多积极的了解。你既表示出了自己真诚的品质，也提高了他在圈子内的名声，对方有什么理由不喜欢你呢？

5. 加一点善意的谎言

当一个人身上不具备某些优势时，适当的赞美也可以让其信心倍增。出于这样的善意，高情商的人在赞美别人的时候，也会点缀一点谎言。

鼎鼎大名的音乐家勃拉姆斯是个农民的儿子，因家境贫寒，从小没有接受过良好的教育，更别说系统的音乐训练了。因此勃拉姆斯很自卑，音乐变成了他遥不可及的梦想。

一次勃拉姆斯认识了音乐家舒曼，受到舒曼的邀请去做客。勃拉姆斯坐在钢琴前弹奏起自己以前创作的一首C大调钢琴鸣奏曲，弹奏得有些不顺畅，舒曼则在一旁认真地听。一曲结束后，舒曼热情地张开怀抱，高兴地对勃拉姆斯说："你真是个天才呀！年轻人，天才……"

勃拉姆斯有些惊讶地说："天才？您是在说我吗？"他简直不敢相信自己的耳朵，因为从来没有人这样的夸奖过他，从此，勃拉姆斯消除了自卑感，并拜舒曼为师学习音乐，改写了自己的一生。

其实，勃拉姆斯的演奏水平还没有那么高，但是舒曼却用善意的谎言为他坚定了信心，使勃拉姆斯变成了一个有激情、自信的人。所以，用善意的谎言赞美别人，可以推进对方，让他生出信心和勇气。

喜新厌旧是人们普遍具有的心理，所以赞美他人时要尽可能有些新意。陈词滥调的赞美，会让人觉得索然无味，而新颖独特的赞美，则会令人回味无穷。

寓鼓励于赞美之中

不是任何赞美都会产生正面效应，任何事情都要有个"度"。对学生、下属、晚辈等表示赞美，如过分使用溢美之词则可能会助长对方骄傲、自满、浮躁的情绪，不利于对方学习、工作、做人等进一步的发展。如一位母亲赞美孩子："你是一个好孩子，你这种刻苦的精神让我很感动。"这种话就很有分寸，不会使孩子骄傲。但如果这位母亲说："你真是一个天才，在我看到的小孩中，没有一个人赶得上你的。"那就会使孩子骄傲，把孩子引入歧途。

这就要求我们在赞美这类人时应当把握好分寸，适可而止。少一些华丽的不切实际的溢美之词，多一些实实在在的引导、肯定和鼓励，既满足对方自我价值实现的心理，又令其感受到肩上的责任和期冀，从而更加努力上进。

丰子恺考入浙江第一师范大学后，李叔同教他图画课。在教写生课时，李叔同先给大家示范，画好后，把画贴在黑板上，多数学生都照着黑板上的示范画临摹起来，只有丰子恺和少数几个同学依照李叔同的做法直接从石膏上写生。李叔同注意到了丰子恺的颖悟。一次，李叔同以和气的口吻对丰子恺说："你的图画进步很快，我在南京和杭州两处教课，没有见过像你这样进步快速的学生。你以后，可以……"李叔同没有紧接着说下去，观察了一下丰子恺的反应。此时，丰子恺不只为老师的赞扬感到欢欣鼓舞，更意识到在老师没有说出的话当中包含着对他前程的殷切希望。于是，丰子恺说："谢谢！谢谢先生！我一定不辜负先生的期望！"李叔同对丰子恺的赞扬，激励他走上了艺术道路。丰子恺后来说："当晚李先生的几句话，确定了我的一生……这一晚，是我一生中的一个重要关口，因为从这晚起，我打定主意，专门学画，把一生奉献给艺术，几十年来一直没有变。"

将鼓励寓于赞美之中，一定要注意赞美须具体、深入、细致。

抽象的东西往往很难确定它的范围，难以给人留下深刻印象；而美的东西应该是看得见、摸得着的，感受得到的，像前面的母亲夸孩子刻苦，这很具体。如果要称赞某人是个好推销员，可以说："老王有一点非常难得，就是无论给他多少货，只要他肯接，就绝不会延期。"所谓深入、细致就是在赞美别人的时候，要挖掘对方不太显著的、处在萌芽状态的优点。因为这样更能发掘对方的潜质，增加对方的价值感，赞美所起的作用更大。

譬如说，有人送你一只花瓶，你说一句感谢话自然是必需的。但称谢的同时，再加以对花瓶的称赞，赠送者一定会更高兴。"这花瓶的式样很好，摆在我的书桌上是再合适不过了。"称赞中要隐喻对方的选择得当，他听了一定很高兴，说不定他下次还有另外一件东西送给你呢！

"好极了，这张唱片我早就想买了，想不到你送来了。"如果真是你渴望了许久的东西，你应该立即告诉送给你的人。

"对我来说这收音机再合适不过了，以后每天我们都可以有一个愉快的下午了。"直接把你打算如何使用这礼物说出来，是一个很好的赞美方法。

"我从来不曾有过这么漂亮的手帕。"把最大的尊荣给予赠送者，他一定会感到很高兴的。

　　感谢和称赞，是有密切的连带关系的。"承蒙你的帮助，我非常感谢。"这仅仅是感谢，如果再加上几句："要不是靠你的帮助，一定不会有这么好的结果。"加上了这样一句话，就显得完美多了。

嬉笑怒骂皆可赞美

在球场上，我们经常听到踢球或打球的小伙子们用粗俗的语言来赞美对方，大家不仅不觉得刺耳，反而觉得有一种十分朴实、真挚的情谊隐于其中，而受到夸奖者也不以粗话为不敬，相反，往往更加得意，十分快活，有时还会用粗话还击，将对方着实地再夸上一番。在一场足球赛中，一个小伙子截到球后，快速出击，左躲右闪，连过数人，飞起一脚攻破对方大门。只见胜方的队员们个个大喜，一个小伙子冲上去就给那位破门勇士一拳，大叫着："真是'牛'脚。"两人哈哈大笑。

看来，只要骂得得体，同样会有夸奖的效果。这大概正反映了男人们渴望挣脱枷锁、追求野性力量的一种心态吧！真实，嬉笑佯怒又何尝不是赞美之法呢？

赞美一个人，并不是做报告或谈工作，没必要十分严肃。赞美贵在自然，它是人际交往活动中在一定场景下的真情流露。僵硬、虚夸、做样的赞美，即使是出于真心实意，也会让人反感、提防，甚至将你归于阿谀小人之列了。所以，赞美的方式是多种多样，而且是千变万化的，在嬉笑怒骂间常可收到出奇的效果，从而增进你与朋友的友谊。

有位大学生，成绩总是第一，大家打心眼儿里佩服他，尊敬他。一次，他又考了第一名。在饭后的"侃大山"中，好几位同学都夸了他，却没有一位是用直接赞美的方式。一位同学故作心痛，手捂胸口，叹息道："既生我，何生你。"引得众人大笑。另一位作嬉皮笑脸状："今晚跟我去看录像吧，既然我赶不上你，把你拉下马也成。"而另一位同学则一副怒不可遏的样子："这日子没法过了！"惹得同学们一阵欢笑。那位成绩第一的同学也跟着大伙笑，并真诚地表示自己一定会尽全力帮助别人。他在同学们中的形象更好了。

嬉笑怒骂皆赞美是要讲究对象、场合和方式方法的。如果不顾及你与对方的关系、所处的环境而滥用此法，别人就会觉得你不庄重、不真诚、俗不可耐，不但不能收到赞美对方的效果，反而影响了自己的形象。

一般来说，嬉笑怒骂应用于非正式的场合，如在聊天、锻炼、娱乐中，在比较正式的场合，特别是大庭广众之下，切忌这些太随便的方式。

另外，嬉笑怒骂用于青年人中间，特别是同学、朋友间比较合适。对话人之间应彼此熟悉，关系较为亲密。一般的朋友或初次见面时，则不宜采用此法。在有上、下级关系或长、晚辈关系的人之间，更不宜用嬉笑怒骂的方式来赞扬对方。

嬉笑怒骂还不宜使用得过于频繁。因为这种正话反说、随随便便的赞美方式本身就有一定的冒犯他人的性质，如使用过滥，不仅会使赞美串了味，使对方误以为你是在挖苦他，而且你个人的形象也会因此受到极大的损害。

善于说祝贺的话

祝贺是人际交往中常用的一种交往形式，一般是指对社会生活中有喜庆意义的人或事表示良好的祝愿和热烈的庆贺。通过祝贺表示你对对方的理解、支持、关心、鼓励和祝愿，以抒发情怀，增进感情。

祝贺语从语言表达形式看可以分为祝词和贺词两大类。

祝词是指对尚未实现的活动、事件表示良好的祝愿和祝福之意。比如重大工程开工、某会议开幕、某展览会剪彩要致祝词；前辈、师长过生日要致祝寿词；参加酒宴要致祝词；等等。

贺词是指对于已经完成的事件、业绩表示庆贺的祝颂。比如毕业典礼上，校长对毕业生致贺词；婚礼上亲朋好友对新郎新娘致贺词；对同事、朋友取得重大成就或获得荣誉、奖励致贺词，等等。

祝贺要注意以下两点：

1. 祝贺要注意场合

一般说，祝贺总是针对喜庆意义的事，因此，不应说不吉利的话和使人伤心不快的话，应讲一些喜庆、吉祥、欢快的话，讲使人快慰和振奋的话。如言辞与情绪不合场合，就必定要碰壁。

鲁迅在散文《立论》中讲到这样一个故事：一户人家生了个男孩，合家高兴透顶。满月的时候，抱出来给人们看，自然是想得到一点好兆头，客人们众说纷纭。一个说："这孩子将来会发大财的。"一个说："这孩子是要做大官的。"他们都得到了主人的感谢。只有一个人说："这孩子将来是要死的。"虽然他说的是必然，但还是遭到大家一顿合力痛打。从讲话艺术的角度看，他不顾当时特定情景，讲了不合时宜的话，遭到大家的痛殴，这也是难免的。

2. 祝贺词要简洁，有概括性

祝贺词可以事先做些准备，但多数是针对现场实际，有感而发，讲完即止，切忌旁征博引，东拉西扯。语言要明快热情、简洁有力，才能产生强烈的感染力。

有些祝词、贺词要进行由此及彼的联想、因景生情的发挥，但必须紧扣中心，点到为止，给听众留下咀嚼回味的余地。比如：

某人主持婚礼。新郎是畜牧场技术人员，新娘是纺织厂女工。婚礼一开始，他上前致贺词：

"我今天接受爱神丘比特的委托，为新时代牛郎织女主持婚礼，十分荣幸。"

新郎新娘交换礼物。新郎为新娘戴上金戒指，新娘送给新郎英纳格手表。这时，主持人又上前致辞说：

"黄金虽然贵重，不及新郎新娘金子般的心；英纳格手表虽然走时准确，也不及新郎新娘心心相印永记心间。"

他的即兴婚礼贺词，得体而又热情，简洁而又明快，博得了一阵热烈的掌声。

每个人都有喜欢被别人恭维的心理，即使那些平时说讨厌恭维的人其实内心也是喜欢听恭维话的。最重要的是，你的恭维话要说得巧妙，不显山露水，不露丝毫痕迹，恰到好处，被恭维的人就会怡然自得了。

第三章
赞美有方：有技巧的表达更能俘获人心

恰到好处地赞美别人，让别人情不自禁地感到愉悦和鼓舞，从而对赞美者产生亲切感。彼此的心理距离因为赞美而缩短、靠近，从而达到赞美者的目的。善于赞美他人，往往会成为你为人处世的有力武器。

赞美要"有理有据"

英国著名哲学家培根说:"即使是真诚的赞美,也必须恰如其分。"这里所说的恰如其分,是指赞美别人要具体、确切,避免空泛、含混。赞美是需要理由的,赞美越具体明确,就越能让人觉得真诚、贴切,其有效性就越高。相反,空泛、含混的赞美由于没有明确的赞美理由,经常让人觉得难以接受。

比较一下下面两个例子。

甲:"你的论文非常有创新性,比如关于智能家居方面的问题,提得非常好,不但大多数人没想到,而且你竟然提出了改进意见。相信你对自己的文章也非常满意。"

乙:"你的论文写得真是太棒了,我觉得非常好。"

甲乙两人虽然同时表达了赞美之情,但甲的赞美更实在,更容易让人接受。而乙的话却说得像是场面话,缺乏那么一点诚意。所以,在赞美别人时,不妨把话说得具体、清楚些。

要知道,当你夸一个人"真棒""真漂亮"时,他的内心深处就会立刻产生一种心理期待,想听听下文,以求证实:"我棒在哪里?""我漂亮在哪里?"此时,你如果没有具体化的表述,就会让对方非常失望。所以,你就应该证明给他看。

王小姐是一个大型企业的总裁秘书,有三个客人都跟她说想要见她的领导。第一个客人对她说："王小姐，你的名字挺好的。"当时王小姐心里特想听听她的名字好在哪儿，结果，那位客人不再说了。王小姐感觉那个人不真诚。

第二个客人说："王小姐，你的衣服挺漂亮的。"王小姐立刻想听听她的衣服哪里漂亮，结果也没了下文，话还是没有说到位，让王小姐很失望。

第三个客人说："王小姐，你挺有个性的。"当王小姐想知道自己到底有什么样的个性时，那个客人接着说："你看，一般人都是把手表戴在左手腕上，而你的戴在右手腕上……"王小姐听后，感觉自己确实有点与众不同，很高兴，于是就让第三个客人见了她的领导，结果签了一个十万元的单子。这个十万元对于第三个客人来说，是很大的一笔生意。

上例中前两位客人由于赞美的话都是泛泛之词，只有第三位才把赞美的话具体化，最终签了大单。可见，赞美之词应当讲究具体才行。而像"你太漂亮了，你真棒，你真聪明"之类的赞美，比较笼统、空洞、缺乏热忱，有点像外交辞令，太程式化，会给人一种敷衍的感觉，有时甚至有拍马屁的嫌疑，会让人怀疑你的动机不纯，容易引起对方的反感与不满。

但是，如果你能详细地说出她哪里漂亮，她什么地方让你感觉很棒，她怎么聪明，那样，赞美的效果就会大不相同。因为具体化可视、可感觉，是真实存在的，对方自然就能由此感受到你的真诚、可信。因此，赞美只有具体化，才能深入人心，才能与对方内心深处的期望相吻合，从而促进你和对方的良好交流。

那么，我们如何观察才能发现对方具体的优点，并用恰当的语言表达出来呢？

1. 指出具体部位的亮点

我们可以从他人的相貌、服饰等方面寻找具体的闪光点，然后给予评价。

比如，当你赞美一位女士时说"你太漂亮了"，不如说"你的皮肤真白，你的眼睛很亮，你的身材真高挑，在美女群中很抢眼……"她的脑海里就会马上浮现出"白皙的皮肤，美丽的眼睛，苗条的身材……"这样，你的赞美之词就会让她难以忘怀。因为具体化的东西往往是可视、可感觉的，对方自然能够由此感受到我们的真诚、亲切与可信。

2. 和名人做某种比较

对于外表的赞美，倘若能结合名人来做比较，效果会更好。社会名人和明星往往是大家喜欢甚至崇拜的对象，他们的知名度也比较高。如果你想夸赞某人，若能指出他的整体或某个部位像哪一位名人或明星，自然就提高了他的形象。

3. 以事实为根据进行引申

用事实做根据，从而引申出对性格、品位、气质、才华等方面的赞美。比如：当你看到一位女士佩戴的珍珠项链，你可以这样赞美她："您真有品位，珍珠项链显得自然高贵，英国的戴安娜王妃就最喜欢珍珠首饰了。"

当你看到同事家挂在墙上的结婚照时，可以这样说："你应该多送你太太聘礼。"同事不解地问："为什么？"你若这样解释："因为你娶了一位电影明星啊。"他听到这样的夸赞后，心里一定美极了。

在人际交往中，要想使我们的赞美效果倍增，就要学会具体化赞美，即在赞美时具体而详细地说出对方值得赞美的地方。这样既能让对方感受到我们的真诚，又能让我们的赞美之词深入人心。

背后的赞美更有"杀伤力"

我们都知道，在背后说一个人的坏话是会传到当事人的耳朵里，但是却很少想过，在背后赞美一个人也会传到对方耳朵里。常常，我们为了讨好别人，朋友、同事或者上司，总是拼命地想尽办法说出些打动他们的话，但是很多时候却没看到什么效果。殊不知，在背后的赞美往往会有奇效。

有一家公司的经理，是一个很有才能的人，但是脾气比较古怪。由于经理对公司经营有方，使得公司赢利丰厚。所以，经理难免心里飘飘然，希望多听到下属对自己的称赞和恭维。

刚开始，每当经理谈成一笔生意的时候，下属们都交口称赞，经理也很得意，心花怒放。可是时间久了，经理感觉这样的赞美太单一，也觉得这样的称赞缺乏诚意，有些索然无味了。就算有人当着他的面，把他夸上了天，他也显露不出一丝的满意。因此，当着经理的面，大家都不知道该赞美好呢，还是默不作声好。

有一次，经理又成功地谈成了一笔大生意，非常开心地和下属们开庆祝会。公司里新来的小彭一直都很景仰经理，这次更感觉经理是商业上的天才，因此，忍不住向身边的同事赞美起了经理，并表示能跟着这样的经理做事，真是受益匪浅，还说要以经理为榜样。

后来，经理从别人的口中听到了小彭对自己的夸赞，十分开心，他满意地对大家说："像小彭这样工作努力又谦虚的员工，才是我们公司要培养的目标啊。"

很快，小彭就受到了经理的重用，职场生涯也因此平步青云。

所以，如果你要赞美一个人时，背后说的效果往往比当面说的效果不知道要好多少。因为，当面夸赞一个人，别人也许会以为你是在讨好他，可能不会放在心上。而背后赞美一个人，往往让别人觉得你特别真诚，他也会打心底高兴，对你也会产生好感。换个角度想，如果有人告诉你，某某在背后说了你很多好话，你是不是也会特别高兴呢？所以，这样的方式对每个人都是受用的。

在日常生活中，如果我们想赞扬一个人，不便对他当面说出或没有机会向他说出时，可以在他的朋友或同事面前，适时地赞扬一番。

据国外心理学家调查，背后赞美的作用绝不比当面赞扬差。此外，若直接赞美的度不足会使对方感到不满足、不过瘾，甚至不服气，过了头又会变成恭维，而用背后赞美的方法则可避免这些问题。因此，有时不适合当面赞扬时，不妨通过第三者间接赞美，这样的效果可能会更好。

每个人都认为"天生我材必有用"，工作中的每一点成绩都能使自己有一种自豪感。所以，在工作中恰到好处地赞美合作者所付出的才智、汗水、努力和作用，会使对方感到自己在工作中的价值，获得心理上的满足，使合作双方的关系更融洽。

借第三者之口赞美

每个人都喜欢被赞美的感觉，所以很多人都利用这一点去赢得他人的好感，但是老是当面赞美别人，即便语言再动听，听多了也是会麻木的。其实有一种赞美别人的方式，那就是通过第三人之口去赞美一个人，这是你与那个人关系融洽的好方法。

比如，若当着面直接对对方说"你看来还那么年轻"之类的话，不免有点恭维、奉承之嫌。如果换个方法来说："你真是漂亮，难怪某某一直说你看上去总是那么年轻！"可想而知，对方必然会很高兴，而且没有阿谀之嫌。因为一般人的观念中，总认为"第三者"所说的话是比较公正的、实在的。因此，以"第三者"的口吻来赞美，更能得到对方的好感和信任。

1997 年，金庸与日本文化名人池田大作展开一次对话，对话的内容后来辑录成书出版。在对话刚开始时，金庸显现了谦虚的态度，说："我虽然与会长（指池田）对话过的世界知名人士不是同一个水平，但我很高兴尽我所能与会长对话。"池田大作听罢赶紧说："您太谦虚了。您的谦虚让我深感先生的'大人之风'。在您的七十二年的人生中，这种'大人之风'是一以贯之的，您的每一个脚印都值得我们铭记和追念。"池田说着请金庸用茶，然后又接着说："正如大家所说'有中国人之处，必有金庸之作'，先生享有如此盛名，足见您当之无愧是中国文学的巨匠，是处于亚洲巅峰的文豪。而且您又是世界'繁荣与和平'的香港舆论界的旗手，正是名副其实的'笔的战士'。《左传》有云：'太上有立德，其次有立功，其次有立言，是之谓三不朽。'在我看来，只有先生您所构建过的众多精神之价值才是真正属于'不朽'的。"在这里池田大作主要采用了借用他人之口予以评价的赞美方式，无论是"有中国人之处，必有金庸之作"，还是"笔的战士""太上……三不朽"等，都是舆论界或经典著作中的言论，借助这些言论来赞美金庸，显然既不失公允，又能恰到好处地让对方满足。

在人际交往中，我们要善于借用他人的言论来赞美对方。这种方式，不仅让人觉得很自然，而且更能达到效果。一般说来，人受到不熟悉的第三者的赞美时比受到自己身边的人的夸奖更为兴奋。

假借别人之口来赞美他人，可以避免因直接赞美而导致的吹捧之嫌，还可以让对方感觉到他所拥有的赞美者为数众多，从而在心理上获得极大的满足。虽然每个人都爱听赞美的话语，但并非任何赞美之语均能使人感到愉悦。因此，在赞美一个人的时候，既要做到实事求是，又要运用一定的策略性手段。别出心裁的赞美，往往能产生神奇的效果，甚至会带来意外的收获。

回应赞美不只是说"谢谢"

在中国，做人谦虚一直是主流教育。中国人的性格成长环境，整体很内敛，如果太招摇可能会招到别人的白眼。所以在被赞美的时候，我们总是下意识地"解剖"自己的不足，或是"习惯性"地回夸。有的人这个时候甚至会表现很腼腆，或者很尴尬。

这种"下意识"反应，一般由下面两种原因造成。

"认知失调"是其中之一，美国社会心理学家——费斯汀格，在他的《认知失调论》中提到过，他人对自己的认知和我们的自我认知相冲突的时候，就会导致认知失调。什么是认知失调？简单来说，就是别人夸你，而你又觉得自己没必要被夸，这时，就可能认知失调。《认知失调论》中说："这种心理反应，会引起心理紧张，而当事人会"下意识"否定别人，来找寻心理平衡点。"这种反应的直观反馈就是，当事人开始"自我反思"。

"后天养成"则是另一种原因。一般来说，被夸奖人在听到别人的夸奖后，心里其实很得意："那是肯定的！"但是嘴上依然很谦虚。这种条件反射式的回应，多半是因为被夸奖者的家人、同事、和周围的人收到赞美会感到尴尬，然后这种尴尬彼此感染，形成了习惯。

那该如何回应他人的赞美呢？

商业心理学家 Mark Goldstone 说道："当有人赞美你的时候，他们在和你分享你的行为对他们的影响。他们并不是在问你是否同意。"我们都知道赞美别人是礼貌的行为，但是有时候我们会觉得这是客套，所以才需要客套回去。其实，接受别人的赞美，和赞美别人一样是礼仪问题。别人赞美了你，是对你的鼓励，你当然要以感谢来回应，这是很正常的表现方式。

所以，在被赞美时，不要感到难堪，也不要有过多的想法，要学会得体、大方地回应。

1. 回应因人而异

当对象是长辈，或者是领导的时候，要先表示感谢，然后可以说，要以对方为榜样，还要继续努力。同时，在说这些话的时候，一定要保持微笑。比如，微笑着说："您过奖了，我还有很多地方要向您学习请教呢。"

如果对象是朋友或同事，要先表示感谢，再大体赞同对方的夸奖，最后表示自己还有很多地方有待学习的方法来回应。比如，有人说："你是我们不可多得的技术能手。"对此，可以这样回应："谢谢夸奖，虽然领导比较认可我，但是，我做得还不够好，咱们一起努力。"

2. 适度表示谦虚

中国人讲究谦恭礼让，谦虚是一种传统美德，所以当别人在夸奖你的时候，你也应该谦虚地回应。比如：别人在夸你努力的时候，就可以回答："其实我这人有点笨，所以就勤快点，勤能补拙嘛。"

别人在夸你年轻有为时，就说："哪里哪里，我还有很多要学习的地方，都是朋友帮忙。"

别人在夸你聪明的时候，就可以说："没有没有，碰巧我那天看过一点。"

别人夸你人品好的时候，就可以说："人家对我也很好。"

或者，你也可以多用一些客套词，像愧不敢当、过奖了、谬赞了、承蒙夸奖（抬爱）、这是我分内的事等等。

3. 及时回赞对方

这里，有一个公式可以套用：感谢对方＋夸奖对方。比如，当长辈阿姨们称赞你"漂亮大方"时，你也可以甜甜地对她们说："谢谢阿姨夸奖，不过阿姨保养得可真好，又优雅，又有气质。"阿姨们听完也会很开心，只是说几句的事情，可以让彼此都开心，何乐而不为呢？

别人夸你一句，你回夸一句，这才是社交。如果是比较要好的朋友称赞你的话，也不妨以开玩笑的方式回答他们。比如：

"我很佩服你的心胸。"

"哎呀，瞎说啥大实话呢。"

"低调，低调，为我保密哦。"

对于赞美，不应表得太得意，或是害羞、木讷，在感谢对方对你的评价的同时，要对自己有一个正确的估计，在此基础上，再结合巧妙的话术进行回应，这样，才能体现出你的高情商。

第四章
生活因幽默而精彩

生活离不开幽默，幽默又来源于生活。我们每个人既是幽默的分享者又是幽默的制造者；有时候你可能会为自己的一个"口误"或者一次"滑稽"而懊恼，没关系！因为你的"尴尬"在别人眼里或许已经成了一种幽默，会博得别人开心一笑，笑能解千愁嘛！这就是生活。

其实，生活中无处不孕育着幽默，只要我们稍稍留意，你就会有很多收获。

生活，就是博人一笑

幽默在生活中起着不容小觑的作用。工作时，上司可能因为你幽默风趣、头脑机敏睿智，而对你大加赞赏或提拔重用；爱情中，你所追求的异性可能因为你妙语连珠、诙谐幽默，而对你青睐有加；人际关系中，人们可能因为你大方得体的幽默口才而对你加倍称赞，从而树立起自己的威信。总之，无论在什么场合，幽默都会给你带来一次次惊喜、一份份意想不到的收获。

在实际生活中，我们知道，什么事都有一个"理"。"理"的存在为人们司空见惯，如果擅自改变事物的前后关系、因果关系、主次关系、大小关系，理就会走向歪道，有时歪得越远，谐趣越浓。

下面的例子是最好的说明。

一位乞丐常常得到一位好心青年的施舍。一天，乞丐对这个青年说："先生，我向你请教一个问题。两年前，你每次都给我十块钱，去年减为五块，现在只给我一块，这是为什么？"

青年回答："两年前我是一个单身汉，去年我结了婚，今年又添了小孩，为了家用，我只好节省自己的开支。"

乞丐严肃地说："你怎么可以拿我的钱去养活你的家人呢？"

乞丐喧宾夺主，对青年的责怪过于离谱、荒谬，令人们在吃惊之余，哑然失笑。

曾有一个叫沈保泉的大四学生，曾经在部里实习时，小伙子特别腼腆又不善言语，没等开口就先紧张了。"大家好！我叫沈保泉，沈阳的阳！保卫的卫！泉水的水！"呵呵！好嘛！经他嘴里这么一转，名字竟然成了"阳卫水"了。口误的搞笑！挺幽默！幽默是一种语言艺术。无论你是主观的故意还是无意，其结果都是令人开怀一笑，使人轻松愉快，这就是幽默的魅力，也是它的价值所在。

有位朋友曾给我讲过这样几件事。

一次我们在陵水县一家包子店吃饭，进来一位客人问店主包子是用什么馅做的："老板这是什么馅？"店主说："陵水县！"客人急了："我问你这是什么馅？""是陵水县呀！"女店主显然是很认真的。哦！你说晕不晕？

办公室小林去考驾驶证，在交通警察的监考下正通过一段公路，突然，一只鸭子从路边蹿上来，交警急忙提醒："鸭！鸭！鸭！""压？"小林犹疑地看看交警，交警更急了指着车前的鸭子叫喊："鸭！鸭！鸭！"小林一踩油门压过去了。交警愤怒地喊道："你为什么要压死它？"小林委屈地问道："您！您不是喊：压！压！压！吗？"呵！看来这可怜的鸭子只能由交警去赔了。

这天小林和一位朋友去吃饭，饭局快结束时，那位朋友起身说："我走先了！"小林听成"我交钱了！"还挺高兴的。可当他起身要离开时，服务员就挡住问："先生！请问谁买单？"小林纳闷了："哎！不是刚才我那位朋友说他交钱了吗？""没有呀！刚才他说'我走先了！'普通话就是他先走了！"经服务员这么一解释小林好像有点明白了：唉！掏钱吧！

生活中的幽默取之不尽，只要我们留意，幽默就在身边；只要我们稍稍留意，你就会快乐无比。所以说，生活离不开幽默，幽默又来源于生活。我们每个人既是幽默的分享者又是幽默的制造者；有时候你可能会为自己的一个"口误"或者一次"滑稽"而懊恼，没关系！因为你的"尴尬"在别人眼里或许已经成了一种幽默，能博得别人开心一笑，笑能解千愁嘛！这就是生活。

培养你的幽默细胞

幽默有时让人感到神秘。有人想学，却无法学会；有人没怎么学，却脱口而出。于是，有些不够幽默的人便认为：我不幽默，是因为我没有幽默细胞。幽默细胞是什么呢？毫无疑问，用高倍显微镜来进行物理观察，我们是无法看到一种叫"幽默"的细胞的。这也许能成为幽默非天生的一个论据。下面笔者用人文的视角来分析幽默的构成。

只要我们留心那些幽默感十足的人，就会发现他们的心理素质一般都优于常人，而良好的心理素质也不是天生的，需要后天的锻炼和培养。以幽默口才素质和需要来说，心理素质首先需要自信。一个常常为自己的职业、容貌、服饰、年龄等因素而惴惴不安、自惭形秽的人，如何在适当的场合进行优雅的表演？

安徒生很俭朴，经常戴个老式的帽子在街上行走。有个过路人嘲笑他："你脑袋上边的那个玩意儿是什么？能算是帽子吗？"安徒生干净利落地回敬："你帽子下边的那个玩意儿是什么？能算是脑袋吗？"没有高度的自信，恐怕安徒生早就在他人的取笑中发窘，或者勃然大怒，哪能灵光一现，做一个绝妙的反击？

其次，冷静也是幽默高手的一项心理特质。冷静，是使人们的智慧保持高效和再生的条件。因为只有在头脑冷静的情况下，人们才能迅速认准并抑制引起消极心理的有关因素，同时认准和激发引起积极心理的有关因素。英国首相威尔逊在一次群众大会上演讲时，反对者在下面鼓噪，其中一人高声大骂："狗屎、垃圾！"面对听众可能产生的误解和骚动，威尔逊首相沉稳地报以宽厚的微笑，非常严肃地举起双手表示赞同，说："这位先生说得好，我们一会儿就要讨论你特别感兴趣的脏乱问题了。"捣乱分子顿时哑口无言，听众则报以热烈的掌声。

再者，乐观是幽默高手具有的另一个重要素质。俄国著名寓言作家克雷洛夫早年生活穷困。他住的是租来的房子，房东要他在房契上写明，一旦失火，烧了房子，他就要赔偿15000卢布。克雷洛夫看了租约，不动声色地在15000后面加了一个零。房东高兴坏了："什么，150000卢布？""是啊！反正一样是赔不起。"克雷洛夫大笑。幽默感的内在构成，是悲感和乐感。悲感，是幽默者的现实感，就是对不协调的现实的正视。乐观，是幽默者对现实的超越感，是一种乐天感。没有幽默感的人不会积极地看待这个世界，不会乐观地看待自己的生活。当然乐观不是盲目的，而是有所依附，是一种透彻之后的豁达。乐观地看待你的生活，幽默自然而生。

良好的心理素质是幽默的根基，幽默的主干是广博的知识。幽默的思维经常是联想性与跳跃性很强，如果不具备广博的知识来支持，你的思维跳来跳去也就那么大的一块地方。因此，提高自己的幽默水准，需要不断地拓展知识门类和视野，提高对事物的认知能力。

有了根基与主干后，幽默要开花结果，还需要一些具体的枝枝叶叶。也就是说，究竟哪些话容易形成幽默，给人带来笑声呢？

首先，奇特的话使人开心而笑。幽默的最简单的表现方法就是令人惊奇地发笑。康德所讲的"从紧张的期待突然转化为虚无"，正是基于幽默的结构常常能造成使人出乎意外的奇因异果。例如，爸爸对儿子说："牛顿坐在苹果树下，忽然有一个苹果掉下，落在他的头上，于是，他发现了万有引力定律。牛顿是个科学家！""可是，爸爸，"儿子从书堆中站了起来，"如果牛顿也像我们这样整天放学了还坐在家里埋头看书，会有苹果掉在他头上吗？"本来爸爸是讲牛顿受苹果落地的启示，但儿子却冷不丁冒出一句含有不应该埋头读书的结论，真是出乎意外，超出常理。儿子的话在逻辑上是不合常理的，但这样的话新奇怪异，使人大大出乎意料，所以能引来别人的笑。相信故事中的爸爸在笑过之后，对于自己的教育方式会有所反思。

幽默就是要能想人之未想，才能出奇致笑。有人说："第一个把女人比喻成花的是智者，第二个把女人比喻成花的是傻瓜。"这句话似乎有点偏激，但新奇、异常的确是幽默构成的一个重要因素。

其次，巧妙的话使人会心而笑。运用幽默的核心是应该有使人赞叹不已的巧思妙想，从而产生令人欣赏的欢笑。俗话说："无巧不成书。"巧可以是客观事实上的巧合，但更多的是主观构思上的巧妙。巧是事物之间的某种联系，没有联系就谈不上巧。如果能在别人没有想到的方面发现或建立某种联系，并顺乎一定的情理，就不能不令人赏心悦目。

比如，某学生的英语读音老是不准，老师批评他说："你是怎么搞的，你怎么一点都没进步呢？我在你这个年纪时，已经读得相当准了。"学生回答："老师，我想原因一定是您的老师比我的老师读得好。"

再者，荒诞的话使人会心而笑。幽默的内容往往含有使人忍俊不禁的荒唐言行，从而使人情不自禁地发笑。俗话说："理不歪，笑不来。"荒谬的东西是人们认为明显不应该存在的东西，然而它居然展现在我们面前，不能不激起我们心灵的震荡，使我们发笑。张三的女儿周岁那天，有上门祝贺的朋友开玩笑说闺女长大了给他儿子做老婆，两家结成儿女亲家算了。指腹为亲在新时代当然已经只是一种玩笑而已，当不得半点真，张三答应下来无伤大雅，粗暴拒绝则有看不起对方之嫌。但张三居然巧妙地拒绝了，他说："不行不行，我女儿才一岁，你儿子就两岁了，整整大了一倍，将来我女儿二十岁，你儿子就四十岁了，我干吗要找个老女婿！"

风平浪静的水面，投进一块石头，就会一下子发出响声。常规思维的心理，被超常的信息搅扰，也会引起心波荡漾、心潮起伏、心花怒放。奇异、巧妙、荒谬就是这种超常的信息，就是幽默之所以致笑的要因，也是我们学会幽默应把握的要诀。

说来说去，幽默其实与人的气质培养类似，而幽默本身也是一种独特的性情气质。如果你知道一个人良好的气质该如何培养，也应该联想到一个人高超的幽默感是如何拥有的。

幽默是最理想的润滑剂，它能使僵滞的人际关系活跃起来。此外，幽默还是缓冲装置，可使一触即发的紧张局势顷刻间化为祥和；幽默又是一枚包裹了棉花团的针，带着温柔的嘲讽，却不伤人。

用幽默使爱情保鲜

锡尼·史密斯说过："婚姻就好像一把剪刀，两片刀锋不可分离，虽然作用的方向相反，但是对介入其中的东西，总是联合起来对付。"

这就是说，组成家庭的力是一种合力。当一个家庭由于爱而将要产生时，这种合力强大到足以把任何介入其中的阻力剪断。但是以后呢？妻子埋怨丈夫感情迟钝、好吃懒做；丈夫埋怨妻子只顾打扮自己，并且毫不知足，一点也不体谅做男人的苦处。这正如一则幽默小品文中的一只豪猪所被指责的那样，"你老是伤害你所爱的人。"

有的夫妻却懂得怎样去保护自己的幸福，维持婚姻中的爱情。他们以幽默来代替粗鲁无礼的语言，解决日常生活中的分歧。虽然他们也相互挑剔，也会产生纷争，但是经过由幽默产生的情感冲击之后，一切纷争都显得微不足道了。

富兰克林说："婚前要张大眼睛，婚后半闭眼睛就可以了。"婚后睁大眼睛的人，多半会抱怨自己婚前瞎了眼睛。

所以，任何一个成了家的人，不要轻易否定自己的眼力。应当试着用幽默去保护自己的家庭。如果没有根本性的、重大的分歧，幽默能使家庭生活始终处于最佳状态。

在我们周围，我们经常可以看到一些聪明的夫妇是怎样以开玩笑的方式来表达爱情的。

比如，男的说："我夫人从来不懂得钱是什么，她以为任何商品都是打五折的东西。"

女的说："所以我才会嫁给你，你的聪明也是打过折扣的。"

有一位先生对人说："我太太和我闹矛盾，她想要一件新的毛皮大衣，而我想要一部新车子。最后我们都妥协了，买一件毛皮大衣，然后把它收到车库里。"

有人当着吉姆妻子的面问吉姆："你们家里谁是一家之主？"

吉姆板着脸说："珍妮掌管孩子、狗和鹦鹉，而我为金鱼制定法律。"

那人又问吉姆："你公司里的那位秘书长得怎么样？"

吉姆仍然板着脸说："珍妮倒不在乎我的秘书长得怎么样，只要他是个男的。"

"听你的太太说，当年你刚娶她时，答应给她月亮的。"

"别提啦！"吉姆忍不住笑起来，"我是答应给她月亮的，因为那儿连一家百货公司也没有！"

试想一下，如果吉姆不能以幽默来回答这些问题，或者换上一个毫无幽默感的人来回答，结果会怎么样呢？

用幽默化解家庭"战争"

家庭之中夫妻磕磕碰碰很正常，不论是伟人还是普通人莫不如此，怒怒之中如果即兴来一两句幽默，往往会使紧张的形势急转而下。人们常说"夫妻没有隔夜的仇"，更多的时候都是这种豁达的幽默消除了隔阂。在我们现代家庭生活中，夫妻间因各样的矛盾，闹点小摩擦，吵几句嘴，发生一点小误会是难以避免的。如果我们动辄打骂，经常争吵，不但于事无补，弄不好还会扩大矛盾，增加隔阂，伤害感情。假如夫妻双方能运用一点幽默，效果恐怕就会截然不同。

遗憾的是，我们中国的大多数家庭几乎是与幽默无缘。他们化解家庭矛盾的方式，只是单一地用说好话、赔礼道歉或生闷气、找人说合，或让时光慢慢冲淡。这样古老而又落后的方法应该改变一下了。

男女朝夕相处，难免会有一些小矛盾，始终举案齐眉、相敬如宾的毕竟是少数。小吵小闹有时反会拉近夫妻间的距离，同时也能使内心的不满得以宣泄，如果再佐之以幽默、机智的调侃，无疑使夫妻双方得到一次心灵的净化，保证了家庭生活的正常运行，请看下面这几对夫妻的幽默故事。

驾车外出途中，一对夫妻吵了一架，谁都不愿意先开口说话。

最后丈夫指着远处农庄中的一头驴说："你和它有亲属关系吗？"妻子答道："有的，夫妻关系。"

妻子："每次我唱歌的时候，你为什么总要到阳台上去？"

丈夫："我是想让大家都知道，不是我在打你。"

结婚多年，丈夫却时时需要提醒才能记起某些特殊的日子。在结婚三十五周年纪念日早上，坐在桌前吃早餐的妻子暗示："亲爱的，你意识到我们每天坐的这两把椅子已经用了三十五年了吗？"丈夫放下报纸盯着妻子想了一会儿说："哦，你想换一把椅子吗？"

妻子临睡前的絮絮叨叨总是令亨利十分不快。一天夜里，妻子又絮叨了一阵后，吻别亨利后又说："家里的窗门都关上了吗？"亨利回答："亲爱的，除了你的话匣子外，该关的都关了。"

以上几则故事中的夫妻幽默均恰到好处地表达了自己怨而不怒的情绪。有丈夫对妻子缺点的讽刺，也有妻子对丈夫多疑的抗议，但其幽默的答辩均不至于使对方恼羞成怒。如妻子用夫妻关系回敬丈夫也是一头驴，丈夫用巧言指责妻子絮叨，这些幽默的话语听上去自然天成，又诙谐有趣。这些矛盾同样有可能发生在我们每一个家庭之中，有时却往往因为两三句出言不逊的气话而使矛盾激化。

有这样一对夫妻，在一次争吵中，两人互相指责对方的缺点，夸耀自己能干，争论得无休无止。妻子的女高音越叫越高，丈夫听得不耐烦了，说："好，我承认，你比我强。"妻子得意地笑了，说："哪一点？"丈夫说："你的爱人比我的爱人强。"一句恰到好处的幽默，缓和了夫妻之间的紧张气氛，化解了彼此的矛盾，使对方转怒为喜，破涕为笑。

许多夫妻都有过类似的经历，无谓的争吵随时都会发生，一旦发生又会因愤怒而很快失去理智，直至闹得不可开交，甚至拳脚相加。在日常生活中，我们常看到这种情景，在公共场合彬彬有礼的谦谦男子或温柔女士，在家人面前同样也会为一些小事而大动肝火，有时即使是恩爱夫妻也不可避免，双方似乎都失去了理智，哪壶不开偏提哪壶，专揭对方的痛处短处解气，唇枪舌剑，互不相让；及至冷静下来，才发觉争吵的内容原是那样愚蠢、无聊。殊不知忍一时风平浪静，退一步海阔天空，多用幽默少动气不是一样也可占尽心理上的优势吗？

有对年轻夫妻经常吵得不可开交。太太唠叨不休，骂丈夫是一个好吃懒做、没有出息的老公，说自己是鲜花插在牛粪上。一会儿丈夫从楼梯上走下来，诙谐地向老婆说道："尊敬的夫人，牛粪到了！"丈夫的自我解嘲，使太太破涕为笑，也结束了一场战争。

夫妻生活在一起，虽有许多乐趣、幸福，但也有许多难过和辛酸。愿天下的有情人，愿世间的夫妻们都能用幽默的"消火栓"，化解生活中的硝烟与战火。

"曲解"何妨"故意"

某人在一次宴席上问鲁迅："先生，您为什么鼻子塌？"

鲁迅笑着回答他说："碰壁碰的。"

这句话里，既有对社会现实的不满，又有对自己生活坎坷经历的嘲讽，这样丰富的具有社会意义的内容与"塌鼻梁"这样一个具有丑的因素的自然生理特征结合在一起，便产生了无法言喻的幽默感。

在一次野外夏令营活动中，一位姑娘想把一只癞蛤蟆赶出营地，以免她的猫去咬它。她不断地向它跺脚，癞蛤蟆就接连向后跳。这时，旁边有人大声说："小姐，你就是抓住它，它也永远不会变成白马王子的。"小姐跺脚，意味着要赶走癞蛤蟆，但大家都知道童话中青蛙变王子的故事，所以也可以荒诞地用来意味她想抓住它，好使它变成英俊的白马王子。这一曲误的理解，确实挺有意思。

运用这种方式开玩笑，可以令生活其乐无穷。

一个人低头看地，可能是在寻找东西，也可能是头疼难忍；一个人抬头望天，可能是鼻子出血，也可能是在数星星。当我们看到事物不同的表现形式时，要调查清楚，了解其实质。如果想当然，按既定经验判断，就会导致错误；当然，如果故意别解和误解，就产生了幽默，令生活倍增快乐。

一列新兵正在操练，排长大声叫着："向右转！向左转！齐步走！……"

一个新兵实在忍不住了，向排长问道："你这样打不定主意，将来怎么能带兵打仗？"

明显，这个新兵是在故意别解，才会产生如此有意思的局面，排长不但没有责怪新兵，还忍不住笑出声来。

曾有一位女教师在课堂里提问："'不自由，毋宁死！'这句话是谁说的？"

有人用不熟练的英语回答："1775年，巴特里克·亨利说的。"

"对，同学们，刚才回答的是日本学生，你们生长在美国却不知道。"

这时，从教室后面传来喊叫："把日本人干掉！"

女教师气得满脸通红，大声喝问："谁？这话是谁说的？"

沉默了一会儿，教室的一角有人答道："1945年，杜鲁门总统说的。"

如此饶有风趣的回答，这位女教师还会"气得满脸通红"吗？

一位来自新加坡的老太太在游武夷山时，不小心被蒺藜划破了裙子，顿时游兴大减，中途欲返。这时导游小姐走近老人，微笑着说："这是武夷山对您有情啊！它想拽住您，不让您匆匆地离去，好请您多看几眼。"

短短的几句话，就像和煦的春风，把老人心中的不快吹得无影无踪了。

在日常生活中，一本正经地从事实出发，从常理出发，从科学出发，是找不到幽默感觉的，如果以一种轻松调侃的态度，将毫不沾边的东西捏在一起，在这种因果关系的错误与情感和逻辑的矛盾中，才可产生幽默。因此，我们常常能看到一些人，用这种"故意曲解"的方式来消除烦恼，去掉难堪，表达着乐观与博大。

巧用幽默表达不满

如果你在餐厅点了一杯啤酒，却赫然发现啤酒中有一只苍蝇，你会怎么办？在你回答之前，让我们看看别人是怎么办的。英国人会以绅士的态度吩咐侍者："请换一杯啤酒，谢谢！"西班牙人不去喝它，留下钞票后不声不响地离开餐厅。日本人令侍者去叫餐厅经理来训斥一番："你们就是这样做生意的吗？"沙特阿拉伯人则会把侍者叫来，把啤酒递给他，然后说："我请你喝杯啤酒。"德国人会拍下照片，并将苍蝇委托权威机构做细菌化验，以决定是否将餐馆主人告上法庭。美国人则会向侍者说："以后请将啤酒和苍蝇分别放置，由喜欢苍蝇的客人自行将苍蝇放进啤酒里，你觉得怎么样？"美国人的这种处理方式既幽默，又能达到让人接受的目的。

一位顾客在某餐馆就餐。他发现服务员送来的一盘鸡居然缺了两只大腿。他马上问道："上帝！这只鸡连腿也没有，怎么能跑到这儿来呢？"

一位车技不高的小伙子，骑单车时见前边有个过马路的人，连声喊道："别动！别动！"

那人站住了，但还是被骑车的小伙子撞倒了。

小伙子扶起不幸的人，连连道歉。那人却幽默地说："原来你刚才叫我别动是为了瞄准呀!"

幽默并不是回避、无视生活中出现的矛盾,而是以幽默的方式展示一种温和的批评。设身处地地想想,在餐厅点的啤酒里有苍蝇,要的鸡缺鸡腿,走路无辜被骑车人撞倒,你还有心思开玩笑吗?

这修养,不知要多少年的火候才能修炼出来。由于有了幽默、洒脱的态度,生活中许多尖锐的矛盾,并不需要大动干戈就能得到解决。

星期一早上,晓娟又迟到了。她的经理问她:"晓娟,星期天晚上有空吗?"

"当然有,经理!"晓娟以为经理约她吃饭,高兴地回答。

"那就请你早点睡觉,省得每个星期一早上上班迟到!"

晓娟听了脸立刻就红了,从那以后她就再也没有迟到过了。

迟到虽然影响工作,但是毕竟不是不可原谅的错误,如果经理当时直接批评晓娟,虽然短期内可以改善晓娟迟到的情况,但并不见得会让她心服口服。换了一种幽默的方法,结果就不一样了。 幽默是一种可以表达不满的有力武器,但是这种武器不至于会让人满身伤痕,幽默的语言是一种运用幽默感来增进你与他人关系的艺术,要我们学会以善意的微笑代替抱怨,使生活变得更有意义。 有这样一则小幽默:在饭店,一位喜欢挑剔的女人点了一份煎鸡蛋。她对女侍者说:"蛋白要全熟,但蛋黄要全生,必须还能流动。不要用太多的油去煎,盐要少放,加点胡椒。还有,一定要是一个乡下快活的母鸡生的新鲜蛋。"

"请问,"女侍者温柔地说,"那母鸡的名字叫阿珍,可合您心意?" 在这则小幽默中,女侍者就是使用的幽默提醒的技巧。面对爱挑剔的女顾客，女侍者没有直接表达对对方所提苛刻要求的不满，却是按照对方的思路，提出一个更为荒唐可笑的问题以提醒对方：你的要求不要太过分了。

第五章
幽默让工作更顺利

世界卫生组织称工作压力是"世界范围的流行病"，过度的工作压力会引起焦虑、沮丧、易怒等不良情绪，造成各种生理上的疾病，如心血管疾病、头痛，或造成工作事故等。

对于工作压力，我们一方面要尽量避免；另一方面要学会自我调节。从现在起，学会用幽默缓解工作压力，学会用幽默自我安慰，使身心得到放松，重新以饱满的热情和积极的心态投入工作。

用幽默叩开职场的门

幽默的形成需要一种品质，即开朗乐观的人格。需要智慧，没有机智的幽默是盲人说瞎话，和尚念佛经，整个世界将黯然失色。机智的幽默，嬉笑怒骂，皆成文章，令幽默鞭辟入里，浑然天成。

时下，随着我国市场经济体制的建立，"自谋生路"的就业方式给求职者带来挑战。甚至在过去被称为"天之骄子"的大学生想找一份好工作也不容易。当然，要谋到一个称心如意的职位，首先还要靠自身素质，但是其他因素也将对求职者的前途造成很大影响。比如在面试过程中，运用幽默技巧就有助于取得成功。

请看下面这个例子。

一位刚毕业的大学生在应聘一个工作职位时，要接受一项测验。当他做到其中一题——"cryogenics"是什么意思时，他停下来苦思。最后，这位大学生写下了他的答案："这个字的意思是我最好到别处去工作。"结果，他取得了成功。

富有创意的思想加上幽默的力量，往往能使应聘者被认可。创造力，加上幽默力量的推动，能帮助我们更有弹性地去处理事情。其实创造力能激发一个人在他生活和事业各方面的成就。我们可以运用富有创意的方式来达到某种目的，用它来寻求答案，有时要凭借幻想来发现，在大脑里设想："如果我这样做的话，会怎么样？"

在美国，也有求职者利用幽默机智取得成功的故事。

美国中央情报局需要一个高级特工，前来应聘者需要经受一系列的考验。经过层层筛选，最后剩下了两男一女三名人选。马上就要进行最终考验以确定谁将获得这个高级职位。

主考官将第一名男子带到一扇铁门前，交给他一把枪，说道："我们必须确信你能在任何情形下服从命令。你的妻子就坐在里面，进去用这把枪杀死她。"这名男子满脸惊恐地问道："你不会是当真的吧？我怎么能杀自己的妻子啊！"于是他落选了。

接着是第二位男子，主考官交给了他同样的任务之后，他先是一惊，不过还是接过枪进了门。

五分钟过去了，没有一点动静，然后门开了，这名男子满脸泪水地走了出来，对主考官说："我想下手，但无法扣动扳机。"自然，他也落选了。

最后轮到那位女子。当她被告知里面坐着她丈夫，她必须杀死他时，这位女子毫不犹豫地接过了枪，走进门去。门还没关严，就传来了枪声。

连续十三声枪响之后，又传来了尖叫声和椅子的碰撞声。几分钟后，一切又归于平静。

门开了，女子走了出来，擦了擦额上的汗水，生气地对考官说道："你们这些家伙，竟然不告诉我枪里装的都是空弹，害得我只好用椅子把他砸死了。"最终该女子入选。

这个故事说明无论参加何种面试，只要勇敢镇静，诙谐风趣，巧妙地、适时地、适当地转换话题，并且妙语连珠，谈吐不凡，便可取到立竿见影的效果。

幽默会增加你的亲和力

上司与下属的关系，首先是一种领导与被领导的关系，但是除此之外，双方还应该建立友好合作的关系。作为一个下属，在恰当的时间、场合，和上司开一个富有幽默情趣的玩笑，在搞好同上司的关系方面，可以收到非常好的效果。

不过，俗话说：伴君如伴虎。在个人关系上还需要主动与上司保持合适的距离，距离太远了不好，距离太近了也可能会很糟。

其实，让老板笑口常开不仅仅是找到工作之后的事情，在找工作的过程中，求职者就可以运用幽默的力量逗得老板开口大笑。

找到一份称心如意的工作，是求职者最大的心愿，但求职不易，有时我们在苛刻挑剔的雇主面前一筹莫展。这时，何不借助幽默的魅力让面试你的老板笑一笑，这对你取得面试的成功必然会有助益。

一个人在外面找工作，他来到麦当劳。老板问他会做什么，他说我什么都不会，不过我会唱歌。老板说你就唱一首试试，于是他就开始唱了："更多选择更多欢笑就在麦当劳……"老板一听就乐了，接着问了他一些对麦当劳有什么了解之类的问题，最后，他被顺利录用了。

上面的例子中，求职者在面试中借助了幽默的力量，他首先就以唱歌的方式说出了麦当劳的广告语，表明了自己对麦当劳是很关注的，也有一定的了解。他在博得老板一笑的同时，获得了老板的好感。

工作太累的时候，人的工作效率难免会下降，这时候如果被老板看见了，怀疑你偷懒，你该怎么办呢？

有一个建筑工人在工地里搬运东西，因为太累了，动作有些迟缓。工头以批评的口吻对他说："你做事慢，走路慢，脑子转得也慢，真想不通你究竟做什么快？"工人想了想说："我累得快！"工头被他逗笑了。

工人以幽默的口气为自己的行为辩解，老板即使会批评他，也会比较随和，责罚也会比较轻。假如你对装疯卖傻的演技颇有心得，不妨也在对您颇有微词的老板面前，以若无其事的态度告诉他下面的小笑话，且看他的反应又如何呢。

"幸好我已经娶老婆了。"当然，你的老板无法了解你这一句话的意思，必定会一副茫茫然的样子，莫名其妙地看着你！就在这时候，你可以不声不响像自言自语地对自己说："所以我现在才习惯别人对我的唠叨……"

如果你能够微笑着说的话，你的老板也必会露出会心一笑！而就在你表现出沉着的大家风范，且老板又似乎对你放松敌意时，就正好有机会使他改变对你以往的错误印象。

让你的老板笑口常开，你的工作就能进行得更加顺利。

同事相处，要以幽默开道

你一天中大半的时间都在和同事相处，与同事处得怎么样，关系到你的工作效率和人际关系的和睦。如果同事之间关系融洽，能使人心情愉快，有利于工作的顺利进行；同事之间关系紧张，经常互相拆台，发生矛盾，就会影响正常的工作。

而幽默就能帮助你在工作上与同事建立融洽的关系。你与同事分享快乐，就能使自己成为一个被大家喜欢和信赖的人，在这样的氛围里，你的工作效率会大大提高。甚至当你和同事发生摩擦时，幽默也能发挥"调节"作用。

我们看这个例子。

张铭是某公司的部门经理。作为经理，他常常思考的问题是："我这部门里的人真正喜欢我吗？"

事实上，他是一个很受欢迎的经理，为什么呢？因为他在与同事的相处中，经常会使用幽默。看了下面这个小事，你就明白了：

一次，张铭在去开一项业务会议回来后，发现他属下的职员们聚在办公桌旁，哼唱着韩德尔的神曲《弥赛亚》中的一段大合唱。由于张铭的出现使得大家匆忙奔回到自己的位置，开始一本正经地工作。

张铭没有生气，也没有大声指责员工，只是说："我想你们并不精于此道，还需要在下班的时候再练练啊！"

张铭带有幽默式的批评，下属们都以微笑来接受张铭含蓄的批评。他以开玩笑的方式责备员工的偷懒，既让员工开心一笑，也督促他们以后不可以再这样做了。

其实，这个世界上没有谁是十全十美的，同事身上有这样或那样的毛病，这是很正常的，因为你本身或许也有着很多毛病。在公司里，你不能对自己的同事有太高的期望，因为大家毕竟都是凡人；如果你在同事身上看到阳光的一面，那在他身上或许也存在了阴暗的一面。如果你两眼只盯着同事的阴暗面，同事的优点就会你忽略。所以，对人要宽容一些，要学会用幽默的态度去处理同事关系。

我们再看这个例子。

某公司有一个叫张东的销售员，他年轻时候长过很多青春痘，满脸都是疤痕。一日，某个职员神秘地对另一个职员说："嘿，看张图片——你猜是谁？"

众人都挤过来看，那图片看上去就像一张橘子皮。这时其中的一个人喊："你拿张东的照片干吗？"

大家笑得肚子疼，就这样，"橘子皮先生"就成了张东公开的绰号。张东本人感到十分委屈，也很恼火。总经理看不下去了，就对大家说："我知道大家最近都说张东是'橘子皮'。但就算真像也不能这么说啊，太不照顾同事的情绪了。我宣布，你们以后再说起他的长相时只可以说：张东，咳咳！他长得很提神。"

经理说完，同事们都被逗乐了，也同时认识到了自己的错误。从那之后，再也没有人说张东"橘子皮先生"了，而是和他开善意的玩笑。

其实，真正具有幽默感的人能看到同事的优点，而不是紧盯同事的错误和缺点。因此，应该敞开胸怀，去了解、接受同事的小错误，增进彼此的工作关系。

幽默是最好的润滑剂

同事是自己工作上的伙伴，与同事相处得如何，直接关系到能否把工作做好。同事之间关系融洽，能使人们心情愉快，有利于工作的顺利进行；同事之间关系紧张，经常互相拆台，发生矛盾，就会影响正常的工作，阻碍事业的发展。

幽默的力量能帮助你在工作上与同事建立融洽的关系。与同事分享快乐，你就能成为一个被同事喜欢和信赖的人，他们会愿意帮助你实现工作目标。甚至当你和同事的志趣并不相同时，快乐和笑的分享也能令同事感受到心灵的默契。

首先要建立办公室里好人缘。

幽默是一种最生动的语言表达手法，与幽默的人相处，谈话是一件非常有趣的事。在工作中遇到难题，如果这时以幽默调节，事情就能很快得以解决。如果你需要幽默力量来改善同事们的工作态度，你可以利用幽默的妙语来表明你的观点。

陈鹏在一个会计部门任职员。有一次发薪水的时候，他竟然收到了一个空的薪水袋。他没有气得暴跳如雷，也没有破口大骂。他只是去问发薪部门的人说："怎么回事？难道说我的薪水扣除，竟然达到了一整个月的薪水了吗？"当然，陈鹏得到了补发的薪水。

陈鹏对同事偶犯的错误持一种宽容的态度，而不把它看成一件了不得的事情，批评谩骂同事的愚蠢。他以自己的幽默与同事分享了轻松愉快的处理结果。这也正是不为所动、泰然处之的幽默所要收取到的效果。

　　我们如果不能领略到别人的幽默对自己的裨益，也就不太可能以自己的幽默来激励别人。为了表现我们重视别人所带来的好处，应该时时保持乐观的态度，同别人一起欢乐。

　　一位男士对即将结婚的女同事打趣地说："你真是舍近求远。公司里有我这样的人才，你竟然没发现！"她的女同事开心地笑了。

　　对上面这位男士的玩笑，女同事没有说他轻浮，反而感激他的友谊和欣赏。笑的热流流淌在两性之间，总是使人觉得弥足珍贵。当同事期望太多、要求太多之时，我们还是可以用幽默表达我们不同的意见。

　　有一位电影明星向著名导演希区柯克唠叨摄影机的角度问题。她一次又一次地告诉他，务必从她"最好的一边"来拍摄。"抱歉，做不到，"希区柯克说，"我们没法拍你最好的一边，因为你正把它压在椅子上。"

　　使用幽默语言的人，大都有温文尔雅的语气、亲切温和的处事态度。这样的幽默才使人感到轻松自然。

　　如果你已经利用幽默力量来帮助你取得成功，你也就能对挫折一笑置之，坦然开同事的玩笑，并且关心他们，更重要的是以轻松的心情面对自己，而以严肃的态度面对自己的新角色。

　　其次要看到同事的优点。

　　过去人们常说仆人眼中无伟人，同样，在同事眼里也无完人。

你的同事身上是有这样或那样的毛病，这很正常，就像在你自己身上也有这样或那样的毛病一样；在现代职场上，你不能对自己的同事有太高的期望，因为大家毕竟都是凡人；如果你在同事身上看到阳光的一面，那在他身上必然会有阴暗的一面。相反，如果你不幸地看到了同事身上的阴暗面，那也并不代表他们没有阳光的一面。所以，你对人要宽容一些，要学会接受期待与现实之间的落差。

不过，还是有很多人只是看到同事身上的小缺点，而对同事的优点视而不见。下面这种抓住同事的缺点进行讽刺挖苦的做法就要不得。

张经理中年谢顶，在一次重要酒会上，他所宴请的客户方的一个小伙子在敬酒时不小心洒了一点啤酒在张经理头上，张经理望着惊慌的小伙子，用手拍了拍对方的肩膀说："小老弟，用啤酒治疗谢顶的方子我实验过很多次了，没有书上说的那么有效，不过我还是要谢谢你的提醒。"

全场顿时爆发出了笑声，人们紧绷的心弦松下来了，张经理也因他的大度和幽默而颇得客户方的赞许。张经理用他的幽默，巧妙地处理了宴会中的杂音，完成了既定的目标。

通常，这种难看到同事优点的人在工作上不会十分顺利。在职场上做一个对同事宽宏大量的人，即使同事的身上有这样或那样的缺点和毛病，毕竟这些缺点和毛病，并不会对公司的利益和你个人的发展构成威胁。如果你善于体谅和宽容的话，那么，你就会看到同事身上的优点比缺点多得多，你也就能与同事更好地相处，你的工作就会轻松得多；然而，现实中同事之间总有许多矛盾发生，这多是一些人宽于律己、严以待人造成的。

宽容的好处还在于它会使别人喜欢接近你，从而使你在以后的竞争中得到更多的支持。公司是一个讲究团队合作精神的地方，你必须有全局意识。如果你遇事不够宽容，那给人的感觉就是你是一个目光短浅和心胸狭窄的人。这种只看重眼前利益的人在现代职场上不会有什么作为。

最后一点，要委婉表达对同事的意见。

在工作中，同事之间容易发生争执，有时搞得不欢而散甚至使双方结下芥蒂。发生了冲突或争吵之后，无论怎样妥善地处理，总会在心理、感情上蒙上一层阴影，为日后的相处带来障碍，最好的办法还是尽量避免它。我们可以委婉表达对同事的意见，运用幽默的力量避免与同事"交火"。

有一家公司的餐饮部，伙食很差，收费却很贵，职员们经常抱怨吃得不好，甚至还骂餐厅负责人。有一回，一位职员买了一份菜后叫起来。他用手指捏着一条鱼的尾巴，从盘中提起来，向餐厅负责人喊道："喂，你过来问问这条鱼吧，它的肉上哪儿去啦？！"

当我们对同事所做的事情有不同意见时，我们可以用开玩笑的方式轻松、坦诚地进行表达，这样既能使同事认识到他们的错误，而又不至于伤害同事之间的感情。中国人常用这么一句话来排解争吵者之间的过激情绪：有话好好说，这是很有道理的。据心理学家分析，措辞过于激烈武断是同事之间发生争吵的重要原因之一，因此，我们在对同事的某些做法不满时，要善于克制自己，委婉地表达自己的意见。

你对同事说："唉！我看得出你知道办好事情的秘诀。而且你也知道如何守秘不宣。"

你的同事对你说:"谢谢你把你的一点想法告诉我。我很感激——尤其是当你的业绩如此低落之时。"

如果你面对的是一位不合作的同事,首先要冷静,不要让自己也成为一个不能合作的人。宽容忍让可能会令你一时觉得委屈,但这不仅表现你的修养,也能使对方在你的冷静态度下平静下来。心胸开阔是非常重要的。任何人都会出现失误和过错,对别人无意间造成的过错应充分谅解,不必计较无关大局的小事情。同事之间有了不同的看法,最好以商量的口气提出自己的意见和建议,语言得体是十分重要的。应该尽量避免用"你从来也不怎么样……""你总是弄不好……""你根本不懂"这类绝对否定别人的措辞。而对同事的错误采用幽默的方式来指出,不但具有幽默的意境,而且会在气氛和谐中收到事半功倍之效。

幽默的语言能使同事在笑声中思考,而嘲笑却使人感到含有恶意,这是很伤人的。真诚、坦白地说明自己的想法和要求,让同事觉得你是希望得到合作而不是在挑他的毛病。同时,要学会聆听,耐心、留神听同事的意见,从中发现合理的部分并及时给予赞扬或表示同意。这不仅能使同事产生积极的心态,也给自己带来思考的机会。如果双方个性修养、思想水平及文化修养都比较高的话,做到这些并非难事。

幽默让你变得平易近人

幽默感是衡量一个领导人是否具有活泼、弹性心智的重要标志。有幽默感的人通常不会把自己看得太重要，而且比较能做出好的决策。

有一次，美国 329 家大公司的行政主管参加了一项幽默意见的调查。由一家业务咨询公司的总裁霍奇先生主持此项调查，发现：97％的主管人员相信：幽默在商业界具有相当的价值；60％的人相信：幽默感能决定一个人事业成功的程度。各行业人士都对幽默的力量给予很高的评价，工商业界高阶层的负责人更是借助幽默力量来改变他们在职员心目中的形象，改善大家对整个公司的看法。每一阶层的领导人和经理人在建立与下级的良好关系上，也都转向幽默力量求助。他们都希望下属把他们看成有亲和力的上级。下面是一个下属对他的老板的看法。

"我的老板，也就是报纸发行人，是世界上最伟大的幽默家之一，"杰米说，"至少以他经常说笑话而言，他是当之无愧。例如他在办公室里设了一个建议箱，多半从里面得到些笑话来讲。但是他太喜欢自己的笑话了，常常花很多时间去编撰。"

"他常常去开这个箱子，然后滔滔不绝地说了起来。'这个建议箱真不错，是用上好的松木做的。你可以从洞里看出是多节的松木，你可以看到洞里风光。但是底部没有洞，你看不到地板风光。'"

从中我们可以看出杰米的老板是多么渴望在下属心中树立起他幽默、平易近人的形象。其实，不管那位老板的做法能不能取得大的成效，只要他心中有一种和员工亲近、交流的想法，相信他一定能与员工达到良好的沟通，建立一种和谐的关系。同上面那位老板相比，下面这个故事中主管的做法更为高明。

在公司管理层会议上，动画部、策划部、制作部和市场部的几个主管之间硝烟弥漫：市场部认为策划部创意不足，导致业务拓展困难；策划部认为制作部执行走样，导致脚本与样片不一致；制作部认为策划部不考虑执行成本与难度，一味追求高大上……

三个部门混战一场，难分难解。

突然，制作部主管向市场部主管发难："你怎么那么得意，是不是因为终于升为了市场部主管？"制作部的技术派牛人，从来就是这副嚣张的做派，但很难奈何他们。甚至老板也得让他三分。毕竟，这年头，技术高手很难找，他们在哪儿都可以找到一碗好饭。

市场部主管不想得罪他："是啊，我得意是因为我当了主管经理，终于实现年轻时的梦想，可以和主管夫人同床共枕。"

剑拔弩张的局面一下子就缓和下来了，众人发出一片善意的笑声，连制作部的经理也没忍住发笑。主持会议的老总眼光略带欣赏地望着市场部主管。

《芝加哥论坛报》工商专栏的作家那葛伯，也曾经访问了很多家大公司的主管人员，而后整理出几位高级经理人员的意见，发现愈来愈多高阶层的领导人，希望他们在同事和大家眼中的形象更人性化一些。这些领导人鼓舞我们一同笑。不过有的时候，老板的讲话方式不妥也会使部下很不愉快。这就是造成彼此对立的一个原因。因此，老板不应当仅仅看到部下的工作情况和成绩，还应当了解他们内心的烦恼。老板讲话时要极为慎重，注意不要伤害部下的感情。

其次，幽默能避免招来下属敌意。

曾经有一位年轻女子，因不接受领导批评，竟赌气开着一辆汽车，向金水桥撞去，好些无辜的生命死于车轮底下。这就是人们记忆犹新的发生在天安门广场的一桩特大犯罪案。这幕悲剧发生的导火线就是领导的批评言辞不当。

作为一个领导，一个上级，批评下属的时候要讲究方法，这样才能避免招来下属的敌意。不过，要想把批评下属的话说得恰到好处也需要一些技巧。幽默是人际关系的润滑剂，可以促进人际关系的和谐，如果把这种幽默技巧用在批评犯了错误的下属身上，也能收到良好的效果。

经理问女秘书："你相信人会死而复生吗？"

"当然相信。"

"这就对了，"经理笑着说，"昨天上午你请假去参加外祖母的葬礼，中午时分，她却到这里来看望你！"

经理运用幽默技巧，既达到了批评女秘书使她认识到自己错误的目的，又避免招来女秘书的敌意。相反，如果一位上级尖刻地批评一个工作做得不好的下属，就会造成了失败的局面。那位下属会失去他的自信心，而同事也会失去他的信任，得不到他的合作。

有一位督导对手下的职员说："我需要这份进展报告的五份复

印本，马上就要！"

这位职员按下复印机的按钮，立时，二十五份复印本就复印了出来。

"我不要二十五份。"督导大声说。

于是这位职员笑着说："对不起，但是你已经要到了那么多！"

然后他俩爆出一阵笑声，笑那复印机不听话。这位职员以轻松的反应来纾解紧张的气氛，并且使得上司接纳了她在严肃与趣味之间巧取的平衡。

古人云："人非圣贤，孰能无过？"如果下属在工作中犯了错误，上级领导不给以适当的批评，只会令下属在错误的道路上越走越远。可见，批评在工作中是非常必要的。但是，如果领导的批评言辞不当，不注意批评的技巧和方法，往往会导致一些意想不到的事情发生。因此，要想得到良好的批评效果，又不至于招来下属的敌意，就需要掌握一些诸如幽默批评之类的批评技巧和方法。

最后，幽默能让你对下属的管理充满人性化。

有人说做职员容易做管理者难，管得轻了效果也不佳，管得重了有反效果，看来要做一个好的管理者确实不太容易。在此我们给管理者们提供一个对员工进行人性化管理的方法，那就是幽默的管理方法。

身处高位的企事业负责人，在人们的心目中往往有一种高不可及的印象，而有远见的高层人士往往希望运用幽默力量来改变他们在公众之中的形象，改善大家对他所领导公司的看法。而这种形象的树立，就是建立在高层领导人借助幽默对下属进行人性化管理的基础之上的。

有家公司为了教导主管们做人性化的管理，特别为主管们安排了有关"沟通"的教育训练课程。上了一个星期课之后，有位主管在责备老是严重迟到的一个部属时，挖空心思，想在骂他的时候又能保住他的面子。他把这个部属找来，面带笑容地对他说：

"我知道你迟到绝对不是你的错，全怪闹钟不好。所以，我打算定制一个人性化的闹钟给你。"这个主管对部属挤了挤眼睛，故作神秘地说，"你想不想听听它是怎么人性化的？"

下属点点头。

"它先闹铃，你醒不过来，它就鸣笛，再不醒，它就敲锣，再不醒，就发出爆炸声，然后对你喷水。如果这些都叫不醒你，它就会自动打电话给我帮你请假。"

上级在对下属进行管理中，批评与责备有时是必须的，不可缺少的。然而，事实上，一贯的指责和批评很难使自己的下属俯首称臣，也难以取得好的管理效果。鉴于此，如果在管理中采用夹带着浓厚幽默语气的人性化批评，通过满面的笑容来进行管理，那就冲淡了批评与责备的意味，在说者无意、听者有心的情况下，保全了对方的自尊，也达到了管理的目的。

有一位叫 K 的年轻人，他所在公司的经理对下属非常严厉，公司员工都叫他"雷公"。有一天 K 从外面回来，看到经理位子是空的，以为他不在，就对同事说："'雷公'不在吗？"说完发现屏风另一边，经理正与客户谈生意。经理听到了他的话，K 坐立不安，以为大祸临头。客户走后，经理来到了 K 身边，K 惊恐地向经理道歉。没想到经理微笑道："我们的雷公并不一定夏天才会响的。"

K 听了这句话，比平常挨骂效果好上百倍。经理也通过幽默改变了在员工心中的形象。K 的经理改变以前严厉的管理风格，尝试使用带有幽默感的人性化管理方法并取得了良好的效果。

第六章
幽默让人际更和谐

　　一个具有幽默感的人，能时时发掘事情有趣的一面，并欣赏生活中轻松的一面，建立起自己独特的风格和幽默的生活态度。这样的人，容易令人想去接近；这样的人，使接近他的人也感受到轻松愉悦；这样的人，更能增添人生的光彩，更能丰富我们生活的这个社会，使生活更具魅力，更富艺术。

谁都喜欢能给人欢乐的人

马克·吐温曾经说:"让我们努力生活,多给别人一些欢乐。这样,我们死的时候,连殡仪馆的人都会感到惋惜。"马克·吐温的话既有幽默感,又富有哲理。

法国作家小仲马有个朋友的剧本上演了,朋友邀小仲马同去观看。小仲马坐在最前面,总是回头数:"一个,两个,三个……"

"你在干什么?"朋友问。

"我在替你数打瞌睡的人。"小仲马风趣地说。

后来,小仲马的《茶花女》公演了。他便邀朋友同来看自己剧本的上演。这次,那个朋友也回过头来找打瞌睡的人,好不容易终于也找到一个,说:"今晚也有人打瞌睡呀!"

小仲马看了看打瞌睡的人,说:"你不认识这个人吗?他是上一次看你的戏睡着的,至今还没醒呢!"

小仲马与朋友之间的幽默是建立在一种真诚的友谊的基础之上的,丢掉虚假的客套更能增进朋友之间的友谊。可见,交朋友要以诚为本。朋友之间要以诚相待,互相关心,互相尊重,互相帮助,互相理解。爱人者人恒爱之;敬人者人恒敬之。关心别人,才会得到别人的关心;尊重别人,才会得到别人的尊重;帮助别人，才会得到别人的帮助；理解别人，才能得到别人的理解。

在家庭生活中，男人常常会因为自己的妻子为赶时髦去购买时装而产生烦恼，免不了一番发泄，但这往往会伤害夫妻情感。如果你是一个有修养的男子，面对这种窘境，即使是批评，也应采取一种幽默的方式，既消弭矛盾，又不伤感情，并给生活增添一份情趣。

妻子："今年春天，不知又流行些什么时装？"

丈夫："和往常一样，只有两种，一种是你不满意的，另一种是我买不起的。"

这位丈夫的幽默，一般通情达理的妻子均能接受，两个人此时都会为之一笑。

谁不喜欢富有幽默感的人呢？即便是没有幽默感的人，对于幽默的人大概也是欣赏与喜欢的吧。因为任何人的内心都喜欢阳光与欢乐，而具有幽默感的人，他们身上散发着阳光与欢乐的气息。

人们已经厌倦了腥风血雨，已经厌倦了指桑骂槐，已经厌倦了人与人之间的指责与谩骂。现代生活中的幽默，也就是与人为善，它追求的是人与人之间的和谐以及人的发展与完善。麦克阿瑟将军，他在为儿子所写的祈祷文中，除了求神赐他儿子"在软弱时能自强不屈；在畏惧时能勇敢面对自己；在诚实的失败中能够坚忍不拔；在胜利时又能谦逊温和"之外，还祈求了一样特殊的礼物——赐给他儿子以"充分的幽默感"。可见，幽默是人生多么值得拥有与追求的馈赠。

西方人对于幽默非常重视，但或许由于文化上的差异，幽默在我国并不太受到人们的重视。据南开大学社会学系的一项调查显示，我们的家庭成员在情感交流中，有六成的妻子认为丈夫少有幽默的情调，七成的丈夫认为妻子缺乏幽默感，而认为父母毫无幽默细胞的子女接近有九成！这一数据显然应该引起我们的重视和警觉。

每逢时代踏进新阶段时，幽默便会兴旺起来。它对于生活中古旧的一切、虚妄的一切，宣告了它们末日的来临。我们正在迎接这一时代！

见面寒暄要乐着点儿

寒暄是人们在见面时说的话，虽然没有实际意义，但它却很重要。它的主要用途，是在人际交往中打破僵局，缩短人际距离，向交谈对象表达自己的敬意，或是借以向对方表示乐于与之多结交之意。所以说，在与他人见面之时，若能选用适当的寒暄语，往往会为双方进一步的交谈，做好良好的铺垫。

但有些性急的人不喜欢寒暄。他们觉得寒暄都是无聊的废话，他们不喜欢寒暄，也不屑于寒暄。而过于一般的寒暄，诸如"今天天气不错"之类的话，常常使人觉得乏味。为增添寒暄乐趣，维护良好的人际关系，可以在寒暄的时候打破常规，注入幽默元素。

我们看这个例子。

连续下了几天的大雨，某公司同事们见了面，一个人说："这天怎么老是下雨呀？"一位老实的同事按常规作答："是呀，已经六天了。"一位喜欢加班的同事说："嘿，龙王爷也想多捞点奖金，竟然连日加班。"另一位关注市政的同事说："天堂的房管所忘了修房，所以老是漏水。"还有一位喜爱文学的同事更加幽默："嘘！小声点，千万别打扰了玉皇大帝读长篇悲剧。"

很多有幽默感的老年人很喜欢晚辈和他们开一些善意的玩笑。

所以，当你刚出门就遇见老年邻居时，你就可以幽默地和他们寒暄一番，这样很容易就能和他们搞好关系，一般情况下，他们还会逢人就夸你会说话。

再看这个例子。

一个大热天，小王赶早趁天气凉爽去公司上班。她刚出家门，就看见邻居刘大妈大清早就在树荫下锻炼身体。她走过去神秘地对刘大妈说："大妈，这么早练功，不穿棉袄，小心着凉啊。"小王的话逗得老太太哈哈大笑，并说道："你这个鬼丫头！再不走你上班可要迟到了，现在都九点多了。"

小王一听赶紧看看表，才八点半。看到刘大妈在那里得意地笑才知道自己上当了。以后，每逢刘大妈看见小王都非常高兴，还主动和她打招呼，逢人就夸小王聪明伶俐，还张罗着给她介绍对象呢。

此外，新近发生的大事件会成为人们寒暄的话题，因为大事件是大家都关注的，人们可以从中找到共同的语言，可以避免在寒暄中话不投机而导致尴尬。下面就是一个利用大事件在寒暄中制造幽默的例子。

前些年因为厄尔尼诺现象的影响，气候反常，快到夏天的时候人们还穿着毛衣。很多熟人见面后的第一句话就是："气候太反常了，都过了农历四月了，天还这么冷。"

可是，有一个幽默的汽车司机却别出心裁，他见到同事李师傅的时候就说："李师傅，这不又快立秋了，毛衣又穿上了。"他见到邻居张大爷的时候也会故意幽默地问："张大爷，您老也没有经历过这么长的冬天吧，到这时候了还这么冷。"恰好张大爷也是一个幽默的人，他笑着答道："是啊，大概老天爷最近心情不太好，老是板着一副冷面孔。"

每个时期都会发生一些吸引公众注意、为公众关心的事件，你可以利用它在寒暄中制造幽默的话题。

幽默是活跃气氛的法宝

幽默是活跃谈话气氛的法宝，它能博得众人的欢笑。人们在捧腹大笑之际，超脱了习惯、规则的界限，享受不受束缚的"自由"和解除规律的"轻松"，接下来的沟通自然会轻松愉快。很多时候，那些相敬如宾的夫妻未必就没有矛盾，而平日吵吵闹闹的恋人可能会更亲热。社交也是如此，若彼此谈得开心，开句玩笑，互相攻击几句，打一拳，拍两下，反倒显得亲密无间、无拘无束。

有这么一个故事。

一对很久未见的年轻男女，在街头偶然相遇。他们曾经是恋人，后来因为各种原因分了手。他们决定去一家咖啡厅里坐坐。

在等待咖啡端上来的时间，也许是要说的话太多却不知从何说起，两人相对无言，显得很尴尬。过了一会儿，男的问："你搅拌咖啡的时候用右手还是左手？"

女的答："右手。"

男的说："哦，你好厉害哦，不怕烫，像我都用汤匙的。"

一句玩笑，场面顿时活跃起来了。他们开始谈现在、过去，以及过去的过去……

看了这个故事，我们明白：当气氛陷入呆滞时，恰当地使用幽默，会活跃尴尬的气氛，并让交谈变得轻松愉快。

和朋友久别重逢后不免寒暄一番，你完全可以借此幽默一把。例如见到一个戴了帽子的朋友，你可以用羡慕的口气对他说："老兄你真的是帽子向前，不比往年啊。"轻松幽默的高帽子立马使整个气氛变得异常活跃，友情会加深一层。

　　在相声里，悬念是相声大师的"包袱"。交谈中有意制造悬念，会使人更加关注你的一举一动。当大家精力集中、全神贯注时，你抖开"包袱"，让人们发觉这是一场虚惊，大家都会付之一笑，报以掌声。

　　同时，幽默还可以缓解电影的凝重气氛，我们看再看这个例子。

　　《赤壁》的票房过亿，在文戏的拍摄中，吴宇森用了好莱坞最经典的一招：幽默。在两场激烈、血腥、节奏紧凑的武戏中，漫长的文戏如果过于平淡，很容易让人失去再看下去的兴趣，尤其是在上半部长140分钟，除去50分钟的武戏，90分钟都是文戏的情况下，因此活跃一下气氛是很必要的。

　　在这些幽默手法中，虽然也有因为情节和台词的不合理引致的发笑，但是大多数的笑场还是因为吴宇森的故意为之。像是周瑜和诸葛亮动不动就有一副看别人被欺负而幸灾乐祸的表情。周瑜去拜访刘备，在帐内见到张飞在写字。张飞一头雾水，还没搞清楚状况，就怒目圆睁，以高分贝大吼："混账！干什么啊你！"周瑜被吼得皱起了眉头，转头一看，诸葛亮早就已经把耳朵给捂上了。

　　而在片中出现了不止一次地"我需要冷静"和"这个阵法已经过时了"的台词，除了恰到好处地让人会心一笑外，想必也会成为下一季的办公室流行语。

此外，不知道是不是受《指环王》的影响。周瑜在上半部小试身手，中了一箭了之后，猛地把箭拔出来（血喷溅出来），冲向骑在马上射箭的将领，然后一个鹞子翻身就到了他的背后，轻轻松松地就把箭插到了他的颈后。

吴宇森导演在如此凝重的电影题材中巧用幽默，使得凝重、平淡的气氛变得活跃起来，不但赢得了观众，还赢得了过亿的票房。

幽默多一点，朋友多一些

俗话说：在家靠父母，出门靠朋友。能够多交一些朋友，常与朋友交谈，聊天，就会心胸开阔，信息灵通，心情开朗；也能取人之长，补己之短。遇到烦恼的事情，朋友可以安慰你；遇到什么难题，朋友可以帮你出主意；有什么苦衷，也可以向朋友倾诉一番；遇到什么喜事和值得高兴的事，可以和朋友说说，分享快乐。

时下城市公交车比以往更拥挤了，人们来去匆匆，互相挤压时一般都无话可说。假设有这么一个人他突然耐不住寂寞了，他说道："喂，各位，大家都吸一口气，缩小些体积，我挤得受不了啦，快成照片了！"大家肯定会一起笑起来。陌生人之间就会变得亲近起来，交流便由此开始了。

当然要找到志同道合的朋友并不是一件容易的事情。交友难，其实难就难在交友的方法上，幽默交友不失为一种有效的方法。陌生的朋友见面，如果幽默一点，气氛将变得活跃，交流会更顺畅。

著名国画大师张大千与著名京剧艺术大师梅兰芳神交已久，相互敬慕。在一次张大千举行的送行宴会上，张大千向梅兰芳敬酒，出其不意地说："梅先生，您是君子，我是小人，我先敬您一杯！"众人先是一愣，梅兰芳也不解其意，忙问："此语做何解释？"张大千朗声答道："您是君子——动口；我是小人——动手！"张大千机智幽默，一语双关，引来满堂喝彩，梅兰芳更是乐不可支，把酒一饮而尽。

大多数人都有广交朋友的心，苦的是没有行之有效的方法，如果我们能像张大千一样，注意感受生活，勤于思考，有一天我们也会变得和他一样幽默风趣，到那时候，对我们来说世界就不再是陌生的了，因为陌生人也会乐意成为我们的朋友。

两辆轿车在狭窄的小巷中相遇。车停了下来，两位司机谁也不准备给对方让道。

对峙了一会儿，其中一个拿出一本厚厚的小说看了起来，另一个见了，探出头来高声喊道："喂，老兄，看完后借我看看啊！"

逗得看书的司机哈哈大笑，主动倒车让路。另一个司机则在车开过了小巷之后主动与看书的司机交换了名片，并真的向他借书看。两人的家离得本就不远，后来两人就成了很好的朋友。

上面故事中向人借书看的那位司机真是将幽默的交友艺术发挥到了极致，因为本来用幽默的话语将矛盾的热度降低到零点，把车开出小巷之后就已经达到了目的，他却没有就此停止，而是通过进一步的幽默将两人发展成朋友关系。所以，当我们与陌生人发生冲突的时候，如果能幽默一点，大度一点，矛盾应该可以化解，敌意也能变成友谊。

朋友间的幽默，方式很多，只要"幽"得开心，"默"得可乐就可以了。

给批评披一件幽默的外衣

　　整天嘻嘻哈哈厮混在一起的朋友，是"昵友"（按西晋苏浚的分类法，符合"甘言如饴，游戏征遂"）。一个有智慧、幽默的人，不应该追求或满足于成为他人的"昵友"，而应该在朋友有错误时指出来，做朋友的"畏友"（即"道义相抵，过失相规"）。然而，有很多人不愿意成为"畏友"，究其原因是害怕因批评而引起对方的不快，进而引起彼此关系的裂痕。这种担心不无道理。但你若坐视朋友错下去，等朋友陷得难以拔足时醒悟，估计你们的友谊也就走到了尽头。

　　因此，该指出来的还是要指出来，该批评的还是要批评。只是，其方式不妨柔和一些、含蓄一些、有趣一些——这些正是"幽默"的拿手好戏。

　　中成药与西药口服制剂，因为味苦，大多裹上了一层糖衣，以利于患者口服。现代生活中的幽默也同样可以起着包裹"良言"的糖衣效用。人们用幽默来表达嘲讽、批评的意味就是生活的一种艺术，是人际关系和谐的需要。

　　对方错了，我们就应让对方改正，但是如果方法过激，可能会让对方脸上挂不住，恼羞成怒的人会更加坚持自己的错误，于事无补。所以，聪明的人会选择幽默的语言提醒对方，给对方留下面子。这是因为，笑是最能解嘲的东西，在哈哈大笑中，顽固的人也会变得可爱。

某青年拿着乐曲手稿去见名作曲家罗西尼，并当场演奏。罗西尼边听边脱帽。青年问："是不是屋内太热了？"罗西尼说："不，我有一个见到熟人就脱帽的习惯，在你的曲子里，我碰到的熟人太多了，不得不频频脱帽！"

青年的脸红了，因为罗西尼用幽默的方式委婉地道出了抄袭别人作品的事实。

运用这种表达方式，既可以用委婉含蓄的话烘托暗示，巧用逻辑概念，对谈判对手进行批评、反驳，又可以保证双方的关系不至于因批评、反驳而马上变得紧张起来。

我们批评别人，一般是出于让对方改善的动机。不论批评的对象是亲朋、同事、下属还是陌生人，我们都应注意不刺伤对方的自尊心，这样便不可能遭人记恨。如果刺伤了对方的自尊心，即使对方是个豁达的人，也难免会影响与其日后的关系。

用幽默的口吻去批评，就会最大限度地减轻批评的负面效应。运用幽默的语言可以把说话者的本意隐含起来，话中有话，意在言外。

某大学生毕业时从学术网站上照抄了一篇毕业论文以蒙混过关。他把论文交给自己的导师。导师翻了翻论文，然后微笑着说："不错，我认为可以发表在学术网上。"大学生脸红了。导师又说："还是再修改修改再说吧。"该大学生又羞愧又感激地回去了，终于认真地写出了自己的论文。

运用幽默的愿望并不是成人的专利，孩子们对幽默力量的运用，有时也能收到很好的效果。

有个酒鬼，贪恋杯中之物，酒醉之后常常误事。妻子多次劝他，他怎么也听不进去。一天，这个人的儿子对他说了几句，使得他的心灵受到了极大的震动，决心以后再不喝酒。

原来，他的儿子说："爸爸，我送给你一个指南针。"

"孩子，你留着玩吧，我用不着它。"

"你从酒吧里出来时，不是常常迷路吗？"

还有一则幽默，说的是某年轻夫妇虐待其老父老母，甚至每天给老父老母吃一些用破碗装的残菜剩羹。

年轻夫妇的五岁儿子，每次在爷爷吃饭时总是对他们说："小心啊！别把碗摔坏了。"这句话重复了很多次后，年轻夫妇终于好奇地问儿子：

"你为什么那么关心那些破碗？"

"因为，我要留着将来给你们吃饭用。"儿子说。

儿子的一句话，让年轻夫妇幡然醒悟。

以圆滑的技巧表达批评，幽默是个不错的选择，既能指出对方的错误，又能最大限度地保全对方自尊。

第七章
硬气说"不"：别让面子害了你

拒绝，使我们学会驾驭自己的情感；拒绝，也使一颗多情的心变得多思，变得成熟。你不要滥用友情，也不要向朋友要求他们不想给的东西。过犹不及皆是害，和别人打交道尤其如此。只要你能够做到适中和节制，你就能得到他人的青睐与尊重。能做到有理有节是很宝贵的，这将使你永远受益无穷。

不做软弱可欺的人

　　人们是怎样对待你的？你是不是三番五次地被人利用和欺负？你是否觉得别人总占你的便宜或者不尊重你的人格？人们在制定计划的时候不征求你的意见，是否觉得你会百依百顺？你是否发现自己常常在扮演违心的角色，而仅仅因为在你的生活中人人都希望你如此？

　　美国心理学家戴尔以他接触到的生动的事实回答了这个问题："我从诉讼人和朋友们那儿最常听到的悲叹所反映的就是这些问题，他们从各种各样的角度感到自己是受害者，我的反应总是同样的：'是你自己教给别人这样对待你的。'"

　　许多人以为斩钉截铁地说话意味着令人不快或者蓄意冒犯。其实不然。它意味着大胆而自信地表明你的权利，或者声明你不容侵害的立场。

　　托尼在和售货员打交道时总是缺乏胆量。由于害怕售货员不高兴，他常常买回自己不想要的东西。他正在努力使自己变得更果断一些。一次，去商店买鞋，看到一双自己喜爱的鞋，他就告诉售货员自己要买下它。但是，正当售货员把鞋装进鞋盒的时候，托尼注意到其中一只的鞋面上有道擦痕。他抑制住自己当即萌生的不去计较的念头，说道："请给我换一双，这只鞋上有擦痕。"

售货员回答道:"行,先生,这就给您换一双。"

这个时刻,对于托尼一生来说是一个转折点,他开始锻炼自己果断行事。新的处世方法的报偿远远超过了买到一双没有擦痕的鞋子。他的上司,他的妻子,以及孩子和朋友们都感觉到,他变成了一个新的托尼——不再是一味应承了。从此,托尼不仅更经常地得到己所欲求的东西,而且还获得了不可估量的尊敬。

你可以运用下面的策略告诉别人如何尊重你。

1. 尽可能地使用行动而不是用言辞抗争。如果在家里有什么人逃避自己的责任,而你通常的反映就是抱怨几句,然后自己去做,那么下一次你就一定要用行动来表示反抗。如果应当是你的儿子去倒垃圾而他经常"忘记",那你就提醒他一次;如果他置之不理,就给他一个期限;如果他仍然藐视这一期限,那你就不动声色地把垃圾倒在他的床头。一次这样的教训,要比千言万语更能让他明白你所说的"职责"是什么意思。重要的是,当你试图这样做时,不必过多地考虑后果如何。

2. 斩钉截铁地表明你的态度。即使在可能会有些唐突的场所,也必须毫无顾忌地对服务员、售货员、陌生人说话,对蛮横无理的人要以牙还牙。你必须在一段时间内克服自己的胆怯和习惯心理,坚持一下,你就会发现,事情本该如此! 注意,吵架时你就该大点声! 当然,"君子动口不动手",你只不过为了锻炼锻炼自己,跟他们没仇。

3. 不再说那些引别人来欺负你的话。"我是无所谓的""你们决定好了""我没有这个本事"等等,这类"谦恭"的推托之辞就像为其他人利用你的弱点开了许可证。当卖菜人让你看秤时,如果你告诉他你对这事一窍不通,那你就等于告诉他"多扣点秤"。

4. 对盛气凌人者毫不退让。当你碰到好随意插嘴的、强词夺理的、爱吹毛求疵的、令人厌烦的、多管闲事的、让你难堪的欺人者时，要勇敢地指明他们的行为不合理之处，并要板起面孔对他们说"你刚刚打断了我的话""你的歪理是根本行不通的""以你的逻辑推敲，地球就不是圆的了"等。这种策略是非常有效的教育方式，它告诉别人，你对他们不合情理的行为感到厌恶。你表现得越平静，对那些试探你的人越是直言不讳，你处于软弱可欺地位上的时间就越少。

5. 告诉人们，你有权支配自己的时间和行为。你自己想做的事尽管去做，不要怕别人冷嘲热讽，实在忍无可忍时，你尽可能平静地回击："这关你什么事？"

6. 敢于说"不"。干脆地表明自己的否定态度，会使人立刻对你刮目相看。事实上，与那种遮遮掩掩、隐瞒自己真实感受和想法的态度相比，人们更尊重那种毫不含糊的回绝。同时，你也会从这种爽直的回答中，感到自信又回到自己的心中。欲言又止、支支吾吾的态度，只会给别人造成"误解"你意思的机会或空子。

7. 不要为人所动，不要经常怀疑自己或感到内疚。如果别人对你的抗争行为表示出不满或因而生气时，你不要为之所动，立即后悔。一般来说，你过去教会了他怎样欺负你，此时他的情绪你还未必适应，你最需要的是站稳脚跟，静观后效。

该说"不"时就说"不"

人在社会，要想混得好，很多时候要敢于说"不"，善于说"不"。比如，若别人有求于你，而你出于各种原因却无法予以满足，又不好直说"不行""办不到"，生怕因此伤害对方的自尊心；或对方提出一些看法，而你不同意，既不想讲违心之言，又不愿直接反驳对方；或你看不惯对方的言行，既想透露内心的真情，又不愿表达得太直露，以免刺激对方。这时候，就要学会巧妙委婉地拒绝，根据不同的情况说"不"。

过去有一个男孩爱上了一个女生。某天，这个女孩下班后，男孩在单位外等她。男孩心里盘算着请女孩吃一顿最好的火锅。可是正当他约这个女孩的时候，女孩的妈妈突然出现了。于是便三个人一起去吃饭。女孩的妈妈选择了最贵的餐馆，点了很贵也很多的菜。吃不完还打电话让她们家的亲戚都来吃。可怜的这个男生，就一直在一旁数着他的钱，盘算着够不够。不过万幸的是，这个餐厅可以刷卡，他刷尽了他所有的钱。

后来，女孩的妈妈还是不允许女孩和这个男孩来往了。

在这个故事中，这个男孩子为什么要硬着头皮跟着去吃那么昂贵的一顿饭呢？后来这个女孩的妈妈为什么不允许他们交往呢？可见，有些时候死要面子，不会拒绝，不一定就能办成事情。

我们都曾经历过这类事件，因为我们都希望自己能够拥有良好的人际关系。其实并不是接受所有人的所有要求，就能够拥有很好的人际关系，学会拒绝，也是我们处理好人际关系的一种重要技能，也就是说，我们要学会说"不"。

当然，我们必须努力去做一个绝不说"不"的人，可是，当遇到别人不合理的请求时，我们是否也要委曲求全答应对方呢？这个时候，你千万不要因为不能说"不"而轻易地答应任何事情，而应该视自己能力所及的范围，尽可能不要明明做不到却不说，结果既造成了对方的困扰，又失去了别人对你的信任。

30岁出头就当上了20世纪福克斯电影公司董事长的雪莉·茜，是好莱坞第一位主持一家大制片公司的女士。为什么她有如此能耐呢？主要原因是，她言出必践，办事果断，经常是在握手言谈之间就拍板定案了。

好莱坞经理人欧文·保罗·拉札谈到雪莉时，认为与她一起工作过的人，都非常敬佩她。欧文表示，每当她请雪莉看一个电影脚本时，她总是马上就看，很快就给答复。不过好莱坞有很多人，其他人若不喜欢的话，根本就不回话，而让你傻等。但是雪莉看了给她送去的脚本，都会有一个明确的回答，即使是她说"不"的时候，也还是把你当成朋友来对待。这么多年以来，好莱坞作家最喜欢的人就是她。

由此看来，拒绝别人不是一件什么罪大恶极的事情，也不要把说"不"当成是要与人决裂。是否把"不"说出口，应该是在衡量了自己的能力之后，做出明确回应。虽然说"不"难免会让对方生气，但与其答应了对方却做不到，还不如表明自己拒绝的原因，相信对方也会体谅你的立场。

不过，当你拒绝对方的请求时，切记不要咬牙切齿，绷着一张脸，而应该带着友善的表情来说"不"，才不会伤了彼此的和气。

在这个社会上混，该说"不"时就要说"不"，不要做不讲话的鹦鹉。一味地沉默只会让他人忽视你的努力，甚至忽视你的存在。做一个有声音的人，让他人感受到你的存在价值。不会说"不"的人，只会让他人觉得你是一个逆来顺受的人。

你是不是三番五次地被人利用和欺侮？你是否觉得别人总是占你的便宜或者不尊重你的人格？人们在制定计划时是否不征求你的意见，而会觉得你千依百顺？你是否发现自己常常在扮演违心的角色，而仅仅因为在你的生活中人人都希望你如此。如果这样的话，你的生活和工作就需要改进了，就需要拒绝和说"不"字。

当然真正鼓足勇气说这件事情的时候，当你认识到自己的需要并表达出来时，你会发现你原来所顾虑的事情一件都没有发生，而你的生活却发生变化，同事们和朋友们都开始尊重你，开始意识到你的存在。

据某报载，某办公室有六位职员，水房离办公室较远。开始时大家谁也不愿意去打水，因为打完后也许自己只能喝到一杯水，其他的水都被分光了。为了保证大家都喝到水，制定了规章制度，每三个人为一小组，每天早晨、中午打水。

甲组中的三个人，只有向云比较老实勤劳，每次其他两个人躲得远远的，只有向云打水。这一天，大家中午没见到开水，其中乙组的一位同事对向云说："向云，开水呢？打开水去呀。"向云当即反驳道："我们三个人呢，你指使我干吗？"那位同事当时有些脸红，此时甲组的另外两位连忙说："唉哟，不好意思，忘了，我马上去！"

从此，大家打水自觉多了。向云并没有觉得自己以前帮得太多了而不去做了，他仍然和同事一起去打水。

向云利用其他同事的愤怒维护了自己的权益和平等地位，大家在一个办公室，具有同样的义务，不好去指使另外的人，只好采用拒绝的方式而仍然去打水，说明他不计前嫌，利用宽容获得了别人的好感。

有人说，如果你想真正了解一个人，就请注意他拒绝别人时的样子，这是一个人的全部。"不"不仅体现了一个人的性情，也诠释了一个人做人的标准，在该说"不"的时大胆地把"不"说出口，是一种境界。

含混不清的拒绝要不得

很多人在拒绝别人的时候怕得罪别人而影响彼此的感情，总是喜欢含糊其词。听得懂的人自然还好，能够明白这是对方拒绝的说辞；没听懂的人，自然就会会错意，然后默默地等待着你的帮助。等到某天，见交代你这么久的事还未办妥，便又来，说起："你上次帮我办的事，怎么这么久都还没办好呢？"这时你才错愕地回答他："我什么时候说过帮你的忙？"然后，这时把话说开，对方才领悟过来，你觉得自己很无辜，对方更多的却是埋怨，从此，两人关系便开始越走越远。

虽然拒绝别人真的很为难，但是你要记住，滥用你的委婉，不明确地拒绝别人，只会给大家造成不必要的误会，让双方都受到损害。

小王和小张是一起长大的好朋友。但是小王从小就勤奋好学，所以一直念书念到了研究生毕业，工作后也是一帆风顺，现在已经是一家知名企业的部门经理。而小张呢，从小就调皮捣蛋，所以高中毕业便出去打工了。但是小张这人一直不长进，虽然在社会上混了那么多年，却也没混出个什么名堂。最近听说小王在某家大公司当经理，便想去谋个好职位。

小张找到小王说："小王，看在我们俩这么多年交情的分儿上，这个忙你可得帮我啊。"

小王其实很为难，因为他们公司有规定，学历至少是本科以上，但是鉴于好朋友，他又不好直接推脱，只好回答："这个事有点不好办。首先，你的学历不符合规定，难度比较大，何况招人的名额有限。不过，我会尽力争取，当然你不要抱太大希望。"

小张听小王这么说，只觉得可能是有点难，但是小王尽力的话，应该没问题，就没有多想，回家安安心心地等着上班。可是等了两个星期，也没有收到任何通知上班的邮件或者电话，小张再次找到小王：

"你上次说帮我的忙，怎么还没消息呢？"

小王很为难地说："哥儿们，不是我不帮你，是真的不行啊，你也知道你的学历不符合我们公司的要求的，我实在无能为力啊。"

小张一听，生气地说道："你帮不了就帮不了啊，直接给句痛快话呀！浪费了大半天工夫，早干吗去啦？"

就这样，小张和小王闹掰了，二十几年的交情也因此没了。

上述所讲到的结果当然我们每个人都不希望遇见。因此就需要我们在拒绝的时候，不要因为过于照顾对方的颜面，而把话说得模棱两可。大多数人都不好意思说出拒绝别人的话。然而很多时候对方提出的某些要求很过分，不是我们力所能及的。这就出现了如何拒绝他人的问题，因为硬撑着导致的结果更糟。

拒绝的时候态度一定要坚决。何谓坚决？就是明明白白地告诉对方，这件事自己无法做到，让他另请高明。

"对不起，我真的帮不上忙"和"这问题恐怕很难解决"相比，后者显然会给被拒绝者带来更大的想象空间。当我们试图用一种很婉转的态度拒绝别人时，通常不会收到太好的效果。因为模棱两可、暧昧不清的拒绝，并不会让对方丧失希望，正所谓希望越大，失望越大。与其让对方抱着不切实际的幻想空等，不如在最初便狠心拒绝，或许会帮助他找到更好的解决方法。

我们心里要明白，无论是坚决说"不"，还是委婉说"不"，最终要达到的目的都是相同的，即让对方知道自己的表态是决定性的，没有妥协的余地。这种表态方法的差别仅限于语气上的软硬，而在话语的指向上需要准确无误。

总之，你的言语必须确实明白地表达出你自己的想法。很多事情虽一时能敷衍过去，但总有一天，当对方明白你以前所有的话都是托词时，就会对你产生很坏的印象。所以，与其如此，不如干脆一点儿，坦白一点儿，毫不含糊地讲"不"。

向领导说"不"，要拒而不绝

你已经忙得焦头烂额了，上司又给你分配了新的任务；明知道是不能完成的任务，上司还非要你完成；三天内不可能完成的计划书，上司却偏偏只给你三天时间……在工作中，你是否也会遇到一些上司不合理的要求？

一天，公司经理指着一沓至少有三四十页的稿纸对刚到公司不久的秘书小刘说："小刘，请你今晚把这一沓文件全部给我打一份出来。"小刘听到这话，看看讲稿，面露难色说："这么多，能打得完吗？""打不完吗？那就请你另觅轻松的去处吧！"恰巧经理正在气头上，于是小刘被"炒了鱿鱼"。

与小刘相同的是，小赵也曾遇到过上司这样的要求，但是小赵的拒绝方式不同，却得到和小刘不同的结果。

"小赵，你今晚务必把这一沓报告整理好。"主任指着厚厚一摞报告对秘书小赵说。

小赵看着厚厚一摞报告，心里非常为难。于是，他用充满内疚的眼神走到主任面前说：

"主任，对不起。恐怕没有时间，我还有其他的重要文件需要处理，还有一些你明天早上需要用的演讲稿我都必须把它整理出来。所以，真的不好意思。"

主任听了，笑了笑说："没关系的，这个也不急着用，你慢慢整理吧！等你整理好了，再把它拿给我好了。"

小赵没有直接拒绝主任说今天晚上完不成，而是让主任知道他的苦衷和难处，暗示自己当天晚上没有把握把报告整理出来。这就是很好的拒绝办法。

小刘的被"炒"实在令人惋惜。然而，像小刘这样生硬、直接地拒绝上司的要求，给上司的感觉是她在对抗，不服从上司安排，完全不把上司的威信当回事，被"炒"也就难免了。如果小刘当时积极地立即拿过那一堆稿子坐到计算机前马上开始打，过一两个小时后，把打好的一部分交给经理看，再委婉地表示自己的困难，那么经理肯定会很满意她的表现。这样不但维护了上司的威信，也会使他意识到自己要求的不合理，从而会延长时限，最后也不至于解雇下属了。

在工作中，当上司提出了一些明显不合理的请求时，这就需要我们认真考虑，自己能否胜任，是否有能力去完成。把自己的能力与事情的难易程度以及客观条件是否具备结合起来考虑，如果认为自己不能接受，就要选择适合的方法加以拒绝。跟上司说"不"，确实不是一件简单的事，要会巧妙地运用各种技巧回避锋芒，避免与上司直接对抗。那么，怎样才能让上司听到了你的"不"以后而不会生气呢？

1. 理由一定要充足

首先，应先谢谢上司对你的信任和看重，并表示很乐意为他效劳。再含蓄地说明自己爱莫能助的困难。比如，"现在我手里跟的项目，全部都要月底才能完成。其他人对这几个项目都不熟，若是现在让我去接新的项目，这些项目可能会出问题。"这样，充足的理由、诚恳的态度一定能获得上司的理解。

2.不可一味地拒绝

尽管你拒绝的理由冠冕堂皇，但是上司也许仍坚持非你不行。这时，你便不能一味地拒绝，否则，上司可能会以为你只是在推托，从而怀疑你的工作干劲和能力致失去对你的信任，在以后的工作中，也会有意无意地使你与机会失之交臂。

3.提出周全的方法

如果上司仍然坚持让你去完成这项工作，这时，你要仔细考虑，千万不可因上司没有答应你的要求而怒气冲天，拂袖而去。你可以坐下来与上司共商计策，或者说："既然这样，那么过一天，等我手头的工作告一段落，就开始做，您看怎么样？"你也可以向上司推荐一位能力相当的人，同时表示自己一定会去给他出点子，提建议。这样，你就能进一步赢得上司的理解和信任，也会为你以后的工作、生活铺开一条平坦的大道。

总的来说，拒绝上司意味着可能会得罪上司。人际交往尚且如此，若在工作上遇到类似事件，则可能造成更大麻烦。尤其对年轻的职场新人来说，这是一个很让人头疼的问题。如果拒绝不当，可能令上司误会你是在逃避责任，或对自己能力的不确定。如果他今后不再安排什么任务给你，千万别沾沾自喜，以为自己走运了，因为公司永远不需要做不了大事的员工。长期以存在感超低的状态持续下去，不久就会被列入"留校察看"的行列。

因此，不管你拒绝的是公事还是私事，都需要很大的勇气。

虽然，对上司说"不"不是令上司非常愉快的事情，但是如果能够掌握对上司说"不"的技巧，并在实践中有区别地加以应用，一定会"拒而不绝"，让上司在你的诚恳中理解你的不便之处，这样就不至于影响你的工作开展。

硬气说"不"，朋友也要打假

有人说，人的信任和信用卡是一样的，不断消费，定期还款，银行给你的额度就会不断增加，这个是信任积累。反之，只消费不还款，信用终将破产。

人因为关系走得近会产生信任，产生交情，但也会因为走得近，让彼此没有了畅快呼吸的空间。许多时候，给我们带来无法言说的伤害的人，往往是与自己走得最近的人。不管是面子、利益，还是感情，因为距离靠得近，它们随时都可能被划伤。

比如，和陌生人做生意，价格该怎么谈就怎么谈，因为缺少感情，可以不顾面子去谈，和你走得最近的朋友做生意，却不可以：要么成交，要么绝交！

陈华有个老相识，代理了一家化妆品公司的产品，做了三个多月，也没什么销量。为了完成任务，他在朋友圈中搞起了"摊派"：张三要定五百的任务，赵七条件好点，要买我一千的货。碍于交情与面子，有的朋友买了，有的以各种理由拒绝。事后，买了他的产品的，他说都是"亲"，都是"哥儿们"，没有买的，都"不够意思"，都是"假朋友"。他以为自己找到了生财的门路，没想到，这是在断自己的后路。半年后，所有人都"不够意思"，就他自己"够意思"。

朋友们都抱怨：你把自己当谁啊？是你绑架友情，执意透支友情在前，为什么一定要把错误归咎于别人呢？

每个人身边都或许有这样的人，他们一边喊着哥儿们义气，一边秀着高情商，却在不断透支友情。在他们眼中，朋友没了价值就是对他"不够意思"，在逼空友情的同时，还要让自己站在道德的制高点。这种做法，只会赤裸裸地伤害别人。

小张是一家公司的职员，大家对他的一致评价是"脑子很灵光，情商是硬伤"。一次，他的一位朋友做生意赚了点钱，整天琢磨着换一辆很拉风的车，同时在朋友圈转让正在使用的车，标价十二万。小张有意买下朋友的车，说："看在咱们这么多年交情的面上，把你车十万块转给我吧。"

"说实话，卖十二万，问的人还不少呢。你要是有诚意，就再加点。"大家朋友一场，双方做出了一些让步。

小张说："先给你三万，其余的我两年付清。就这么定了。"

朋友有些不乐意："我也是缺钱才急着卖车，这时间也太长了点！"

小张说："那就一年。"

最后，经过软磨硬泡，就这么成交了。

其实，这位朋友的车标价十二万，全款一次付清，有购买意向的人也很多。他之所以卖给了小张，是因为他实在不知怎么拒绝对方。他怕因为这笔交易而影响到双方的关系，所以，就让自己吃些亏。从这件事可以看出，小张很精明，脸皮也厚，但情商确实让人着急了点。

生意，和谁都是做，之所以和朋友做，往往是念于交情。再者，我多牺牲一点，付出一点，也不是不可接受，问题是，你要考虑朋友的代价。

人际交往有一个重要准则：保持平衡。即使真朋友，真性情，好到不分你我，也要恪守这个准则。否则，不论在友情，还是在财富方面，如果太过透支对方，迟早会逼走对方。

当然，一味索取固然不妥，但付出时也要适可而止。有人把面子看得很重，碍于面子，经常让付出成为一种负担。朋友结婚，别人随两千礼金，硬着头皮也要跟两千；别人五千，即使超出自己的承受范围，也要捍卫所谓的颜面。

要知道，人们不会因为你的"透支"而给予你额外的赞美，反倒会觉得你这个人很虚伪。财力、精力或能力有限的情况下，要学会选择性地付出，不是说每个朋友、每件事我都要"照顾"到，也不是每个要求都要满足。今天我与你应酬，明天我和他应酬，今天参加这个活动，明天出席那个庆典，所有人都要照顾到，办不到！非要打肿脸装胖子，把自己搞得人不人鬼不鬼，何苦呢？

我不与你应酬，我会告诉你，因为我有更重要的事要办，我负担家庭的责任，负担公司的责任，希望你理解。不能说你是个人物，就让我去牺牲整个家庭，牺牲我的事业。如果你理解，日后咱们还有应酬机会，如果不理解，那请便。

所以，当你承受不起时，要学会对透支你的人与行为说"不"，不要把自己累个半死。尤其在上下左右不能兼顾的时候，离你最近的人，却让你最不舒服，那你一定要学会选择，学会放弃。

不管是什么，人与人交往，不要太过偏离"等价交换"原则。为朋友过度付出，对自己是一种消耗，也是一种负担。如果这种消耗与负担得不到朋友的理解，那这样的朋友多数是假朋友。

第八章

委婉说"不"：让说拒绝变得"好意思"

在拒绝别人时，我们往往会感到很棘手，因此不知道该如何开口谢绝、拒绝，明明知道一些事情自己办不成，可又怕伤害了同事、朋友之间的友谊，怎样开口拒绝，才不会伤害对方呢？这就需要一个策略，要掌握一定的技巧，使自己能轻松愉快地说出"不"字，也能使对方高高兴兴地接受"不"字。

借"别人的意思"来拒绝

很多时候，拒绝的话总是让人难于启齿，甚至还要绞尽脑汁去想一些拐弯抹角的拒绝方式，既能把"不"字直接说出口，还能切断所有后路，让对方无法采取别的方式再来麻烦你。有时候，拒绝别人你可以不用这么费神，关键是你要懂得借用"别人的意思"。

某造纸厂的销售人员去一所大学销售纸张，销售人员找到他熟悉的这所大学的总务处长，恳求他订货。总务处长彬彬有礼地说："实在对不起，我们学校已同一家国营造纸厂签订了长期购买合同，学校规定再不向其他任何单位购买纸张了，我也是按照规定办事。"

这就是借"别人的意思"来拒绝。这个事件中，虽然是总处长说出的那些话，但是这拒绝却不是总务处长的意思，而是"学校"，学校的规定，谁也无法违反，事情就这么简单。所以，借"别人的意思"来拒绝就是这么容易的。

以别人的身份表示拒绝，这种方法看似推卸责任，却很容易被人理解：既然爱莫能助，也就不便勉强。

一位和善的主妇说，巧妙拒绝的艺术使他一次又一次免受了推销人员的打扰。每当销售人员找上门来，她便彬彬有礼但态度坚决地说："我丈夫不让我在家门口买任何东西。"这样，推销人员会因为被拒绝的并不仅仅是自己一个人而心理上得到了一点平衡，减少了被拒绝的不快。

人处在一个大的社会背景中，互相制约的因素很多，为什么不选择一个盾牌来挡一挡呢？比如说：有人求你办事，假如你是领导成员之一，你可以说，我们单位是集体决定这些事情的，像刚才的事，需要大家讨论才能决定。不过，这件事恐怕很难通过，最好还是别抱什么希望，如果你实在要坚持的话，待大家讨论后再说，我个人说了不算数。比如，某单位一位职工找到车间主任要求调换工种，车间主任心里明白调不了，但他没有直接回答，而是说："这个问题涉及好几个人，我个人决定不了。我把你的要求反映上去，让厂部讨论一下，过几天再答复你，好吗？"这就是巧借他人来表达你的拒绝，而且完全不会得罪于人，并不是我不帮你的忙，而是我决定不了。对方听到这样的说法，自然也就只有知难而退了。

借"别人的意思"来表示拒绝的好处有：

容易被人理解和接受；

让对方觉得你很诚恳，自然不会再刁难你；

表现出一种对决策的无权控制，从而全身而退。

我们在生活或者工作中，有时候会遇到朋友向我们提出一些我们无法做到的要求，但又不能直接拒绝，这时，我们就可以借别人的话来回绝朋友的要求。

张林在一家商场的电器部工作。一天，他的好朋友来买空调。把店里陈放的样品全部看完后，还觉得不满意，要求张林领他到仓库里去看看。张林面对好朋友，一时不知道该如何说"不"。忽然他灵机一动，笑着说："前几天经理刚宣布过，不准任何顾客进仓库，我要带你进去了，我就可能被责罚。"

张林借他人之口拒绝了朋友的要求，尽管朋友心中不大高兴，但毕竟比直接听到"不行"的回答要舒服些，也减少了几分不快。

巧嘴让人顺利接受"不"

不愿意听到别人的反对与拒绝，这是人之常情。口才高手们总结出一些让别人高兴地、顺利地、心悦诚服地接受"不"的技巧。

日本明治时代的大文豪岛崎藤村被一个陌生人委托写某本书的序文，几经思考后，他写下了这封拒绝的回函。

"关于阁下来函所照会之事，在我目前的健康状况下，实在无法办到，这就好像是要违背一个知心朋友的期盼一样，我感到十分懊恼。但在完全不知道作者的情况下，想写一篇有关作者的序文，实在不可能办到，同时这也令人十分担心，因为我个人曾经出版《家》这本书，而委托已故的中泽临川君为我写篇序文，可是最后却发现，序文和书中的内容不适合，所以特别地委托他，反而变成一种困扰。"

在这里，藤村最重要的是要告诉对方"我的拒绝对你较有利"，也就是积极传达给对方自己"不"的意志的一种方法。而这样的说辞，又不会伤害到委托者想要实现目的的动机。

通常，当我们被对方说"不"而感到不悦的理由之一，是因为想引诱对方说出"好"而达到目的的愿望在半途中被阻碍，因而陷入欲求不满的状况。所以既不损害对方，又可以达到目的说

"不"的最好方法，就是当对方委托你做一件事时，当"达到动机"被拒绝后，反而认为更有利的是另一种"达到动机"，而只要满足这一种"动机"就可以了。

藤村可以说是十分了解人的这种微妙心理，所以暗地里让对方觉得"被我这样拒绝，绝对不会阻碍你目的的实现"。我们在拒绝他人时，也可以用这样的方法，让对方觉得说"不"，是为了让对方有好处，这不仅不会损害到对方的感情，而且还可以让对方顺利地接受你所说的"不"。

战国时期韩宣王有一位名叫缪留的谏臣。有一次韩宣王想要重用两个人，询问缪留的意见，缪留说："魏国曾经重用过这两个人，结果丧失了一部分的国土；楚国用过这两个人，也发生过类似的情形。"

接着，缪留下了"不重用这两个人比较好"的结论。其实，就算他不给出答案，宣王听了他的话也会这么想。这是《韩非子》里相当著名的故事。

这种说"不"的方法，之所以这么具有说服力，主要是因为这两个人有过去失败的经历，但缪留在发表意见时，并没有马上下结论。他首先对具体的事实做客观的描述，然后再以所谓的归纳法，判断出这两个人可能迟早会把国家出卖的结论。说服的奥秘就在此。相反，如果宣王要他发表意见时，缪留一开口就说"这两个人迟早会把我国卖掉"，等等，结果会怎样呢？可能任何人都会认为："他的论断过于极端，似乎怀恨他们，有公报私仇的嫌疑。"从而形成不易让大家接受"不"的心理，即使他在最后列举了许多具体事实，也可能无法造出类似前面所说的情况来。

所以，我们在必须向别人说出他们不容易接受的"不"时，千万不要先否定性地给出结论，要运用在提议阶段所否定的论点，即"否定就是提议"的方式，不说出"不"，只列举"是"时可能会产生的种种负面影响，如此一来，对方还没听到你的结论，自然就已接受你所说的"不"的道理了。

我们曾听说过可以负载几万吨水压的堤防，却因为蚂蚁般的小洞而崩溃的例子。最初只是很少水量流出而已，但却因为不断地在侧壁剧烈地倾注，最后如怒涛般地破堤而出。

这种方法可以适用于说"不"的技巧里，也就是说，要对不可能全部接受的顽固对方说"不"时，要反复地进行"部分刺激"，最终让对方全盘接受"不"的意思。

例如，朋友向你推荐一名大学毕业生，希望在你管辖的部门谋求一个职位时，想在不伤害感情的情形下加以拒绝，这时可以针对年轻人注重个人发展和待遇方面，寻找出一种否定的理由，反复地说："我们这里也有不少大学生，他们都很有才华……""这里的福利待遇都很一般……""在这里干，实在太委屈你了……"等，相信那位大学生听了这些话后，心里就会产生"在这里干没什么前途"的想法，再也不做纠缠，客气地向你告辞。

说得好不如说得巧。真正的好口才，讲究的是"巧"，能因人而言，因事而言，当言则言言无不尽，当止则止片言不语。他们以独特的眼光去审视世界，以特有的智慧去指挥嘴巴。

不要等被逼无奈再说"不"

生活中的你，是不是常常有这样的经历：明明想对别人说"不"，却硬生生地把这个"不"字吞到肚子里去了，而违心地从嘴里蹦出来个"是"字？可是后来又越想越不对劲，心里说着"我其实当时应该拒绝他的""这个忙我根本就帮不了""我自己的事情都没有做完，怎么办"……于是你开始自责不已，悔不当初，最后一边为应承下来的事儿忙得焦头烂额，一边为自己的不懂得拒绝而深深懊恼。

不懂得拒绝的人，无论是面对上司的命令、顾客的要求、同事的请托以及工作中的任何突发状况，似乎都只能默默承受。因为他们觉得，如果自己说"不"，可能会面临一连串的麻烦：上司的不满、顾客的投诉、同事的怀恨在心……于是，为了维护自己的人脉，为了提升自己在同事间的口碑，为了让自己在工作上少一些阻碍，许多人在面对各式各样的请托和要求时，选择了接受，让自己陷入了如此难堪的局面。

只是，这样做正确吗？不妨看看以下案例再做判断。

张涛和李辉大学毕业后同时进入一家通信公司实习。这家公司可以说是全球无线通信行业的霸主，几乎在世界各地都有它的制造厂。能够进入这家公司，是莘莘学子的梦想，因此张涛和李辉两人都十分重视这次实习机会。因为按照惯例，这家公司会从每一批实习的人员之中选择最优秀的一位留下来。

在进入这家公司之前，张涛便做足了准备。他觉得想要留在这家公司，上司的推荐和同事的口碑应该十分重要。因此，在进入这家公司之后，他为了笼络人心，对所有同事都有求必应，诸如帮同事跑腿，帮经理助理打印……虽然常常因此把自己的工作做得不够好，但是他每次得到同事的赞美都觉得这样也值了。大家见这小伙子那么热心，便也逐渐不客气了：甲让他帮自己带早餐，乙请他帮忙接孩子……哪怕这些是与工作毫不相干的事情，张涛全都接受，毫无怨言。

而李辉却截然相反，有人请他帮忙的时候，他似乎总以自己的事情还没做完为借口推托，渐渐地，请他帮忙的人越来越少。因此，大家对张涛的评价越来越高。

三个月的实习时间很快结束了，转眼就到了宣布最终结果的时候。看着被叫进经理办公室的李辉，张涛暗自欣喜："谁教你不注意人际关系，只顾着埋头做事。能留下来的人一定是我。"

半个小时后，李辉从经理办公室走出来，带着平静的表情开始收拾自己桌上的东西。张涛正准备上前安慰他一下，却猛然发现情况似乎有些不对劲。原来，李辉在收拾完自己的东西之后，并没有离开，而是把这些东西放在另一张配有电脑的办公桌上，而那张桌子，正是为留下来的那个人所准备的。

就在张涛愣神的时候，有人拍了拍他的肩膀，示意他到经理办公室去一趟。怀着惴惴不安的心情，他来到经理办公室。

"张涛，这三个月来，你的表现大家都看在眼里。你很热心，使同事们对你的口碑很好。说实话，站在朋友的立场，我很想留你下来。可是，站在公司的角度考虑，我们需要的是能在工作上做出成绩的人。在这段时间里，我很遗憾地看到你的主要精力并没有放在本职工作上。所以，我只能祝福你在新的公司一切顺利……"

生活中的你，是否有也过这样的经历：对于他人的要求，有时出于面子，有时为了不得罪人，不好意思拒绝，而只好勉强自己，违背自己的意愿，做了不是自己分内的事，还因此耽搁了自己应该做的事。

其实，很多人都有过这样的经历。实际上，拒绝别人并不代表你对他不友善，也不代表你冷酷无情，没有人情味。不管对谁，只要你不想做或者违反原则，就有权利说不。否则，你的生活和工作会因此压力重重，这样会累坏自己的。

总之，要懂得在适当的时候说"不"，拒绝别人不一定是件坏事。如果你没有时间，没有能力帮助别人，那么拒绝别人的请求是你正确的选择。否则，问题拖下去只会越来越难解决。很多时候，正是因为你不懂得说"不"，才让自己陷入"被逼无奈"的窘境当中。更重要的是，这种草率的决定还会打乱自己的计划和安排，使自己的工作与生活陷入被动。长此以往，你将无法享受给予和付出所带来的真正快乐，正常的人际交往与互动都会沦为一种负累。

笼络人心对职场人士来说固然重要，但这并不代表我们在任何时候都不能拒绝。其实，根据实际情况，适当地对周遭的人说"不"，将更有助于自己顺利地完成本职工作，正如李辉那样，善于分辨什么是自己应该做的，拒绝那些对自己不利的干扰，这才是真正懂得工作的人所应具备的正确态度！喜剧大师卓别林曾经说过这样一句话："学会说'不'吧！那样，你的生活将会美好得多。"

不做职场的"便利贴"

工作中，我们管好自己的那一亩三分地就够辛苦了，如果办公室的同事再把他们手头上的活儿强加到我们身上，估计我们最后应该会累得跟田地里的牲口一样，非大喘气不可。

然而行走职场，总会有同事找我们帮忙的时候，偶尔帮个一两次其实也算不上什么劳心劳力的大事儿，但要是次数过于频繁，我们就得想方设法给自己减减压了。看过台湾偶像剧《命中注定我爱你》的朋友们应该知道什么叫作"便利贴女孩"，剧中的陈欣怡就是这么一个随叫随到、有求必应、点头说好的职场老好人。

在同事们的眼中，她就像一张随手可撕的便利贴，虽然功能小小，但却不可或缺。她为人处世十分善良，总是任办公室的同事们予取予求，大家也总是习惯找她帮忙，但是事后却把她抛诸脑后，完全不记得自己曾经受助于她。

像陈欣怡这样好心的"职场便利贴"，之所以自身的存在感如此薄弱，完全是因为她把别人的事儿太当自己的事儿。她在工作上的配合度极高，对待他人的要求也永远无法拒绝，经常揽下同事们不愿意去做的琐碎活儿。大家想想，这么好用的便利贴，不用白不用，要是换成你当她的同事，你会不会指使她去干原本属于自己的工作呢？

根据能量守恒定律，一件事儿要是有人从中得利，自然就有人从中失利。当办公室的同事从"职场便利贴"那收获到轻松、闲适和快乐时，"职场便利贴"们必然也会因为整日忙于他人手上的活儿，而耽误自己的工作效率。

如果"职场便利贴"们没有按时完成自己的工作任务，必然会遭到公司老板的严厉批评，最后沦为加薪升职都无望的职场小人物，而那些曾经得到过他们无私帮助的同事们也并不会好心地站出来，为他们说上几句公道话。

因此，在压力重重的职场上讨生活，我们一定不能把人家的事太当自己的事。对于那些于人有利于己有害的事儿，我们务必要学会拒绝，万万不可缺心眼儿地通通揽到自个儿的身上。

"办公室经常有同事找我帮忙，有的事儿我也不想去干，可我实在是不会拒绝，这到底是为什么呢？"从事人力资源行业多年，我经常会被人问及这种问题，很多人在表达自己疑惑的时候，尽管言谈之间充满了无奈和无助，但或多或少都会觉得自己是一个善良的人，因为善良，所以才不忍心对别人的要求说"不"。

然而，每次我给出的回答都会让他们这种自以为是的"善良"土崩瓦解。

心理学家威廉·詹姆斯曾说："人类最深处的需要，就是感觉被他人欣赏。"其实，人人都喜欢被人赞赏，这原本是一件无可厚非之事，但是对那些"职场便利贴"们来说，这种心理需求显然要比普通人来得更为猛烈一点。

他们通常都缺乏自信和安全感，与人交往总是信奉多一事不如少一事的原则，不愿意和别人发生争执和冲突，内心极为渴望得到他人的肯定和赞扬。所以，他们无法拒绝同事的要求，压根就不是出于纯粹的"与人为善"的目的，而是害怕自己在同事心目中的印象从此一落千丈，又或是不想和同事矛盾重重，以免破坏自己心驰神往的和平稳定的生活。

在跟我诉苦的人当中，同事盛婉婷算是比较容易开窍的一个，她听完我这一番抽丝剥茧的分析之后，也确实认真反省了一下自己。最后我告诉她，以后要是再有同事频繁地找她帮忙，自己一定要学会拒绝，实在拒绝不了，也不要把别人的事太当自己的事，不妨学学人家网友建议的那招"答应时要爽快，行动时要缓慢"，干活儿要是不麻利，同事下回也不找你。

拒绝别人其实并非一件难事，只要掌握好了技巧，我们既不会揽别人的活儿上身，也不会轻易地得罪别人。那究竟有什么样的技巧呢？打个比方，当同事三番五次请求我们帮助时，我们要是实在不愿意应承下来，完全可以真诚地告诉他们自己拒绝的理由、苦衷和难处，最后再适时地表达一下自己没能帮上忙的歉疚之情。

每一个人都有同理心，只要我们的态度诚恳，言辞有礼，同事们最后肯定也不会真正地往心里去。毕竟谁也没有义务去帮谁，世界上没有无缘无故的爱，人家愿意把你的事当作自己的事儿那是给你几分情面，如果人家不愿意去做，你也无权对别人说三道四。

把"不对"统统改成"对"

许多人都有喜欢说"不"的习惯，不管别人说什么，他们都会先说"不""不对""不是的"，但他们接下来的话并不是推翻别人，只是做一些补充而已。这些人只是习惯了说"不"，即使赞成别人，也会以"不"开道。

谁喜欢被否定啊？

曾经，有位记者采访过一个学识特别渊博的教授，发现他有个很好的习惯，不管对方说了多么幼稚、业余的话，他一定会很诚恳地说"对"，然后认真地指出对方说得靠谱的地方，然后延展开去，讲他的看法。

高情商的聪明人都习惯先肯定对方，再讲自己的意见，这样沟通氛围也会好很多。即使是拒绝对方，也不会讲"不"。

两个打工的老乡，找到城里工作的刘某，诉说打工之艰难，一再说住不起店，租房又没有合适的，言外之意是要借宿。

刘某听后马上暗示说："是啊，城里比不了咱们乡下，住房可紧了。就拿我来说吧，这么两间耳朵眼儿大的房子，住着三代人。我那上高中的儿子，没办法晚上只得睡沙发。你们大老远地来看我，不该留你们在我家好好地住上几天吗？可是做不到啊！"

两位老乡听后，就非常知趣地走开了。

高情商的人拒绝他人，很少会用否定性的词。现实生活中，到处是这样的例子。再如，有一档节目叫《我是歌手》，其中有个歌手叫李健，不光歌唱得好，而且也很会说话。在节目中，歌手张杰曾提起自己九年前向李健邀歌，结果被婉拒的事。接下来，两人有一段对话：

　　李健："张杰的声音变高了啊。"

　　张杰："嗯，是变高了。"

　　李健："我以前要是给你写就委屈你了。但我觉得你声音还会更高，所以我再等等。"

　　这段拒绝人的对话，简直可以作为典范。

　　先是赞美了张杰的高音，又补充说明了对方在音乐领域的进步。既抬高了别人，又明确表达了自己拒绝的意思，这就叫作"会说话"。情商高的人，在说话的时候，很少使用否定性的词。即使是拒绝对方，也不会直接说"不可以"，而是用一种婉转的方式表达自己的意见，让人觉得很舒服。

　　心理学家调查发现：在交流中不使用否定性的词语，会比使用否定性的词语效果更好。比如"我觉得不行"这句话，可以换一种说法，"我觉得再考虑一下比较好"。因为使用否定词语会让人产生一种命令或批评的感觉，虽然明确地表达了自身观点，但更不易于让人接受。

第九章
温情说"不"：事要拒，情要留

对于一些难以应答的请求，如果言辞生硬，直接回绝别人，往往造成不好的结果。在拒绝的时候，一定要照顾到对方的感受，一定要有人情味，不要让对方感到难堪，这样，既可以传达自己的态度，也可使对方知难而退。这种不伤和气的拒绝方式，既可以达到拒绝的目的，又不违反自己为人处世的原则，同时还能体现出自己的高情商。

真心说"不"，倒出你的苦衷

不管是在生活还是职场中，我们常常都会遇到这样的问题：一位朋友或者同事突然开口，让你帮个忙。问题就在于，这个事情对你来说，已经有些超出个人能力范围。答应下来，自己忙上忙下，还不一定能够圆满完成；如果直接拒绝，面子上又实在磨不开，毕竟大家都相熟已久了。但是，应该怎么说，才能既不得罪人，又能达到拒绝的目的呢？

有人会直接对他说："不行，真的不行！"如果你真这么说了，当然拒绝的目的是肯定达到了，但是你可能因此失去一位朋友，甚至还会影响到你在这个圈子的口碑。有人会推托说："我能力不够，其实某某更适合。"那你有没有想过：当朋友或同事把你的这番话说给某某听时，他会做何反应？有人会不好意思地说："我真的忙不过来。"这个理由还算不错，可是只能用一次，第二次再用时，朋友或同事一定会用疑惑的眼光来看你。

那么，到底应该怎样说出那个重要的"不"字来呢？

1.不妨先倾听一下，再说"不"

在工作中，往往每个人都会遇到这种情况，当你的朋友或同事向你提出要求时，他们心中通常也会有某些困扰或担忧，担心你会不会马上拒绝，担心你会不会给他脸色看。因此，在你决定拒绝之前，首先要注意倾听他的诉说，最好的办法是，请对方把自己的处境与需要，讲得更明了一些，自己才知道如何帮他。接着向他表示你了解他的难处，若是你易地而处，也一定会如此。

"倾听"能让对方产生自己被尊重的感觉，在你婉转地表明拒绝他人的立场时，也要避免伤害他人，还要避免让人觉得你只是在应付他而已。如果你的拒绝是因为自己有一定工作负荷或者压力，倾听可以让你清楚地界定对方的要求是不是你分内的工作，而且是否在自己的能力范围内。或许你仔细听了他的请求后，会发现协助它有助于提升自己的工作能力与经验。这时候，你在兼顾自己工作的原则下，牺牲一点自己的休闲时间来帮助对方，对自己的发展也是绝对有帮助的。

"倾听"还有一个好处是，虽然你拒绝了他，但你可以针对他的情况，建议如何取得适当的支援。若是能提出更好的办法或替代方案，对方一样会感激你。甚至在你的指引下找到更适当的方法，这样也会事半功倍。

2. 温和但又要坚定地说"不"

当你仔细倾听，明白朋友或同事的要求后，并认为自己确实无能为力，只能拒绝的时候，说"不"的态度即要温和又要坚定。好比同样是药丸，外面是一层糖衣的药，就会比较让人容易入口。同样地，委婉表达拒绝，也比生硬地说"不"让人更容易接受。

例如，当你同事的要求是不合公司或部门的有关规定时，你就要委婉地表达自己的工作权限，并暗示他如果自己帮了这个忙，就超出了自己的工作范围，违反了公司的有关规定。拿自己工作时是已经排满而爱莫能助的前提下，要让他清楚自己工作的先后顺序，并暗示他如果帮他这个忙，就会耽误自己手头上的工作，会产生一些不必要的麻烦，也会给公司的利益带来一定的冲突。

一般来说，同事听你这么说，一定会知难而退，而再去想其他办法。

3. 说明拒绝的理由

拒绝在某种意义上，其实就是一种辩论。别人会想尽办法试图说服你接受，而我们则必须利用各种理由"反击"，向他说明自己不能接受的原因。如果我们要让对方心服口服，就必须说出一个值得信服的理由。当然，选择权在我们手上，即使没有理由，我们也可以选择拒绝对方；只是这样的结果，一定会让对方感到极度不悦，毕竟遭受毫无理由的拒绝，任谁都不会开心的。

4. 不要过多地解释

有些拒绝者为了抚慰对方"受伤的心灵"，往往在拒绝之后，说出一大堆安慰的话，或为自己的拒绝说出一连串冠冕堂皇的理由。其实，这些都是画蛇添足，因为太多理由，反而让别人觉得你是在借故搪塞。所以，拒绝的理由只要说清楚就行了，不要解释过度。

在说"不"的过程中，除了技巧，更需要有发自内心的耐心与关怀。若只是随随便便地敷衍了事，对方其实都看得到。这样的话，有时更让人觉得你是一个不诚恳的人，对你的人际关系伤害更大。

总之，只要你真心地说"不"，对方一定也会了解你的苦衷，而且你也能成功达到拒绝别人的目的。

学会幽默地说"不"

我们都知道，幽默是可以化解尴尬的场面，幽默可以赢得陌生人的好感，幽默可以拉近陌生人之间的距离……幽默的语言总是有着神奇的作用，而在拒绝别人的时候，幽默也可以获得良好的效果。

现实生活中拒绝是一件令人遗憾的事，但却又是无法回避的事。有时候自己的至亲好友，从不开口求人，偶尔万不得已，求你一次，不幸遭到拒绝，轻则失望，重则大发雷霆。有的患难之友，曾经在你困难时鼎力相助；如今有求于你，你心有余而力不足，但他不相信，指责你忘恩负义。有的恳求虽然合理，但迫于客观条件的限制，一拖再拖，始终无法得到解决。无论哪一种情况，拒绝别人都是一件难于启齿的事。一怕生硬的语言伤害打击到对方的心灵，二来又怕不恰当的拒绝破坏两人原本的关系。那么是否有一种两全其美的方法，既不会伤害别人的面子，还可以巧妙地拒绝呢？回答是肯定的。纵观中外历史，许多名人、伟人都善于使用特别的"语言武器"，很机智地拒绝对方，这种特别的"语言武器"就是"幽默"。

美国有一位女士读过《围城》后，便给钱锺书先生打电话说，希望能够见一见钱锺书先生。但钱锺书先生向来淡泊名利，不爱慕虚荣，于是他就在电话中这样说道："假如你吃了一个鸡蛋觉得不错的话，那你又何必要见那个下蛋的母鸡呢！"在此，钱先生以其特有的幽默和机智，运用新颖、别致而又生动、形象的比喻，拒绝了那位美国女士的请求。钱锺书先生的这番话不仅维护了美国女士的自尊，还使自己避免了不必要的麻烦。

用幽默的语言拒绝对方提出自己难以接受的要求，不仅坚持了自己的原则，还能够保全别人的面子。这种幽默的语言，既不答应对方的不合理的要求，还避免了使对方尴尬，同时还可以营造一种轻松愉快的气氛，并且还可以显示出被提要求一方具有豁达大度的处世风格。

生活中，拒绝一个人是需要勇气的。因为拒绝就意味着将对方拒之门外，拒绝了对方的一片"好意"，有时会让对方很难堪。这时，我们要根据不同的场合和对象进行考虑，选择恰当的方法婉转地拒绝，不能因为自己的拒绝而伤害对方的情感。

拒绝不仅是一门艺术，更是一门学问，还可以很好地体现一个人的综合素养。当别人对你有所希求而你办不到，不得已要拒绝的时候，要学会幽默地拒绝他人。所谓婉言拒绝就是用温和曲折的语言，把拒绝的本意表达出来。同直接拒绝相比而言，幽默的拒绝更容易被接受。因为幽默的拒绝方式在很大程度上顾全了被拒绝者的颜面。

洛克·菲勒是一个富翁，他一生至少赚了十亿美元。但他深知，过多的财富会给他的子孙带来很多的麻烦，所以洛克·菲勒将高达七亿五千万美元的金钱都捐出去了。

然而，他总是会在捐钱之前，首先搞清款项的用途，从不随便捐。

有一天，在洛克·菲勒下班的时候，在回家的途中被一个懒人拦住。那个拦路人向他诉说自己的不幸，然后恭维地说："洛克菲勒先生，我是从二十里以外步行到这里找您的，在路上碰到的每个人都说，你是纽约最慷慨的大人物。"

　　洛克·菲勒知道这个拦路人的目的就是向他讨钱。但他并不喜欢这种捐款方式，但又不愿意使对方感到难堪。怎么办呢？洛克·菲勒想了一下，便对这个懒人说："请问，待会儿您是不是还要按照原路回去？"懒人点了点头。

　　洛克·菲勒就对懒人说："那就好办了，请您帮我一个忙，告诉刚刚碰到的每个人：他们听到的都是谣传。"

　　面对别人无理的要求，你想拒绝，但又不能用明确的语言来拒绝，这样会令人难堪。这时，你可以运用幽默委婉的语言拒绝，不仅表达了自己的拒绝意图，还会使对方乐于接受。

　　幽默地拒绝别人是一种艺术。在拒绝别人的时候，我们可以引用一些名人名言、俗语或谚语的方式来作答，来表明自己的意思，或佐证自己的观点。这种拒绝的方式好处是很明显的，既增加了说话的权威性与可信度，还省去了许多解释和说明，更能增添口语的生动性与感染力。

　　幽默的拒绝技巧体现了一个人灵活交际的能力，它有助于处理好人与人之间的关系，运用得好，可以达到文雅得体、幽然含蓄、弦外有音、余味无穷的奇妙境地。所以，在拒绝别人的时候，我们不妨试着用些诙谐、幽默的语言委婉地拒绝对方，更容易被人接受和理解，还能帮助自己免去很多麻烦。

不做习惯说"是"的人

人际交往中，每个人都会碰到一些别人不合理的要求，或是自己不愿意接受的事情，直截了当地拒绝别人，会觉得太伤颜面，不拒绝又委屈了自己。所以，如何巧妙地拒绝别人，如何巧妙地说"不"便成了一门艺术。

很多人为了息事宁人，自己强忍着，宁愿当个"烂好人"。还有的人从来不拒人于半里之外，他们觉得说"不"难免伤感情。但是，不敢说"不"的人，他们的目标是被别人来喜欢和爱，但代价却是牺牲自我。

周五晚上，好友梅梅又在电话里向好友抱怨，说女儿的芭蕾课要考试，答应周六陪她去舞蹈学院排练一上午，下午要陪小姑子挑选婚纱，晚上同事给老公搞生日派对，她满口答应去帮厨……唉，成天为别人的事忙碌，多累，多不情愿，多烦啊……恨不能有孙悟空的本领，来个分身术！

"谁让你逞强，应下一大堆事儿？"好友抢白了她一句。

"没办法呀，既然别人开了口，我怎么好意思拒绝呢？"

好友太了解她了，梅梅正是那种有求必应的热心人，只要别人开了口，她总碍于面子，怕惹别人不高兴，心里再不情愿也要硬撑着答应下来。"不"字从她嘴里蹦出来，似乎比登九重天还难，到头来，往往搞得自己心力交瘁，疲惫不堪……

梅梅在办公室也是如此，担心自己不承担所有交代下来的工作，就会惹上司不高兴，于是有求必应，从来不去考虑自己的承受能力，结果分内的工作都给耽误了。拒绝别人最让她头疼，在婚姻中也不例外，"不管老公想干什么，我都会让步，还是少惹他不开心的好，他的工作压力已经够大了，就让我当天底下最不开心的那个人吧。"梅梅挺有献身精神地说道。

在生活中，面对明知不可为的事情，要相信自己的判断，要勇敢地说"不"。为了一时的面子而勉强行事，是最不明智的行为。俗话说："死要面子活受罪。"如果拿不出勇气来拒绝别人，最后受委屈、吃亏的只能是自己。

说"不"固然代表"拒绝"，但也代表"选择"，一个人通过不断的选择来形成自我，界定自己。因此，当你说"不"的时候，就等于说"是"。你"是"一个不想成为什么样子的人。勇敢说"不"，这并不一定会给你带来麻烦，反而是替你减轻压力。如果你想活得自在一点，原则一点，就请勇敢地站出来说"不"。记住，你不必为拒绝不正确的事情而内疚，因为那是你的权利，也是你走向成熟必上的一课。

当然在你勇敢地说"不"的时候，你不能硬邦邦地回绝别人，给人造成颜面上的难堪和心里的不快，而要懂得把握拒绝的艺术，那么在说"不"的时候，你要注意哪些呢？

1.确定别人对你的要求是否合理，不要看别人是否觉得合理。如果你犹豫或推脱，或者你觉得为难或被迫，或者你觉得紧张压迫，那可能意味着这个要求是不合理的。

2.在完全弄明白别人对你的要求之前，不会让自己说"是"

还是"不"。

3. 说"不"时要清晰肯定。简单地说出"不"是很重要的，不要让它成为一个充满着借口和辩解的复杂表述，你不想这么做只是因为你不想做，这就够了。你在拒绝的时候，只要简单明了地解释一下你的感受就行了。直接的解释是一种果断的自信，间接的误导或借口是一种优柔寡断，将来会给你留下更多的麻烦。

4. 在拒绝的时候不说"对不起，但是……"说"对不起"会动摇你的立场，别人可能会利用你的负疚感。当你认真地估计了形势，决定拒绝的时候，你用不着觉得抱歉。

5. 在业务来往中，如果对方给你提出超规范要求，如果直接说"不"，断然回绝。结果，往往是你处在有理有利的地位，反而把双方关系搞僵了，从而导致其他工作不能顺利开展，影响极大。这时候，你就要把未出口的"不"改成"我尽力""我考虑一下再给你电话"等，然后将话题岔开，对方会感到你很给他面子，比较容易接受。事后，如对方再仔细考虑的话，也就会觉得自己的要求"是不是太过分了"，于是他会自觉放弃，事情就会迎刃而解。

一个人如果不懂得保护自己、尊重自己和自己的需求，别人也不会对你这样做。在需要拒绝的时候，要敢于拒绝任何人、任何事，只有这样你的生活才会过得洒脱自尊。

事可以拒，但情要留下

"拒绝"一词，词典上注释极简单，就是"不接受"的意思。如果从社会人生的角度上挖掘，这个词又有较丰富的内涵。君子可以拒绝小人的险恶，小人也可以拒绝君子的美德。

拒绝，生活中并不鲜见。作为正直男子，你可以拒绝歪风邪气的侵蚀；作为貌美女郎，你可以拒绝来自社会的种种盲目追求；作为一方百姓，又可以拒绝贫穷与愚昧的蔓延，从而挺身走出苦难的误区。你要有充分的自由热情关怀尽善尽美的事物，绝不要糟蹋了你自己的高雅趣味。

拒绝不等同于六亲不认式的无情无义，也不等同于失去理智后的一意孤行。在特定条件下，拒绝是人格与个性完美的结合，它既是人类个性的一种体现，又是人格精神锻造下所产生出来的一种意志力量。

明确直言的拒绝，有时自己感到过意不去，也令对方感到尴尬。这就需要采用一些巧妙委婉的拒绝方式，既表达了自己的愿望，又将对方失望与不快的情绪控制在最小范围内，不影响彼此之间的人际关系。

唐宪宗元和年间，大将李光颜屡立战功，有个叫韩弘的将领非常嫉妒他。为了争名夺功，韩弘设一计，他不惜花费数百万钱财，派人物色了一些美貌女子，并教会她们歌舞演奏等多种技艺。他将这些美女特地送给李光颜，希望李从此沉湎于女色而懈怠军务。李光颜当众对送美女的使者说："您的主公怜惜光颜离家很久，赠送美貌女子给我，实在是大恩大德，然而光颜受国家恩深，与逆贼不共戴天，更何况数万将士，皆远离妻子儿女，为国尽力死战，我怎么能独自以女色为乐呢？"一席拒绝之辞攻破韩弘的诡计，既令使者叹服，又使部属拥戴。

有人说：平生最怕拒绝别人。这似乎让我们看到人性的温柔与纯善。但在现实生活中，不拒绝未必为善事，学会拒绝也未必不是好事。

懂得拒绝非常重要，其中最重要的拒绝是拒绝为本人做某事或拒绝为他人做某事。有些活动并不太重要，徒耗宝贵的时间。而更坏的事情是只忙于一些鸡毛蒜皮的事，这比什么都不干还要糟糕。要真正做到小心谨慎，只是莫管他人闲事还不够，你还得防止别人来管你的闲事。不要对别人有太强的归属感，否则会弄得你自己都不属于你自己了。

有时，我们不得不狠下心来拒绝别人，正如我们所遇到的别人对我们的拒绝一样，因为在是与否之间，我们不能优柔寡断，我们更不能左右逢源。其实，能平和地接受拒绝是一种洒脱、一种大度、一种成熟与豁达。它更需要勇气与磨砺，它也许是一种痛彻心扉的难忘经历，更是一种丰富多彩的人生成长。

应该在有的事情面前勇敢地说不。我们不能因为害怕拒绝而忘记去叩门，生活就是这样，往往一念之差，就会失之交臂而抱憾终身！如果对方是非分的祈求，请不要迁就，也不能凑合，你要拿出勇气来拒绝——轻轻地说声"对不起"，我无意去伤害一颗渴望的心灵，但也不能因此而失去自我。

学会拒绝也是一门学问，当别人有求于你而你又无能为力时，不要急于把"不"说出口，不要使对方感到你丝毫没有帮助他解决困难的诚意。

"身在曹营心在汉"这一成语，恐怕基本上家喻户晓。凡是长篇历史小说《三国演义》的读者，无不为关公的"义"而啧啧赞叹。栖身曹营的关公，他的非凡之处便在于拒绝，并且是毫不犹豫地挂印封金，护送皇嫂，过五关斩六将，千里走单骑，完成他流芳百世的人格精神塑造。

拒绝，可以包括正反两个方面，一是拒绝苦心，一是拒绝诱惑。并不是所有的拒绝都能得到社会承认，都能成为人类文明的千古绝唱。当别人向你提出不合理的要求时，不要简单地拒绝他，而应该让他明白他的要求是多么荒唐，从而自愿放弃它。一位业绩卓著的家装设计师声称，对于用户的不合实际的设想，他从不直截了当地说"不行"，而是竭力引导他们同意他希望他们做的事情。

生活中，不可能不拒绝别人，如果每次拒绝都带来隔阂，带来仇视敌意，那最后必将成为孤家寡人，所以，学会婉转拒绝是人生的必修课。学会拒绝，也许你的人生会锦上添花；学会拒绝，也许你的事业能披金挂银。

为人三会

会说话　会办事　会做人

启文　编著

花山文艺出版社

河北·石家庄

图书在版编目（CIP）数据

为人三会：会说话　会办事　会做人 / 启文编著
. -- 石家庄：花山文艺出版社，2020.5
（处世九策 / 张采鑫，陈启文主编）
ISBN 978-7-5511-5143-6

Ⅰ.①为… Ⅱ.①启… Ⅲ.①人生哲学—通俗读物
Ⅳ.① B821-49

中国版本图书馆 CIP 数据核字（2020）第 066314 号

书　　名：**处世九策**
　　　　　CHUSHI JIU CE
主　　编：张采鑫　陈启文
分 册 名：为人三会：会说话　会办事　会做人
　　　　　WEIREN SAN HUI：HUI SHUOHUA　HUI BANSHI　HUI ZUOREN
编　　著：启　文

责任编辑：郝卫国　张凤奇
责任校对：董　舸
封面设计：青蓝工作室
美术编辑：胡彤亮
出版发行：花山文艺出版社（邮政编码：050061）
　　　　　（河北省石家庄市友谊北大街 330 号）
销售热线：0311-88643221/29/31/32/26
传　　真：0311-88643225
印　　刷：北京朝阳新艺印刷有限公司
经　　销：新华书店
开　　本：850 毫米 ×1168 毫米　1/32
印　　张：15
字　　数：330 千字
版　　次：2020 年 5 月第 1 版
　　　　　2020 年 5 月第 1 次印刷
书　　号：ISBN 978-7-5511-5143-6
定　　价：89.40 元（全 3 册）

（版权所有　翻印必究·印装有误　负责调换）

前　言

在我们周围，我们经常看到一些虽然业务能力不是太突出但很会为人处世的人，他们的身边充满了欢乐，总是有那么多人愿意追随他、帮助他，似乎世界上的一切财富、地位、荣誉等与"幸福"有关的东西都是给他们预备的。而一些才能出众、特立独行的人，他们活没少干、力没少费、汗没少流，但总摆脱不了处处碰壁的窘境，饱尝英雄无用武之地的痛楚。之所以会出现这种巨大的反差，往往是缘于他们是否会说话，会办事，会做人。

人在社会上行走，说话、办事、做人的水平是其综合能力的集中体现。大凡此三样水平都高的人，在工作上站得稳，在事业上行得通，在社会上吃得开。反之，则容易陷入步履艰难的境地。

一个会说话的人，可以恰到好处地表达自己的意图，把道理表述清晰，让别人乐意接受自己、支持自己。

一个会办事的人，没有攻不破的城，也没有办不妥的事。办事没成功，往往不在于对方的不合作与不讲理，而在于自己使用的方法不对。

一个会做人的人，必定广结善缘。他们处处能得到他人的帮助，众人拾柴火焰高。而那些不会做人的人，不但没有人帮忙，还可能被他人捣乱拆台。

红尘世间，纷纷扰扰。人来人往，步履匆匆。

擦身而过中，有人一声哀叹"做人真难"，又有人几句抱怨"生活太累"。

歌中唱："你我皆凡人，生在人世间。终日奔波苦，一刻不得闲……"它或许为我而写，为你而写，为他而写。

本书围绕说话、办事、做人抽丝剥茧、层层展开。全书尽量摒弃枯燥的理论、空洞的说教，告诉读者如何会说话、会办事、会做人，继而成为人生的赢家。

目　录

第一章
能说会道，一切尽在掌控中

火车跑得快，全靠车头带。再先进的列车如果没有车头的动力，也只能待在原地不动。

如果把人与人之间的交往比作火车的话，"说话"就是"车头"了。能说会道的人，往往能够用语言这个"动力"，牵引交往的"火车"，沿着预设的轨道平稳而又快速地到达目的地。

有效沟通从谈心开始

谈心与聊天不同。聊天的话题广泛，随聊随换，而谈心则是针对一定的心理、思想分歧而进行的。

1. 目的明确

谈心要取得成功，必须明确目的，有所准备。

明确目的主要指谈心后要达到的结果。比如两人之间有看法，互不服气，以至于影响到工作上的合作。谈心之前要明确目的，为的是让对方更多地了解自己，摒弃前嫌，携手共进。

有所准备是指在谈心前精心构思交谈用语、谈话内容及谈话进程，怎样开始，说些什么，何时结束，都进行充分准备，以免谈起话题来零乱分散，甚至言不及义，影响表达效果。

有所准备还包括预设谈话中可能出现各种情况的处理方法。有了这些准备，谈心活动就不会演变成争吵或僵持，就能根据对方的反应调整交谈方式，确保交谈目的的实现。

2. 说好"开场白"

谈心开始时见面的第一句话，是需要先构思好。这时，可以让表情来代替。一个真诚自然的微笑，表明你与对方谈心的态度是诚挚的。首先，在情感上就给对方以很大影响，然后再来上一两句寒暄话，进一步表明你的友好态度和诚意。这样的"开场白"有利于气氛的缓和，有利于谈话的继续进行。

开场白过后，应很快地切入主题，譬如消除某个误会，说明某种情况等。因为这时双方的关系只是表面的礼节性的和缓，若过多地谈论其他的内容，会引起对方的反感，同时也会暴露你的弱点。直接切入正题，让双方就一个问题展开对话，进行沟通，尽快消除分歧，澄清误会，说明情况，以便达成共识。

3. 表达诚意

谈心是要向交谈对象阐明自己的某种观点或见解，而不是加剧矛盾。因此要以诚恳之心选用中性的不带有强烈刺激性的词语，减少对方的反感和受刺激的心理效应，让这样的话语可传达出你希望冰释前嫌的诚意。

在整个谈心过程中，对个性极强、难以理喻的谈心对象，要把握其特点，除了使用能阐明观点的话语外，更要以情动人，多使用具有情感交流作用的词语来舒缓气氛，沟通心灵，理顺情绪。如有两位老同志，许多年前因工作造成分歧，相互不理睬。其中一位多次上门希望化解，但对方态度强硬，拒不接受。这次他又去了，说了这样的话："我今年55岁了，你比我大，该是58岁了吧？咱们都是过了大半辈子的人了，还有多少年好活呢？我真不希望咱们到另一个世界还是对头。"从人生无多这个老年人易动情的话入手，使对方产生情感共鸣，终于消除了多年的隔阂。

4. 注意语气、声调和节奏

谈心时，如果语气、声调和节奏运用不当，也会影响到说话的气氛以及最终结果。

谈心时，语气要和缓、委婉，不能声色俱厉，咄咄逼人。和缓委婉的语气能冲淡对方的敌对心理，能给对方一种信任感、诚实感，不至于造成双方心理上的敌对防御，不至于激化矛盾。语气往往体现在说话的表述方式上，追问、反问、否定往往使语气显得生硬、激烈，易引起对方反感；而回顾、商榷、引导、模糊等语气，往往能制造平和融洽的谈话气氛，有利于减轻双方的压力，阐明事实、表明观点。

声调在谈心的效果上有重要作用。当一个人心存怒气时，说话的声调无疑会上扬，形成一种尖刻的没有耐心的高声调。这种调子有很强的传染性，会使对方马上也像受传染一样针锋相对，厉声对厉声，尖刻对尖刻，只会使事态扩大，矛盾加深。

语言的节奏有快有慢，有缓有急。使用快节奏讲话往往会使你显得心急，情绪不稳，易激动发火，这不利于交谈对方的思考和应对，显得你没有诚意；节奏太迟太缓，显得缺乏生气，没有信心，影响谈话效果；交谈语言节奏适度，方显自然、自信、有力，易于从心理上影响对方，产生良好的心理效应。

引起对方的心理共鸣

人与人之间交往，很难在一开始就产生共鸣，往往必须先引发对方与你交谈的兴趣，经过一番深入的交流，才能让彼此更加了解。

当一个人尝试说服他人、对另一个人有所求的时候，这样的方法也同样适用。最好先避开对方的忌讳，从对方感兴趣的话题谈起，不要太早暴露自己的意图，让对方一步步地赞同你的想法。当对方跟着你的思路进行到一定程度时，便会不自觉地认同你的观点。这个说服的方法叫"心理共鸣"法。

伽利略年轻时就立下雄心壮志，要在科学研究方面有所成就，他希望得到父亲对他事业的支持和帮助。

一天，他对父亲说："父亲，我想问您一件事，是什么促成了您同母亲的婚事？"

"我看上她了。"

伽利略又问："那时您有没有想过找过别的女人？"

"没有，孩子。家里的人要我找一位富有的女士，可我只钟情你的母亲，她从前可是一位风姿绰约的姑娘。"

伽利略说："您说得一点也没错，她现在依然美丽，您不曾想过娶别的女人，因为您爱的是她。您知道，我现在也面临着同样的处境。除了科学以外，我不可能选择别的职业，因为我喜爱的正是科学。别的事情对我毫无用途也毫无吸引力！难道要我去追求财富、追求荣誉？科学是我唯一的需要，我对它的爱有如对一位美貌女子的倾慕。"

父亲说："像倾慕女子那样？你怎么会这样说呢？"

伽利略说："一点也没错。亲爱的父亲，我已经 18 岁了，别的学生，哪怕是最穷的学生，都已想到自己的婚事，可是我从没想过那方面的事。我不曾与人相爱，我想今后也不会。别的人都想寻求一位标致的姑娘作为终身伴侣，而我只愿与科学为伴。"

父亲始终没有说话，仔细地听着。

伽利略继续说："亲爱的父亲，为什么您不能支持我实现自己的愿望呢？我一定会成为一位杰出的学者，获得教授身份。我能够以此为生，而且比别人生活得更好。"

父亲为难地说："可我没有钱供你上学。"

"父亲，您听我说。很多穷学生都可以领取奖学金，我为什么不能争取到一份奖学金呢？您在佛罗伦萨有那么多朋友，您和他们的交情都不错，他们一定会尽力帮助您的。"

父亲被说动了："嘿，你说得有理，这是个好主意。"

伽利略抓住父亲的手，激动地说："我求求您，父亲，求您想个法子，尽力而为。我向您表示感激之情的唯一方式，就是……就是保证刻苦钻研，成为一个伟大的科学家……"

伽利略在与父亲的交谈中取得很圆满的结果，这为他日后成为一位闻名遐迩的科学家打下了一个基础。

伽利略在与父亲的交谈中采用的就是"心理共鸣"的说服方法。这种说服法一般可分为以下四个阶段：

1. 导入阶段

先顾左右而言他，引起对方的共鸣或兴趣。伽利略先请父亲回忆和母亲恋爱时的情况，引起了父亲的兴趣。

2. 转接阶段

逐渐转移话题，引入正题。伽利略巧妙地通过这句话把话题转到自己身上："我现在也面临着同样的处境……"

3. 正题阶段

提出自己的建议和想法。伽利略提出"我只愿与科学为伴"，这正是他要说服父亲的主题。

4. 结束阶段

明确向对方提出要求，达到说服的目的。为了使对方容易接受，还可以指出对方这样做的好处。伽利略正是这样做的。他说："为什么您不能帮助我实现自己的愿望呢？我一定会成为一位杰出的学者，获得教授身份。我能够以此为生，而且比别人生活得更好。"

深入了解对方

有一次，美国钢铁公司总经理卡里请来美国著名的房地产经纪人约瑟夫·戴尔，对他说："约瑟夫，我们钢铁公司的房子是租别人的，我想还是自己有座房子比较好。"卡里从自己的办公室窗户望出去，只见江中船舶来往，码头上车辆密集，一幅非常繁荣热闹的画面。卡里接着又说："我想买的房子，也必须能看到这样的景色，或是能够眺望港湾的，请你去替我物色一所条件相当的楼房吧。"

约瑟夫·戴尔费了好几个星期的时间，琢磨哪里有这样合适的房子。他又是画图纸，又是造预算，但事实上这些东西竟一点儿也派不上用处。但是最后，他仅凭着两句话和5分钟的沉默，就买了一座合适的房子给卡里。

自然，在许多"合适"的房子中间，第一座便是卡里及其钢铁公司隔壁相邻的那幢楼房，因为卡里所喜爱的江面景色，除了这所房子以外，再没有别的地方能更好地眺望江景了。卡里似乎很想买隔壁相邻那座更时髦的房子，并且据他说，有些同事也竭力想买那座房子。

当卡里第二次请约瑟夫去商讨买房之事时，约瑟夫劝他买下钢铁公司正在使用着的这幢旧楼房，同时还指出，隔壁相邻那座房子中所能眺望到的景色，不久便要被一座计划中的新建筑所遮蔽了，而这所旧房子还可以保全多年对江面景色的眺望。

卡里立刻对此建议表示反对，并竭力加以辩解，表示他绝对无意购买这旧房子。但约瑟夫·戴尔并不申辩，他只是认真地倾听着，脑子中飞快地在思考着，究竟卡里的意思是想要怎样呢？卡里始终坚决地反对购买那座旧房子，这正如一个律师在论证自己的辩护，然而他对那所房子的木料、建筑结构所下的批评结论，以及他反对的理由，都是些无关紧要的琐碎的地方，显然可以看出，这并不是出于卡里的本意，而是出自那些主张买隔壁相邻那幢新房子的职员的意见。约瑟夫听着听着，心里也明白了八九分，他知道卡里说的并不是其真心话，其实他心里是想买的，却在他嘴上竭力反对他们已经占据着的那所旧房子。

由于约瑟夫一言不发地静静坐在那里听，没有反驳他对买这所房子的反对，卡里也就停下来不讲了。于是，他们俩都沉寂地坐着，向窗外望去，看着卡里所非常喜欢的景色。

约瑟夫后来曾对别人讲述他运用的策略："那时候，我连眼皮都不敢眨一下，非常沉静地问卡里：'先生，你初来纽约的时候，你住在哪里？'他沉默了一会儿才说：'什么意思？就住在这所房子里。'我等了一会儿，又问，'钢铁公司在哪里成立的？'他又沉默了一会儿才答道：'也在这里，就在我们此刻所坐的办公室里诞生的。'他说得很慢，我也不再说什么。就这样又过了5分钟，这时简直像过了15分钟的样子。我们都默默地坐着，大家眺望着窗外。终于，他以半带兴奋的腔调对我说：'虽然我的职员们都主张搬出这座房子，然而这是我们的发祥地啊。我们差不多可以说是在这里诞生成长的；这里实在是我们应该永远长驻下去的地方呀！'于是，在半小时之内，这件事就完全办妥了。"

这位经纪人并没有利用欺骗或华而不实的沟通术，也未曾炫耀许多精美的图表，居然就这样完成了他的工作。

原来约瑟夫·戴尔经过集中全部精力来考察卡里心中的想法，并根据考察的结果，很巧妙地刺激了卡里的隐衷，使其内心的想法完全透露出来。他就像一个点燃干柴的人，以微小的星火，触发熊熊的烈焰。

约瑟夫·戴尔的成功，完全是因为他从两次与卡里的交谈中，琢磨出他心中的真正想法。他感觉到在卡里心中，潜伏着一种他自己并不十分清晰的、尚未觉察的情绪，即一种十分矛盾的心理。那就是，卡里一方面受其职员的影响，想搬出这座老房子；而另一方面，他又非常依恋这所房子，仍旧想在这儿住下去。

卡里想在这所旧房子里住下去的理由，虽然他自己并不很清楚，但局外人却看得出，这座有着他所熟悉喜爱的江面景色的老房子，已经成为他生活的一部分，它能使他回忆起早年的创业和成功，因而充满成就感和深切的感情，这就是在他潜意识中对这所老房子依恋的所在。

卡里想搬出这所房子的理由，也同样是很明显的，在我们看来是很明白的，他感觉到他若将他的内心的想法告诉给他的职员，会使自己成为部下笑谈的后果，因此，他害怕的实际上是他的职员们的反对。

约瑟夫·戴尔之所以能做成这桩生意，就在于他能研究出卡里的需求，并使他能用一个新的方法，来解决这个矛盾。

"知己知彼，百战百胜"这句老话，是很有道理的。战争如此，在沟通过程中说服别人也必须如此。在说服对方之前，必须透彻地了解被说服对象的有关情况，以便有针对性地进行工作。

1. 了解对方的长处

一个人的长处，就是他最熟悉、最了解、最易理解的领域。如有人对部队生活熟悉，有人对农村生活比较熟悉，有人擅长于文艺，有人擅长于语言，有人擅长于交际，有人擅长于计算等。在说服人的时候，从对方的长处入手。第一，能和他谈到一起去；第二，在他所擅长的领域里，谈话起来他容易理解，便容易说服他；第三，能将他的长处作为说服他的一个有利条件，如一个伶牙俐齿、善于交际的人，在分配他作供销工作时可以说："你在这方面比别人具有难得的才能""这是发挥你潜在能力的一个最好机会"，这样谈既有理有据，又能表明领导者对他的信任，还能引起他对新工作的兴趣。

2. 了解对方的兴趣

有人喜欢绘画，有人喜欢音乐，还有人喜欢下棋、养鸟、集邮、书法、写作等，人都喜欢从事和谈起其最感兴趣的事物。从这里入手，打开他的"话匣子"，再对他进行说服，便较容易达到说服的目的。

3. 了解对方的想法

一个人坚持一种想法，绝不是偶然的，他必定有自己的理由，而且他讲的道理一般都符合国家政策、集体利益或人之常情。但这常常不是他的真实想法，他的真实想法怕说出来被人瞧不起，难于启齿。如果领导者能真正了解他的"苦衷"，就能有针对性地加以解决。

4．了解对方的情绪

一般说，影响对方情绪的因素，一是谈话前对方因其他事情所造成的心绪仍在起作用；二是谈话当时对方的注意力正集中在哪里；三是对说服者的看法和态度。所以，说服者在开始说服之前，要设法了解对方当时的思想动态和情绪，这对说服的成败，是一个重要的环节。

了解对方是需要很多学问的。许多人不能说服别人，是因为他没有仔细研究对方的心理，没有研究用适当的表达方式，就急忙下结论，还以为"一眼看穿了别人"。这就像那些自以为医术高明的医生，对病人病情不了解就开了药方，当然没有不碰钉子的。

增强说服力的方法

一般说来，要使自己说话更有说服力，可以运用以下方法：

1. 尽量使用简单的词汇和简短的句子

最言简意赅的文章总是最好的文章，其原因就是它不仅显得铿锵有力，而且很容易理解，对于讲话和对话也可以说是同样的道理。熟练掌握这种艺术的人，说话使用的词汇和发布命令所使用的词语，都是简单、简洁、一语中的，并且很容易理解的，不会有人听不明白。

2. 说话要直截了当而且中肯

如果你想在你所说的各种事情上，都取得驾驭对方的卓越能力，一个最基本的要求就是要集中一点，不要分散注意力。

3. 要以自信的语气讲话

为了达到这个目的，你必须熟悉你讲话的内容，你对你的题目了解得越多、越深刻，你讲得就会越生动、越透彻，语气就越肯定、自信。

4. 要为对方提出最好的建议，不要为你自己提出最好的建议

如果你能做到这一点，你也就可以永远立于不败之地。

5. 不可盛气凌人，要坦率而开诚布公地回答所有问题

即使你可能是你要讲的这个专题的权威人士，你也没有任何理由可以盛气凌人地对待对方。一位著名的管理大师说："我遇到过的任何一个人，总会在某个方面比我更精通。"

6. 要有外交手腕及策略

谦和圆融是指在适当的时间和地点去处理适当的事情，又不得罪任何人的一种能力。尤其是当你对付固执的人或者棘手的问题时，你更需要谦和圆融，甚至使用外交手腕。其实做起来也很容易，就像你对待每一个女人都像对待一位夫人一样，对待每一个男人都像对待一位绅士一样。

7. 话如其人

朴实无华的语言是真挚心灵的表达，是美好情感的展现。因而，语言的朴素美来自平日的处世态度，话如其人，言为心声，平时为人处世质朴真诚，说话也就自然不会扭捏做作。古语说："堂堂君子，其行也正，其言也质"，正是说以真诚的态度为人，永远是语言朴素美的前提。语言的朴素美贵在保持个性，该怎么表达就怎么表达，或严肃，或幽默，或直率，或调侃，或委婉，只要是发自内心，保持本色。

当然，强调"语言的朴实无华"不等于反对含蓄。说话的含

蓄是一种艺术。把重要的、该说的部分故意隐藏起来，或说得不显露，却又能让人家明白自己的意思，这就是所谓"只需意会，不必言传"。

8. 讲话要留有余地

有的人开口"当然"，闭口"绝对"，武断得惊人。这样，别人就无话可说了。有人说，武断是沟通的毒药，这话一点不错。谁也不愿和这样的人进行交流。

即使同一个词，修饰后也有程度的差别，如使用"一切""根本""多数""一些""凡是"等词汇，都要根据实际情况来选择，万万不能掉以轻心。把"部分"说成"一切"，把"可能"说成"肯定"，就会使自己陷入被动，实际上是一种"虚张声势"，说了会碰钉子。

所以说，含蓄是说话的艺术，是因为它体现了说话者驾驭语言的技巧，而且也表现了对听众想象力和理解力的信任。如果说话者不相信听众丰富的想象力，把所有意思全盘托出，这种词义浅显平淡无奇的语言会使话语逊色，甚至使人生厌。

9. 远离假话，摒除大话，不说空话

我国人民历来有着赞颂说真话的美德。早在《韩非子·外诸说左上》中就有关于曾子教妻的故事，一直历久不衰。曾子把妻子开玩笑说的话付诸行动，将猪杀了，让孩子相信母亲的诺言。曾子的妻子未必是在有意欺骗孩子，曾子虽近乎愚拙，但是他坚持了一种最可贵的精神，不让妻子说假话，不对孩子说假话。

大话又称废话，与假话的性质接近。说大话在口才表达上，

不但不能给你的话题增辉，反而令你的话题和观点黯然失色。墨子曾对他的学生说，话说得太多，就像池塘里的青蛙，整夜整日地叫，弄得口干舌燥，却没有人注意它；但是鸡棚里的雄鸡，只在天亮时啼叫，却可以一鸣惊人。说话何尝不是如此，与其咿咿呀呀说一大堆废话，不如简明直接，一语中的。现代人时间观念增强了，说废话空耗别人宝贵的时间，不能不说是一种极大的浪费。

大多数的孩子都喜欢吹肥皂泡，被吹出来的肥皂泡在阳光下闪耀着色彩艳丽的光泽，实为美妙。随着五彩泡泡的不断升高，接着一个接一个纷纷破碎。所以人们常把说空话喻为吹肥皂泡，真是最恰当不过了。一些充满各种动听、虚幻诱人的词句，细细咀嚼却没有任何实在的内容，是迟早会被人识破的。

10. 制止套话

说话的目的是为交流思想，传达感情。因此，总得让人家知道你心中要表达的是什么。只要开口，不管是洋洋万言，还是三言两语，不管话题是海阔天空，还是一问一答，都应使人一听就懂，特别要避免长篇大论的讲话。

一些人惯于用一些现成的套话来代替自己的语言。三句话不离套词，颠来倒去那么几句，既没有思想性，更没有艺术性，令人听后味同嚼蜡。

敢于并善于说"不"

世界著名影星索菲娅·罗兰在自传《TCITGNT 爱情》中，引用了卓别林的一段话："你必须克服一个缺点。如果你想成为一个生活异常美满的女人，你必须学会一件事，也许是生活中最重要的一课，必须学会说'不'。""你不会说'不'，索菲娅，这是个严重缺点。我很难说出口，但我一旦学会说'不'，生活就变得好过多了。"卓别林是想告诫人们要树立一种严肃的、独立自主的生活态度。

生活中有不少人，认识不到"不"字的伟大，遇事优柔寡断，畏首畏尾，结果常使自己处于被动地位，听命于人。这些人心里都知道不要什么、不能怎样和为什么不要、为什么不可能，可就是学不会说"不"，于是简单的"不"字，只在嗓眼里打滚，怎么也跳不出来，这真是人生的一大憾事。

在说服他人时，如果不懂得说"不"，那么成功说服的概率就会大打折扣。

1. 先降低对方对你的期望

与你交谈的人，都是希望你能答应他的要求，或赞成他的观点。一般地说，对你抱有期望越高，你就越是难以拒绝。因此，在拒绝之前，倘若过分夸耀自己，就会在无意中抬高了对方的期望值，增大了拒绝的难度。如果适当地讲一讲自己的短处，就降低了对方的期望。在此基础上，抓住适当的机会多讲别人的长处，就能把对方求助目标自然地转移过去。这样不仅可以达到拒绝的目的，而且使被拒绝者得到一个更好的解决方案，由意外的成功所产生的愉快和欣慰心情，取代了原有的失望与烦恼。

2. 让对方明白自己的处境

当一个人有事求别人帮忙时，有时会只希望别人能满足自己的要求，却往往不考虑给他人带来的麻烦和风险。如果能实事求是地讲清利害关系和可能产生的不良后果，把对方也拉进来，共同承担风险，即让对方设身处地去判断，这样会使提出要求的人望而止步，放弃自己的要求。例如，有个朋友想请长假外出，来找某医生开个肝炎的病历和报告单。对此作假行为医院早已多次明令禁止，一经查实要严肃处理。于是，该医生就婉转地把他的难处讲给朋友听，最后朋友说："我一时没想那么多，经你这么一说，我也觉得这个办法不可行。"

在人际交往中，只要还有一线希望达到目的，谁也不愿意轻易地接受拒绝，究其原因是侥幸心理在起作用。俗话说："不撞南墙不回头。"在拒绝别人的要求时，将铁一样的事实摆在眼前，对方无论是怎样坚持意见的人，也不得不放弃自己的要求。

3. 态度一定要真诚，语气要尽量和缓

拒绝总是令人不快的。"委婉"的目的也无非是为了减轻双方、特别是对方的心理负担，并非玩弄"技巧"来捉弄对方。特

别是上级、师长拒绝下级、晚辈的要求，不能盛气凌人，要以同情的态度，关切的口吻讲述理由，使之心服。在结束交谈时，要热情握手，热情相送，表示歉意。一次成功的拒绝，也可能为将来的重新握手、更深层次的交际播下希望的种子。

当你想拒绝对方时，可以连连发出敬语，使对方产生"可能被拒绝"的预感，形成对方对于"不"的心理准备。

交流中拒绝对方，一定要讲究策略。婉转地拒绝，对方会心服口服；如果生硬地拒绝，对方则会产生不满，甚至怀恨、仇视你。所以，一定要让对方明白，你的拒绝是出于不得已，并且感到很抱歉，很遗憾。

4. 要顾及对方的自尊，给对方留台阶

人都是有自尊心的，一个人有求于别人时，往往都带着惴惴不安的心理，如果一开始就说"不行"，势必会伤害对方的自尊心，使对方不安的心理急剧加速，失去平衡，引起强烈的反感，从而产生不良后果。因此，不宜一开口就说"不行"，应该尊重对方的愿望，先说关心、同情的话，然后再讲清实际情况，说明无法接受要求的理由。由于先说了那些让人听了产生共鸣的话，对方才能相信你所陈述的情况是真实的，相信你的拒绝是出于无奈，因而是可以理解的。

当拒绝别人时，不但要考虑到对方可能产生的反应，还要注意准确恰当地措辞。比如你拒聘某人时，如果悉数罗列他的缺点，会十分伤害他的自尊心。不妨先肯定他的优点，然后再指出缺点，说明不得不这样处置的理由，对方也许能更容易接受，甚至感激你。

5. 要明确表明态度

有的人对于要拒绝或是接受，在态度上常表现得暧昧不明，虽然想表示拒绝，却又讲不出口。而造成对方一种期待。

听别人几句甜言蜜语，就轻易地承诺下来的举动，也是因为自己态度不明确所造成的。

第二章

办事如何手到擒来

社会有多复杂，人心有多复杂，办事就有多复杂。办事不是赤膊上阵的对抗，而是斗智斗勇的较量。掌握一些有效的沟通策略，能够提高我们的办事能力。

正确认识自己

在正式办事之前，先掂量掂量自己实际能力有多大。如果你想请人帮忙，得先掂量一下你自己有什么优势。

低配置运行不了高版本软件。若你的道德、学问、能力不能在成就你的事业上起重大作用，那么你就成就不了自己的事业。

1. 看清自己的位置

当我国试爆第一颗原子弹时，当时任外交部部长的陈毅说道："有了原子弹，我的腰就硬了，我这个外交部部长说的话也有分量了。"

每个人在社会上的角色不同，社会分工也不同，农民种地，工人做工，教师教书，不同角色承担着不同的工作任务。现代社会正处一个动荡的转型期，社会的分工也越来越细，这就对现代人的生存本领提出了更高的要求。人不仅要能够适应多变的社会角色，还应对自身的角色有一份清醒的认识。

人微言轻，权高位重。在现代社会上人与人之间的人格虽然是平等的，但是每个人在社会中所处的地位和身份却有不同，而身份不同，其办事能力也是不相同的。现实中，我们常见到这种现象，与亲戚交谈时，一般来说，辈分高的人出面要比辈分低的容易一些；在社会上交流，求有社会地位的人出面帮忙，就比地位不高的人出面顺畅。之所以形成这样的差异，就在于每个人在社会中的身份与地位的不同。

因此，无论是进行何种沟通，我们都必须认清自己的身份、地位，看自己的能力能办多大的事，能跟什么样的人交谈，采取什么样的方法和途径才合适。只有心里有了这个谱，沟通才会更有针对性、分寸感，自然地就会减少许多不必要的麻烦与障碍，就更容易达到办事目的。

依据自己的身份地位沟通，还有更重要的一点，那就是还应有较强的灵活性，依据自己身份地位的变化，随时调整自己的沟通思想与方法，特别是在日常沟通中以职位优势取胜的人，更应注意到这点。

有些当权者在位时，被其下属众星捧月，前簇后拥。而他一旦下台或退休，离开了权力，人生状况便一落千丈。所谓"人走茶凉"，便是地位跌落后世态炎凉的形象写照。原来在位时一句话就能够圆满办到的事情，现在说破了嘴皮子，也难以办周全了。这就是地位变化给办事能力所带来的变化。这时你才会明白，原来使你能顺利办事的并不是你的能力，而是你的权力。

社会地位发生变化，你的办事能力就会发生变化。明白了这一点，你就清楚了哪些事不该应付，哪些事该应付，应应付到什么程度，应采取什么样的方法。这样你的办事能力就会明显提高。

2. 回避不适应自己性格的事

性格是指人对现实中客观事物经常的稳定的态度，以及与之相应的习惯化的行为方式。比如说，有的人小心谨慎，有的人敢拼敢闯。小心谨慎与敢拼敢闯就是两种截然不同的习惯化了的行为方式。人们根据他们这些外显出来的习惯化特征来区别这两种人的性格差别。

性格成型之后，一般来讲是很难改变的，诚实的人为人处世都很诚实，他推想别人也都诚实；诡诈的人很多时候都诡诈，他也猜测别人诡诈。因此，诚实的人去行诡诈之事肯定会弄巧成拙，诡诈之人去行诚实这事，也可能会让人难以相信。

有人认为，性格可以随人生经历而改变，是可以在后天环境中磨炼出来的。但要看到，人的性格定型之后，具有很强的稳定性。一夜之间判若两人的情况多属于短期行为，是因为受到较大刺激突变的结果；一段时间以后，固有性格又会重现，这是因为习惯化的行为方式的缘故。性格成型稳定后，既不容易改变，对人的行为也会产生极大的支配作用。逆来顺受惯了的人，如果不经历大的波折、大的痛苦，是很难迅速转变成为一个坚决果断、敢作敢当的人的。即使由于这样那样的历史机缘，这种人当上了某单位的领导，时间一长，他多半还是会下来的，因为多年来的逆来顺受，已使他对权力没有多大的欲望，而且他也习惯了受人支配（或自己动手）的行为方式。像金庸笔下的张无忌（《倚天屠龙记》的主人公），身上就带有这种特征。他的武功智慧是超一流的，但却没有强烈的权力欲望，学成盖世神功也纯属巧遇，当上了明教教主也是因为形势所迫，到头来，他终于携了双美佳人归隐山林快活去了。

明白了这一点，就要依据自己的性格去沟通，回避不适应自己性格的事，这样才能提高自己的办事成功率。

3. 考虑人缘因素

人缘对办事是否顺畅与成功的影响很大。人缘好的人，在社会上的形象就好，社会评价也高，因而与人交流时也容易得到理解、同情、支持、信任和帮助。所以，一个人的人缘的好与坏，直接反映着这个人在社会上办事的能力和水平。所以，我们在交谈过程中，自己的人缘因素一定要考虑。

办事之前，我们应在脑海中先回想一下自己的关系网，看看他在哪个阶层上，我们与他的交情有多深，他能为自己帮多大的忙。清楚了这些，我们对办事分寸就有了把握。

在一个单位中工作，自己能不能晋升，除了工作能力和敬业精神之外，自己的人缘也有着举足轻重的作用。人缘好，受到绝大多数群众的支持，就可能容易得到晋升的机会，容易开展工作。所以，在我们的个人发展计划中，一定要考虑到自己的人缘因素，根据群众关系的好坏程度决定自己实现哪一个目标。

生活中也是这样，谁家都会有一两件大事情，譬如，女儿婚嫁、买房装修，而有多少人会来给自己捧场、献贺礼、帮忙，则完全取决于自己的人缘。不考虑人缘因素而盲目地行动，一是过多的准备可能会给自己带来经济上的损失，二是准备得少，又可能使自己紧张忙乱。恰当地估计自己的人缘，依人缘进行周密的计划与行动，才能使事情办得圆满。

所以，办事之前，一定要考虑自己的人缘因素。

知彼才能百战不殆

先掂量掂量自己，谓"知己"；再琢磨琢磨对方，谓"知彼"。在办事过程中，只有知己知彼才能百战不殆。

1. 找到关键人物

我们在办事时要做到心里有数。你想办什么事，就要去托能够帮你办成的人。这个人对你想办的事起到关键的作用，如果是领导，是说一句话可以抵得别人说十句话的人。

对这种人，我们要多做一些准备和沟通工作，让他们感动，才能完成任务。相反，如果我们先去求他的手下，可是领导不批准，我们的事情还是无法做成功。

事情内部有主要矛盾和次要矛盾。主要矛盾在事物的发展过程中起决定作用，如同打蛇要打七寸。我们与人交流，只有找准人，说对话，事情才好办。如果"有病乱求医"，不管得什么病，见了医生就求，那病可能不但医不好，还会因耽误了时间更加恶化。

要知水深浅，你要问渔夫；要知山高低，你要问樵夫。医生和护士虽然都能为你治病，让你早日康复，但医生的作用是最关键的。

有时候，我们去一个陌生的地方办事，人生地不熟，不知谁是关键人物。于是，对每个人都恭恭敬敬，哈着腰说着好话，希望他们能成全自己。这种做法也没错，但是一般不会有多大的效果。

找到了关键人物，我们就要集中火力在他身上下功夫。我们要运用交际的技巧，围绕着他展开话题，说话可要小心。找准一个人，远胜求遍所有的人。

俗话说，办事不能脚踩两只船，就是说有的人在渡河时，为了保险起见，觉得乘一只船，万一翻了呢？不如乘两只。结果，两只船一分开，他就"扑通"一声落入水中。

2. 见什么人说什么话

对方的性格、文化程度、身份、地位的不同，你说话的语气、方式以及办事的方法也应各有所异。如果不明白这一点，对什么人都是一视同仁，则可能会被对方视为无大无小，无尊无贱，尤其是对方身份地位比自己高的人，会认为你没有教养，不懂规矩，因而他不喜欢听你的话，不愿帮你的忙，或者有意为难你，这样就可能影响了自己办事的效果，使所办之事一波三折。

宋朝知益州的张咏，听说寇准当上了宰相，对其部下说："寇准奇才，惜学术不足尔。"这句话一语中的。

张咏与寇准是多年的至交，他很想找个机会劝劝老朋友多读些书。因为身为宰相，关系到天下的兴衰，理应学问更多些。

恰巧时隔不久，寇准因事来到陕西，刚刚卸任的张咏也从成都来到这里。老友相会，格外高兴，寇准设宴款待。在郊外送别临分手时，寇准问张咏："何以教准？"张咏对此早有所虑，正想趁机劝寇公多读书。可是又一琢磨，寇准已是堂堂的宰相，居一人之下，万人之上，怎么好直截了当地说他没学问呢？张咏略微沉吟了一下，慢条斯理地说了一句："《霍光传》不可不读。"当时寇准弄不明白张咏这话是什么意思，可是老友不愿就此多说一句，言讫而别。

回到相府，寇准赶紧找出《汉光·霍光传》，他从头仔细阅读，当他读到"光不学无术，谅于大理"时，恍然大悟，自言自语地说："此张公谓我矣！"（这大概就是张咏要对我说的话啊！）是啊，当年霍光任过大司马、大将军要职，地位相当于宋朝的宰相，他辅佐汉朝立有大功，但是居功自傲，不好学习，不明事理。这与寇准有某些相似之处。因此寇准读了《霍光传》，很快明白了张咏的用意，感到从中受益匪浅。

寇准是北宋著名的政治家，为人刚毅正直，思维敏捷，张咏赞许他为当世"奇才"。所谓"学术不足"，是指寇准不太注重学习，知识面不宽，这就会极大地限制寇准才能的发挥，因此，张咏要劝寇准多读书加深学问的意思既客观又中肯。然而，说得太直，对于刚刚当上宰相的寇准来说，面子上不好看，而且传出去还影响其形象。

张咏知道寇准是个聪明人，给了一句"《霍光传》不可不读"的赠言让其自悟，何等婉转曲折，而"不学无术"这个连常人都难以接受的批评，通过教读《霍光传》的委婉方式，使当朝宰相也愉快地接受了。"借它书上言，传我心中事"，张公辞令，高雅至极！

聪明人都是懂得看对方的特点来办事的，这也是自己办事能力与个人修养的体现，平常我们所说的"某某人会来事"，很大程度上就体现在"见什么人说什么话"的才智上。这样的人不只当领导的器重他，做同事的也不讨厌他，这样的人办事的成功率当然要高。

3. 投其所好

人各有其情，各有其性。有的人喜欢听奉承话，给他戴上几顶"高帽"，他就会使出浑身力气成全你；有的人则不然，你一给他戴"高帽"，反而地引起他敏感性的警惕，以为你是不怀好意；有的人刚愎自用，你要用激将法，才能使他把事办好；有的人脾气暴躁，讨厌喋喋不休的长篇说教，跟他说话办事就不宜拐弯抹角。

所以，与人沟通一定要摸清这个人的性格，依据他的性格因人而异。

掌握对方的性格，是我们与其交流的最佳突破口。投其所好，便可与其产生共鸣，拉近距离；投其所恶，便可激怒他，使其所行按我们的意愿进行。无论跟什么样的人交流，我们都应首先摸透他的性格，依据其性格"对症下药"，就很容易将事情办成。

4. 揣摩对方心理

通过对方无意中显示出来的态度、姿态，了解他的心理，有时能捕捉到比语言表露得更真实、更微妙的内心想法。

例如，对方抱着胳膊，表示在思考问题；抱着头，表明一筹莫展；低头走路、步履沉重，说明他心灰气馁；昂首挺胸，高声交谈，是自信的流露；女性一言不发，揉搓手帕，说明她心中有话，却不知从何说起；真正自信而有实力的人，反而会探身谦恭地听取别人的讲话；抖动双腿常常是内心不安、苦思对策的举动，若是轻微颤动，就可能是心情悠闲的表现。

懂得心理学的人常常通过人体的各种细小的动作，揣摩对方的心理，达到自己办事目的。

心理学家研究表明，一般初次见面时目光转移视线者，被认为具有积极性格。根据某评论家所言，能否控制对方，即决定于最初的 30 秒钟。换句话说，两人眼睛对望，然后先把视线转开的人会获得控制权，因为你把眼睛转开了，对方就会担心你的想法，由于开始费心思，以后他会更注意你的视线，当然也就任由你摆布了。

许多有经验的人，常通过握手来看透对方微妙的心理动态。这一奥妙在于通过掌心的潮湿情形来判断。人类在遭遇到恐惧、惊讶的事情而发生感情变化时，自律神经会与自己的意识发生作用，造成呼吸混乱，以及血压升高与脉搏加速，或是汗腺的兴奋（神经式发汗）等，这是大家都知道的。我们看比赛时，比赛进程紧张时手掌心会捏把汗，也是由此而来。所以如果你和对方握手，获知对方手心出汗，即表示其人情绪高昂。

曾有个经验丰富的警察，提议在询问犯罪嫌疑人时找理由与他轻轻握手——开始问话前就先握一次手，以后在说到核心的问题时，再度轻握一下对方的手，这时，如果原本干燥的手掌冒出了很多汗，即可大致知道真相了。

交流之前，通过察言观色把握住对方的心理，理解他的微妙变化，有助于我们把握事态的进展程度。

5. 根据对方的具体情况来改变策略

有一天，你去找你的上司交流，请他出面帮助你办某件事。平常你的上司身体健康，精力充沛，在工作上也颇得心应手，单位内的人都认为他年富力强，很有前途，可是，忽然有一天，他显露出悲伤的脸色，很可能是家中发生了问题。

他虽不说出来，一直在努力地抑制，可总会自然而然地在脸上流露出苦恼的表情。对这位上司来说，这实在是件很尴尬的事，为了不让部下知道，表面极力装得若无其事。午餐后，他用呆滞的眼神望着窗外，此时，他那迷惑惘然的脸色，已失去了朝气。你对这种微妙的脸色和表情之变化，不能不予以注意。你应尽力分析、设想，找出领导苦恼的真正原因，并对他说："科长，家里都好吗？"以假装随意问安的话，来开启他的心灵。

"唉，我太太突然病倒了，我正头痛呢！"

"什么？你太太生病了！现在怎么样？"

"其实需要住院，医生让她在家中疗养。她生病后，我才感到诸多不便。"

"难怪呢！我觉得你的脸色不好，我还以为你有什么心事，原来是你太太生病了。"

"谢谢你的关心。"

他一面说着，脸上一面露着从未有过的感激的笑容，此刻可以知道你成功了。在人生最脆弱的时候去安慰他，这才是当部下的人应有的体谅和善意。上司由于悲伤，内心呈现出较脆弱的一面，我们更不应再去刺激他，而应当设法让他悲伤的心情逐渐淡化。上司的苦恼，在尚不为人知晓前，自己应主动设法了解，相信你的这份善意，上司会受感动的。自然，这以后，上司会想到你的请求，并心甘情愿地帮你办事。

视对方的情况办事，还有重要的一条是不能犯忌，如果犯了所求对象的忌讳，恐怕该成的事也难办成了。

运用杠杆作用交流制胜

当人们遇到难以搬动的重物时，都会想到运用杠杆的原理，以较小的力量轻松地撬起数以倍计的庞然大物。

现代企业家们通过抵押贷款、融资等方式，以较少的资金、资产代价，获取更大的投资效益，这正是成功地利用了财务杠杆的作用。

同样的原理也可用于办事之中，如果你巧妙地运用你的长处，你所得到的利益会大得令你惊奇。

1. 掌握灵活应变的时机

丑陋的放高利贷者和商人女儿的故事，便是运用杠杆作用交流制胜的例子。

一位英国商人欠了一位放高利贷者一大笔钱，且因此生意萧条，这位可怜人发现自己无法还清他的借贷。这意味着他将破产，而且他将长期孤独地被关在地方债务人监狱。然而，高利贷者提供了另一解决方法。高利贷者建议，如果这个商人愿意把他漂亮的年轻女儿嫁给他，他就一笔勾销债务，以作交换。

这个放高利贷者既老又丑，而且声名狼藉。商人以及女儿对这建议都很吃惊。不过放高利贷者十分狡猾，他建议唯一公平解决途径是让命运做决定。他提出了以下的建议。在一个空袋子里摆入两颗鹅卵石，一颗是白的，一颗是黑的。商人的女儿必须伸手入袋取一鹅卵石。如果她选中黑鹅卵石的话，就必须嫁给他，而债就算还清了；如果她选中白鹅卵石，她可以和父亲在一起，不需嫁给他而且债务也算还清了。但是，假如她不愿意选一颗鹅卵石的话，那么就没什么可谈的了，她的父亲必须关在债务人监狱。

商人和他的女儿，不得已只好同意。放高利贷者弯下身拾取两颗鹅卵石，放入空袋。商人的女儿用眼角的余光看到这个狡猾的老头选了两颗黑鹅卵石，她明白自己的命运已经判定了。

她不得不同意，似乎没有条件可言。的确，放高利贷者的行为极不道德，但是假如她当场揭穿他的伎俩，采取强硬立场，那么他的父亲必进监牢。如果她不揭穿他，而选了一颗鹅卵石的话，她必须嫁给这位丑陋的放高利贷者。

故事中的女孩子不但人美，也很聪明，她了解自己，也了解她的对手。她知道她的对手是一位不择手段的奸诈之徒，也知道最终解决之道必须让自己扮演甜美可爱、天真烂漫的少女角色来迷惑对方。

制定对策之后，她把手伸入袋子取一鹅卵石，不过在将要判定颜色之前，她假装笨拙地取出石头，然后失手将鹅卵石掉到了路上，与路上其他的鹅卵石混在一起而无法辨别。"哦！糟糕"，女孩惊呼，继而说道："我怎么这么不小心。不过没有关系，先生，我们只要看看在你袋子里所留下的鹅卵石是什么颜色，便可知道我刚才所选的鹅卵石颜色了。"

最后，故事中的女孩成功了，因为她在知道游戏规则对她十分不利之后，能毫不畏惧地妙用游戏规则，把劣势变为优势。

要成为办事高手的一个重要途径，是运用自己的个性和自我的长处，避开自己的弱点。客观地自我评估是成功运用杠杆作用的关键。而自我评估的关键是流行于中世纪哲学家的一句警语："拥有好的人生。如何在不利、无奈的情况下尽力求得好结果，是件值得嘉许的好事。"

美国一位名叫葛林·特纳的人创立的推销术曾震惊了整个商业界。他运用他所发展的销售技巧教导其他的推销员扬长避短，相信自我，激发他们赚大钱的抱负。

特纳先生刚开始是一位挨户上门推销缝纫机的销售员。他有一项严重的障碍——即生有很明显的兔唇。很快地他便利用这个障碍，使其成为他的销售噱头的一部分。他对他的顾客说道："我注意到你在看我的兔唇，女士。哈！这只是我今早特别装上的东西，目的是让你这样漂亮的女士会注意到我。"特纳先生是位很成功的推销员。虽然他的货品不断改变，可是他的推销方法不变。他同时推销、贩卖自己和各种货品——兔唇和任何产品。

发挥个人之长处的另一部分是好钢要用在刀刃上，要使你的努力用到最终解决问题的关键之处，不要把努力浪费在无效的开始行动上。在交流时要精确选择有用资料，去除无用资料。办事过程就是沟通过程，堆积不相干、误导的因素，只会混淆主要问题而已，毫无益处。

2. 学会借力使力

柔道策略是一种办事技巧，也是杠杆原理的运用。它是运用你对手的力量来为己谋利。也就是说，面对强大的对手要获得自己所想要的结果时，不要与他硬碰硬。要像老练的斗牛士，诱使牛往你的方向冲来，不过在双方即将撞击的一刻，巧妙地闪到一边，让你的对手无法战胜你。

如果你与咆哮、谩骂、具攻击性的对手进行交流时，最简单的方法是运用柔道策略。这些人不管是什么原因，总是想要跟人决一雌雄。他们的谈话充满攻击性，过于坚持自己的看法，惹人不快。

对付这种人最不明智的做法便是和他一样用攻击性的策略。这种处理方法的结果是导致你情绪不快、血压升高，或者更糟。处理此种情况的最好方法是运用你对手的力量对待他自己。不要气恼，只要平心静气地告诉他："秦先生，我向你保证，我来这里是做生意，不是来跟你决一胜负。我想我有一些重要的事要做。我知道你也有很多生意要做。我们为什么不先达成协议，然后，如果你愿意的话，再决一胜负不迟。"

由于你的忍辱负重，你会让具攻击性的对手去除敌意。如果他诚心交流的话，就能平心静气地谈生意。不过，许多人相信制胜之道是采取强悍姿态使敌人畏惧。事实上攻击性行为可能只是装出来的。不过不管怎样，你的处理方法是先站稳自己立场，表现出坚定的自信心来。

3. 运用杠杆原理的底线

运用杠杆原理使自己占优势是一项强而有力的办事技巧，就像任何强大的工具一样，必须小心使用。如果你运用杠杆作用为自己取得有利位置时，千万不要滥用你的优势。相反的，你必须在适宜的气氛下实现目标，怀着友善态度达成协议，将有利于调节对手和你的态度，去进行交流。

　　还有另一个要注意的事。虽然每一件事都可交流，但是并不是每一次交流必有最后的解决。逼人太甚，可能会激起对方反击，记住凡事不可做得太过分。

瞄准对方弱点，一招制胜

　　已故的美国前总统肯尼迪在前往维也纳和苏联领导赫鲁晓夫进行高峰会谈之前，收集了对方所有的演说辞、发表过的一切谈话，甚至对方的餐饮习惯和喜爱的音乐，也在他希望了解的范围，目的是他要了解赫鲁晓夫是如何思考和处理事情的，以便会谈时能够直攻要害、一举制胜。后来，事实证明，他这种掌握对方心理的策略是十分成功的。

　　当我们要和他人进行交流时，也应该留心对方的弱点，再针对要害做重点式的攻击，使对方无力招架。因此，了解对手的个性是非常重要的，如果对方是一个好大喜功的人，你就多奉承、褒奖他，使之飘飘然，再相机提出要求；如果对方是一个优柔寡断、多愁善感的人，可以低姿态，使他产生怜悯之心，对你的要求断然无法拒绝；如果他是个轻诺寡信之人，就得运用速战速决的战略，一旦谈妥，立即写成书面文件，双方签字。即使事后对方觉得不妥，也无法反悔；而如果对方是一个喜欢贪小便宜的人，就让他在无关紧要之处多尝一点甜头，而在重要的关头坚守原则，不做任何让步，并反过来占他一个大便宜……办事的手段是应该这样灵活多变、因人而异的。

　　除了人性的弱点之外，其他的机会也是可以利用的，例如当买方得知卖方因投资过大，一时周转发生困难，急于将货物脱手以求现，这时在价格上，就可以谈出一个相当的折扣；另外，你也可以夸大对方商品本身的缺点，使卖主感到气馁，丧失原有的自信心，怀疑货品真的是瑕疵百出，只好以较低的金额成交。

总之，交流绝不能含糊其事，虽然要完成预期目标，可能会使双方都有一些轻微的"出血"，但适者生存，唯有抢先一步采取行动，才有胜算可言。不过，在态度上要婉转温和，不可盛气凌人，凡事给人留得余地，因为强弱势是相对的，并不是绝对的，就像人一样，弱者有时也会随着时间的流逝而发生转变，表现出惊人的力量来，所谓"风水轮流转"就是这个道理。所以在交流时应灵活处理，如果情况形成一面倒的局面，占优势的一方最好给对方留有余地，因为除非输方也有一些好处，否则他为了生存，很可能会不择手段，全力反扑，以拼命的方式攻击胜利者，俗话说的"狗急跳墙""穷寇莫追"就是这个道理。因此，利用对方弱点来交流，在技巧的运用上，要能不露痕迹，才能毕其功于一役。

有时，交流的双方可能是熟识的亲友，彼此之间存有情感的成分，所以，在交流中感情和理智有时是分不开的，要是一味地讲求效率，不顾人情，可能会变成众叛亲离，反而坏了交流的预定目标，形成表面获胜、实质失败的情况。如能略施小惠、兼顾情理、顺水推舟，不强行说服对方，而是与对方分享利益，使竞争合作保持良好的平衡关系，这种"怀柔"的方式，有时候反而是更显出你智慧的表现。

必要的时候，不反对对方的意见，并适度向对方让步，承认自己的缺点，感谢对方的指正，表明妥善处理的决心，也能达到最终目的。

中国台湾有一家公司决定在美国德州投资建厂，他们发现德州工人的工资很高而且相当难侍候，于是决定从台湾招募工人。工厂建好后，德州工会出面抗议，公司方面出面交流的人一边道歉，说明他们根本不知道有这种规定，并保证下次一定雇用当地的工人。结果工会的代表满意而去，而厂方也终于省下了一笔为数不小的工资。

如果交流的对手是个热心、有智慧、有理性、经验丰富且消息灵通的人，此种疏导情感的怀柔手段，必能满足双方最低的欲求，形成皆大欢喜的双赢局面；倘若对方不通情理、不可理喻，那么怀柔手段就不一定能奏效了，大可直接提出最终条件，不必浪费精力，希望对方能改变立场。例如对方贪得无厌、得寸进尺时，就不必再和他继续纠缠，可直接告诉他，你的权限只能让步到此，要是对方仍不满意，这件事也只好到此为止，如果对方真想成交，就不会要求你再做任何退让。

假如对方施展拖延战术时，则不妨告诉他，只有现在做成决定才能算数，否则你无法给他任何保证，不论这种论调是虚张声势或真有其事，至少可让对方知道你有坚定的立场，而且这种"铁定最后一天"式的最后通牒，常能迫使对手不得不采取行动，决定是否接受你的威胁。反过来说，如果握有商品的是对方，你也不能直接说出你心目中的价格，必须先以低价起头，再稍稍提高些说，"好吧，让我们彼此各让一步！"这种以不购买为威胁的方式，往往也很具神效。

至于低姿势和高姿态，何者较优，要视问题与对象而定，只要怀柔时不至卑屈，威胁时不留余怨，则会各具神妙；如有必要，还可融合二者，软硬兼施。比如交流之初，先由一人扮演黑脸，采强硬立场，做狮子大开口的要求，最后再由一位很少开口的好好先生，充当白脸，缓和剑拔弩张的紧张场面，提出和前者相比之下，算是合理的条件，使人以为，事情如果不这样是会更糟糕的，所以虽只削减一点，但对方已很满意于自己的成就，因而交流也能顺利完成。

保持理性，扭转局势

当事情几乎陷入绝境，而无法挽回的时候，你不妨用一句话来安慰和支持自己，这句话就是："竭尽全力，无怨无悔"。

也就是说，只要尽己之心，全力以赴，结果是否成功并不重要——就让命运之神去做安排吧！

1. 保持信心，精诚所至

罗先生现在是某贸易公司负责人，但是前些年，他并不是很走运。然而，罗先生正是在"竭心全力，无怨无悔"的信念支持下，成就了许多看似不可能的事。

他原是一家杂志社的记者，因该社经营不善倒闭，他便成为一名自由撰稿人。后来，他又到了某广告公司从事编辑工作；不多久，又下海一家规模颇大的贸易公司，成为人力资源部的职员。而后因为颇具才干，很得领导的赏识，便晋升为业务部经理，此后，凭着自己的努力，罗先生成了一位优秀的专业贸易人员。

但是，多才多艺的罗先生对他先前的采访、撰稿工作一直十分留恋。有一段时间他一连好几天守候在一个摄影棚里，目的只为和某影星接近，好收集一些有关明星专辑的稿件资料。

偏偏很不巧，就在罗先生准备出版某专辑的同时，该影星所属的某电影公司也想出版一本纪念特刊，里头将安插一篇有关他的专访报道。于是，某影星开始对罗先生采取拒绝的态度。

接连下了好几天雨。该影星的态度仍然坚决，罗先生忽然灵机一动，心想"或许就只有这个办法，可以打动对方的心思了"。因此，他决定冒着大雨，到该影星的摄影棚前，执着地候在他经过的道路上等着。

终于，这位影星被他的诚意感动了，改变了自己的态度，答应接受他的访问，并提供专辑的资料。

罗先生认为该影星之所以能够回心转意，主要是自己具有这样的信念：精诚所至，金石为开。打这以后，他就抱着这种信念处理任何事情，结果无论业余爱好，还是销售业务都能创下良好的成绩。

"化不可能之事为可能"，这是你身处劣势时应持有的信心。

2. 及早补救

在办事时选择适当时机非常重要。如果无法找到适当时机，或者找到时机却不知利用，那么，办事会事倍功半。也就是说，你非但要能把握时机，还要积极将其化作行动，如此才有成功的希望。

某电影公司曾发生过这样一件事：那是在某摄制组出外景时发生的，当天的拍摄地点是一个风景优美的山区小村。外景队提早两天到达拍摄电影的现场，公司特地请了某体校的武术队一起前来此处，拍摄有关这部电影的一些精彩的武打镜头。

在前一段武打动作片十分热门时，每一家电影公司都希望能请到武打技术精湛而片酬又不太高的武术队，体校的孩子们无疑很适合，况且当时体校比赛训练任务很重，如果组织不好这次武打动作的现场拍摄，以后将无法补后。但是，不该发生的事情还是发生了。就在当天晚上，大伙儿还未进餐之时，外景队队长对大家公布了一项决定："今晚，协助这次外景拍摄的东道主要招待我们的主要演员吃饭。为了让他们能早点回来，以免耽误了拍摄的进度，我决定请体校老师和我一起陪同前往。至于其他的人就在此地用餐吧！"

于是，外景队长就和老师、主要演员一起去赴宴了。然而时间已过几个钟头，一直不见他们回来。留在宿舍里的其他演员和武术队的孩子们，就开始发牢骚了："让我们跋山涉水，走了这么远的路来到这儿。这倒好！他们就知道去大吃大喝，把我们冷落在一旁！"

就在大伙怨声载道、牢骚满腹的时候，他们才酒足饭饱地回来了。抱怨之声仍然此起彼伏，甚至有怒气高涨的情势，因此激怒了外景队队长，他非常生气地喝叫一声："有完没完！讨厌死了，不想拍的人就回去好了！"

武术队的孩子们被他这么一骂，大伙全都感情用事起来，最后一致决定："回去，我们不拍了！"

其实，这不过是一个小小的误会，却因处理不当，造成了一个更大的错误，最后，竟形成了不可挽救的局面。这种情形，在生意场上也经常会发生。

以上述事件来说，检讨起来，一开始就应该好好安排、组织，找个摄制组的其他负责人，留下来陪陪这些远来的客人。但是，外景队队长没有这样做，这是第一个错误。既然说好了，吃过饭后，就要早点回来，结果超出了预定时间影响了当晚的夜景拍摄，理应真心诚意地向大家道歉了事。外景队队长非但不知理亏，还大吼大叫，对孩子们发脾气，把事情给整个弄糟了，此为第二个严重错误。

就因为这样，事情才发展至不可收拾的局面。所以，在发现自己错误时，你一定要勇于认错，不可一味地执拗、意气用事；若能及早把握时机，向对方坦诚道歉，相信必可大事化小，小事化了。

3. 做最坏的打算，全力以赴

有些人往往还未去办事之前，就认为"这事不可能吧"，"别人不肯答应吧"，诸如此类消极的想法，殊不知正是这想法妨碍了自己。

拿破仑曾说："我的字典里没有'不可能'这个词。"同样，你的字典里也要丢掉"不可能"这几个字。其实，人是很能适应环境的一种高级动物：只要肯尝试，没有一件事是绝对"不可能"的。

你是否曾无意识中，经常使用许多否定的语句？如"不可能""不行""没办法"……之类，或者在你的家人、同事之间，也有人时常采用这种说法？而凡是说"做做看""说说看""我赞成""一定能够成功""有兴趣"……这类字眼儿的人，常常是能勇往直前、积极行动的人。

如果总在办事前设置一些否定词，必将会大大降低了办事成功的可能性。

虽然只是用语不同而已，但是在你内心深处，对于所做之事的看法，已经无形中受到了影响。

必须要下定决心，在日常生活的言谈之中，尽量少说否定的字眼儿；而且，还要进一步以肯定的字眼儿来代替。若能做到这点，你自然就会具备积极行动的姿态，会大大地增加对别人的说服力。例如："卡里就只剩 1000 块钱了。"就应该改为："卡里还有 1000 块呢！"

一个人如果对成功的可能性感到怀疑，不妨先降低目标，做最坏的打算，这样就会缓冲失败时对你的打击。这是一种在不愉快状况下，保护自己面子的防卫措施。这种心理措施在日常生活中比比皆是。

例如在约会时，在等候之余往往有怀疑"他（她）是否会来"的心理准备，如此即使不能尽意，也不至于感到面子上难堪。倘若对对方赴约坚信不疑，而一旦预见落空，就会因面子上挂不住而大光其火，或心灰意冷，感叹"流水落花人归去"，甚至会不欢而散，分手各归。

《格利佛游记》有一句名言："不抱任何希望的人最有福气，因为他永远不会失望。"尽管这句名言可能含有讽喻之意，但反映了常见的心理现象，和前面所说的降低目标意义相同。我们常说的"向最好处努力，往最坏处打算"也是这个意思。

期望值越高，失望也就越大。犹如对待名胜古迹，高兴地慕名而去，结果一看不过如此，往往失望而归，所谓看景不如听景，说的就是这个意思。而在山坡峡谷，林间溪边，信步所至，随意漫游，所见一花、一木、一泉、一石，倒常常会为之惊喜，为之流连，并因之而获得意外的欢愉。两种不同心态，效果却有天壤之别。

如何让别人不能拒绝你

当你满怀希望地与人交流，但你提出的要求竟然当场遭到对方的拒绝，那场面是很令人难堪的。这种被拒绝而产生的尴尬，往往会使人感到心冷、失落，心理失衡，甚至出现不正常情绪，比如记恨或报复的心理，因而影响彼此之间的关系。

造成这种尴尬的原因是多方面的，有些是无法预见的，难以避免的，但有些却是可以通过自己的努力加以避免的。从办事的角度来看，避免尴尬也是办事能力的组成部分。懂得并力争避免不必要的尴尬场面的出现，是每一个办事者都应该掌握的。

首先，在办事之前，要对交流对象和自己提出的要求及可能被满足的程度有基本的估计，起码要估计三个方面情况：

一是看自己提出的要求是否超出了对方的承受能力。如果要求太高，脱离实际，对方无力满足，这样的要求最好不要提出。否则，必然会自找难堪。

二是看对方的人品和自己与之关系的性质、程度。如果对方并非好施乐善之人，即使你提出的要求并不高，对方也会加以拒绝。对于这种人最好不要提出要求，不然也会自寻尴尬。此外还要看彼此关系的深浅，有时你与人家并没有多少交情，就提出很高的要求，交浅言深，其结果碰壁的可能性就很大。

三是看你提出的要求是否合理合法。如果所提要求违反政策规定，人家肯定是会拒绝的，最好免开尊口。

在进行求助性办事前，需要先做上述估计，然后再决定如何提出自己的要求，这样做，一般说来是可以避免很多尴尬场面出现的。

其次，要学会办事的试探技巧。人际交往的情况是很复杂的。有时，即使你事先做了充分估计，也难免遭遇意外，或出现估计失当的情况。这样，尴尬场面仍然可能降临到你的头上。在这种情况下，如何避免出现令人难堪的局面呢？运用必要的试探方法，就成了交流临场时避免尴尬地选择了。常见的方法有：

1. 自我否定法

就是对自己所提问题拿不准，如果直截了当提出来恐怕失言，造成尴尬。这时，就可以使用既提出问题同时又自我否定的方式进行试探。这样在自我否定的意见中，就隐含了两种可能供对方选择，而对方的任何选择都不会使你感到不安和尴尬。比如，有一位年轻作者在某刊物上发表了两篇散文，可是收到相当于一篇的稿费，他想这一定是编辑部弄错了，可是又没有把握。他担心直接提出来，如果是自己弄错了，被顶回来那就太尴尬了。于是，他这样提出问题："编辑老师，我最近收到了50元稿费，这一期上刊登了我两篇稿子，不知是一篇还是两篇的稿费？"对方立即查了一下，抱歉地说是他们搞错了，当即给以补偿。这位作者是用了一些心思的。他把两种可能同时提出，而且是把自己的想法作为否定的意见提出。这样即使自己搞错了被对方否定，也因自己有言在先，而不会使自己难堪。

2. 投石问路法

当你有具体想法时，并不直接提出，而是先提一个与自己本意相关的问题，请对方回答，如果从其答案中自己已经得出否定性的判断，那就不要再提自己原定的要求、想法了。这样可以避免尴尬。

如有个女青年买了块布料，拿回家后才发现售货员找的钱不对，但是，又没有把握是否人家真的找错了，于是，她又回去，问道："小姐，这种布多少钱一米？"对方答后，她立即明白是自己算错了，说了句"谢谢"，满意地离开了商店。看来，这个姑娘的处理方法是明智的。

这一事例告诉我们，当自己拿不准的时候，最好不要直言相求或者否定对方，最好使用投石问路法，先摸情况，再决定下一步行动也不迟。有些人不是这样，他们处理问题易于冲动，情况没有搞清，就向人提出挑战，结果却是自己错了，使自己陷入窘境。比如，有的人买东西，自己没有算清楚就对售货员说："你少找我钱了！"等到人家一笔一笔算清楚了，证明人家没弄错时，那就尴尬极了。

3. 触类旁通法

当你想提一个要求时，还可以先提出一个属于同一类的问题，以此试探对方的态度。如果得到肯定的信息时，便可以进一步提出自己的要求；如果对方的态度是明确的否定，那就免开尊口，以免遭到拒绝尴尬。比如，有一位干部打算调离本单位，但又担心领导当场给予否定，或给领导留下坏印象，以后不好工作。于是他这样提出问题："书记，咱们单位有的青年干部想挪挪窝儿，您觉得怎么样？"书记说："人才流动我是赞成的。"他见书记态度还可以，于是进一步说道："如果这个人是我呢？""那也不拦，只要有地方去。"这样他摸到了领导的态度，不久，正式向领导提出调动的申请。用触类旁通法进行试探，其好处是可进可退，进退自如，在办事中有广泛的用途。

4. 顺便提出法

有时提出问题，并不用郑重其事的方式。因为这种方式显得过分重视，至关重要。一旦被否定，自己会感到下不来台。而如果在执行某一沟通任务过程中，利用适当时机，顺便提出自己的问题，给人的印象是并未把此事看得很重，即使不满足也没有什么感觉。比如某业务员在与某厂长谈判，一谈判告一段落时，向对方提出一个问题，说："顺便问一句，你们厂要不要人？我有个同事想到你们这里来工作。"厂长说："我们厂的效益不错，想来的人很多。可是目前我们一个人也没有进。""噢，是这样。"在对方的否定答复面前，他一点也没有感到尴尬，但是已达到了试探的目的。试想，如果一开始就以郑重其事的态度向对方提出这个问题，并遭到对方的拒绝，那现场的气氛就可想而知了。

再如，青工小赵随同厂长去拜访一位有名望的书法家，在谈完正事之后，小赵乘机说："万老，我很喜欢您的名字，如果您在百忙中能给我写一幅，那就太好了。"万老说："近来我身体不太好，以后再说吧！"很显然这是在拒绝，但是，由于是顺便提出的要求，小赵并不感到尴尬。

实际上在很多情况下，顺便提出的问题，往往是自己想达到的真正意图，但是，由于使用这种轻描淡写方式顺便一说，就使自己变得更主动一些，有退路可走，可以有效地防止因对方否定而造成的心理失衡。

5. 玩笑法

有时还可以把本来应郑重其事提出的问题用开玩笑的口气说出来，如果对方给以否定，便可把这个问题归结为开玩笑，这样既可达到试探的目的，又可在一笑之中化解尴尬，维护自己的尊严。

有一位同事到王经理家，想让已成功将儿子小强送进某知名中学的王经理帮忙把自己儿子也弄去。他先是夸了经理的儿子，然后又"顺便"谈及自己的儿子："他呀，居然羡慕起小强，也打起了转学的主意，我说你以为我是王叔叔呀。"这种打哈哈方式，真真假假，可进可退，可以避免王经理拒绝的尴尬。

6. 非直接面谈法

发短信、发邮件、打电话提出自己的要求，与当面提出有所不同。由于彼此不见面，即使被对方所否定，其刺激性也较小，比当面被否定更易接受些。比如，有位作者写了一篇稿子，等了一段时间没有回音，于是就打电话询问结果："编辑老师，我想问问那篇稿子的处理情况……""噢，是这样，稿子已经看到了，我们认为还有些距离，很难采用……""是这样，谢谢您。"就这样他在较为平静的气氛中，接受了一个被否定的事实。

最后需要指出的是，避免出现尴尬并不是我们的最终目的，它不过是为了保护自己的自尊和面子所采取的一种策略性手段；

我们不能仅仅满足于此，应更多地研究一些在被对方否定情况下，如何运用交际的技巧，扭转败局，争取办事的最后胜利。

第三章
掌握找领导办事的技巧

有一句流行的俚语说：领导说你行你就行，不行也行；领导说你不行你就不行，行也不行。这句话虽然未免以偏概全、有失偏颇，但也道尽了身为下属的无奈与郁闷。

为什么领导不知道你"不行"而说你"不行"？或者领导明明知道你"行"却偏要说你"不行"？问题的根源出在找领导办事的技巧上。

怎样获得领导支持

　　找领导办私事，领导往往是板起脸，一副公事公办的样子：你要办什么事儿？为什么要办这件事儿？理由充分吗？这三板斧首先砍得你晕头转向。如果你不能把这几个问题解答圆满，领导自然不会理解你、支持你、帮助你。如果他理解了你，你可能就得到了他的支持，问题可能也就迎刃而解了。相反，如果没有得到领导的理解，甚至有时他还觉得你提出的要求过分了，或者觉得你请求办的事儿有些出格了，那么，办事成功的希望就不存在了。所以，寻求理解对能否把事情办成至关重要。

　　那么，怎样获得领导的理解和支持呢？以下几点建议可供参考：

　　1. 选择好时间

　　要在领导有空闲的时候找他。领导忙的时候，心情容易烦躁，不但对你提出的事儿不记挂在心上，甚至还会嗔怪你不识眉眼高低。如果在领导时间宽裕的情况下去谈，领导有一定耐心听，问题可能会得到重视，因而也就更有利于把事情办好。

　　2. 选择好地点

　　找领导办事还要考虑场所和环境。有的事儿要到领导的办公室里谈，有的事儿则要到非办公场所谈；有的事儿适合私密环境，而有的事儿越是有旁人听到越有利。所以，这奥妙就在于你按所要求办的事儿的分量和利害关系选择合适的场合。

3. 采用适当的话题引出所要办的事

找领导办事要讲究话题的引入方式。有的需要直来直去、开门见山地和盘托出，有的则需要循循善诱、娓娓道来再渐入佳境，否则便会让领导感到唐突冒失、刺耳烦心。为了引出正题，可先谈些工作的事、生活的事、社会的事、家庭的事、领导关心的事、自己关心的事，为引入自己的事作为铺垫。

4. 清楚表达，情理交融

要想把事儿办好，必须首先把话说好。话要有逻辑性、条理性，让人听了有理有据，而且还要和风细雨，让人听了心旷神怡，同时还要力争把话说得生动感人，让人听了为之心动。所说"晓之以理、动之以情"，有理有情，情理交融，即使是铁石心肠的领导，也会被感动得甘愿费力出面为你办事儿。

5. 恭敬对方

人天性好面子，这就决定了人有最禁不住恭敬的特性。对领导来说也是如此，你求他帮助办事儿，恭敬他是理所当然的。你恭敬了他，他也反过来恭敬你和重视你，受到恭敬的人是很难放着对方的难题不管的。

要把握好分寸

俗话说：事不关己，高高挂起。托领导办事一定要看事情是不是直接涉及自身利益，如果是，则领导无论是从对你个人还是从关心单位职工利益的角度，都会感到是一种义不容辞的责任。这样的事领导愿办，也觉得名正言顺。

比如，你爱人调动工作，你通过别的关系可能费了九牛二虎之力也难以办成，如果你托单位领导办，领导觉得你重视了他的地位，使他有了救世主的感觉，又可以作为为单位职工解决实际困难而积累其从政的资本，有时，这样的事你不找领导，领导也许还会产生你看不起他的想法呢。

但你一定要知道，这类事必须关系到你的切身利益。或你爱人的事，或孩子的事，或直系亲属的事，如果不管七大姑八大姨的事你都揽过来去托领导办，不但领导不会答应，而且还会认为你太多事，影响你在领导心目中的形象。

托领导办事还要掌握好"度"，不要鸡毛蒜皮的事也去托领导，如果事无巨细都去托，认为领导办起事比你容易，这样，领导会觉得你这人太没分寸，甚至会认为你缺乏办事能力。

比如，你家里需要买一个冰箱，如果托领导去说一下可能会便宜几百元钱，但这类的小事千万不要去托你的领导办，因为这类事显不出领导的办事能力，又贬低了自己，得不偿失。

　　大事与小事的区别在什么地方，要随你的单位性质和领导的层次而定，凡事有一个分寸，能否掌握好这个分寸，也是衡量一个人办事能力的标尺之一。

学会对领导说不

　　领导可以拒绝但不可以得罪，你要求领导给你办事，领导也有要求你办事的时候。一般说来，给领导办事是"义不容辞"的差事。因为领导是"看得起你才让你办事"，何况给领导办了事后，以后找领导办事也容易得多。但是，领导委托你做某事时，你要善加考虑，这件事自己是否能胜任？是否不违背自己的良心？然后再作决定。

　　如果只是为了一时的情面，即使是无法做到的事也接受下来，这种人的心似乎太软。纵使是很照顾自己的领导，他委托你办事，如果自觉实在是做不到，你就应很明确地表明态度，说："对不起！我不能接受。"这才是真正有勇气的人。否则，你就会误大事。

　　如果你认为这是领导拜托你的事不便拒绝，或因拒绝了领导会不悦，而接受下来，那么，此后你的处境就会很艰难。这种因畏惧领导报复而勉强答应，答应后又感到懊悔时，就太迟了。

　　此外，限于能力，无论如何努力都做不到的事，也应拒绝。但是这有一个前提，即是否真的做不到，应该实事求是地衡量一下，切不可因怀有恐惧心而不敢接受。经过多方考虑，提出各种方案后，是否能够有勇气来突破它？都需要考虑清楚。考虑后，认定实在无法做到，始可拒绝。

当然，拒绝更要讲究方法，采用何种方式让上司接受，这里面也是很有学问的。

我国近代著名教育学家陶行知在取得金陵大学文科第一名的成绩后，于1914年赴美留学，并在获得博士学位后于1917年回国。

归国后，陶行知在南京高等师范学校任教务主任。有一次，高师附中招考新生。国民党政府一位姓汪的高级官员的两位公子也来报考。可是，这两位公子平日只顾吃喝玩乐，从不认真读书、学习，属于不学无术的花花公子。结果，考试成绩低劣，未被录取。那位汪长官便打电话给南京高等师范学校找陶行知，要陶行知通融一下，录取他的两个小儿子入学。陶行知婉言拒绝。

第二天，汪长官派自己的秘书亲自到校找陶行知当面求情。这位秘书一见陶行知便说明来意，请陶行知在录取两位汪公子入学问题上高抬贵手。

陶行知郑重地告诉来者：

"本校招考新生，一向按成绩录取，若不按成绩，便失去了录取新生的准绳，莘莘学子将无所适从。汪先生两位令郎今年虽未考取，只要好好读书，明年还可再考嘛。"

秘书见陶行知毫无松口之意，便以利诱的口吻说道：

"陶先生年轻有为，又有留洋学历，只要陶先生在这件事上给汪先生一个面子，今后青云直上，何患无梯？眼下汪先生就会重重酬谢陶先生的。"

说罢，从皮包取出一张银票递了过来：

"这是汪先生一点小意思，希望陶先生笑纳。"

陶行知哈哈大笑，推开秘书的手，说：

"先生，我背着一首苏东坡的诗给你听听：'治学不求富，读书不求官。比如饮不醉，陶然有余欢。'请你上复汪先生，恕行知未能从命。"

秘书满脸通红，他站起来，收起银票，改用威胁的口气说：

"但愿陶先生一切顺利，万事如意，将来切莫后悔。"说罢，悻悻而去。

陶行知先生运用这种方式拒绝，体现了他不畏权贵、坚持正义的高风亮节。但是，弄得秘书恼羞成怒地悻悻而去，就容易给自己造成隐患，所以不能算一种高超的策略。那么，现代人该怎样拒绝领导才能达到自己的目的，又尽量不得罪人呢？

努力化解与领导的冲突

正如"有什么也别有病",原则上我们还要讲究"和谁冲突也别和领导冲突"。然而,冲突和误解是我们工作、生活中不可避免的,下属与领导之间因工作分配、报酬等方面的原因发生冲突是常见的。那么作为一名普通的被领导的下属,当你与上级发生冲突时,该如何去做呢?

1. 学会忍耐

为了维护良好的上下级关系,和谐地和领导相处,必须学会忍耐。我国历来崇尚谦让和忍耐,但这并不意味着无原则地去委曲求全,也不是让我们去一味地忍耐,否则的话,某些领导将长期放纵下去而越发的为所欲为。我们这里只是要你适当地忍耐和节制,并正确掌握和运用这一手段。

由于上下级之间所处的社会层次不同,各自自我角色的认知以及彼此对他人角色地位的认知不一致,上下级间难免有矛盾、冲突发生。即使是和谐的上下级关系中,冲突的蛛丝马迹依然可见,只不过有的尖锐、有的缓和、有的公开、有的隐藏,存在的程度和方式有所不同罢了。所以在处理上下级之间的冲突时,要尽量忍耐,将个人与领导之间的外在冲突,转成个人心理的自我调整。例如当领导不客观地批评你时，你自然感到委屈，甚至想与上级闹翻。但你此时应该冷静下来，要以"路遥知马力，日久见人心"的常理来安慰自己，相信会有弄清事实的那一天，这样你的内心会渐渐平静下来。如若你采取极端的做法，暴跳如雷，大动干戈，其结局可想而知。

宽容、忍耐、克制的态度，可以使自己和领导在心理上都有一个缓冲的余地。一方面我们要反省自己的行为是否有不当之处；另一方面，上级也可能会反思一下自己。再者，突然而激烈的外部冲突，只会增加彼此间的反感，导致交往的裂痕，使上下级关系难以良性发展。

最后需要强调的是，我们所指的忍耐是有限度的，一味忍耐并非良策。

2. 化误解为理解

身为别人的下属是很难的，有时往往不经意之中就得罪了某位领导，而我们自己却浑然不知，等到弄明白是某位领导误解了我们的时候，已经为时晚矣。

小韩在五年前还是基层车间的一名普通员工，后来厂宣传部一个姓方的部长见小韩文笔不错，便顶着压力将小韩调进了宣传部当了宣传干事。从此，小韩对方部长的知遇之恩一直铭记在心。两年后，小韩抽到厂办当了秘书，成为厂办王主任的部下，精明的小韩很快得到了王主任的喜欢。

没过多久，小韩忽然感到方部长与他渐渐疏远了。一了解，才知现在的领导王主任和从前的领导方部长之间有私人恩怨，因而，方部长总是怀疑小韩倒向了王主任那边。

其实，引发方部长对小韩误解的"导火线"很简单。在一个雨天，小韩给王主任打伞，没给方部长打伞。这还是很久以后方部长亲口对小韩说的，而事实上小韩从后面赶上给王主任打伞时，确实没有看见方部长就在不远处淋着雨，误解就此产生了。

方部长一气之下，在许多场合都说自己看错了人，说小韩是个忘恩负义的人，谁是他的上级，他就跟谁关系好。其实小韩根本不是这样的人，他也浑然不知发生的一切。直到方部长在人前背后说的那些话传到小韩耳朵里，小韩才感到事情的严重性。

对此，小韩自有他的应对之道。

（1）路遥知马力

正所谓"路遥知马力，日久见人心"，方部长在气头上说自己是忘恩负义的人，一定是自己在某一方面做得不好，现在向方部长解释自己不是那样的人，方部长肯定听不进去，自己到底是怎样的人，还是让事实来说话，让时间来检验吧！

（2）解铃还须系铃人

方部长误解了自己，还得自己向方部长解释清楚，自己既是"系铃人"也是"解铃人"，要化干戈为玉帛，还要靠自己用心努力去做才行。

有了解决问题的原则，小韩采取了以下六个方法努力消除方部长对他的误解：

首先，极力掩盖矛盾。每当有人说起方部长和自己关系不好时，小韩总是极力否认根本没有这回事，他不想让更多的人知道方部长和自己有矛盾。小韩此举的目的是想制止事态的扩大，更利于缓和矛盾。

其次，在公开场合尤其注意尊重领导。方部长和小韩在工作中经常碰面，每次小韩都是主动和方部长打招呼，不管方部长搭理还是不理，小韩总是面带微笑。有时因工作需要和方部长同在一桌招待客人，小韩除了主动向方部长敬酒，还公开说自己是方部长一手培养起来的，自己十分感激方部长。小韩此举的目的是表白自己时刻没有忘记方部长的恩情。

第三，背地场合经常褒扬领导。小韩深知当面说别人好不如背地褒扬别人效果好。于是，小韩经常在背地里对别人说起方部长对自己的知遇之恩，自己又是如何如何感激方部长。当然，这些都是小韩的心里话。如果有人背地里说方部长的坏话，小韩知道后则尽力为方部长辩护。小韩此举的目的是想通过别人的嘴替自己表白真心，假若方部长知道了小韩背地里褒扬自己，肯定会高兴的，这样更利于误解的消除。

第四，紧急情况及时"救驾"。在平时工作中，小韩若知方部长遇到紧急情况，总是挺身而出及时前去"救驾"。如有一次节日贴标语，方部长一时找不着人，小韩知道后，主动承担了贴标语的任务。类似事情，小韩一直是积极去做。小韩此举的目的是想重新博得方部长的好感，让方部长觉得小韩没有忘记他，仍是他的部下，有利于方部长心理平衡，消除误解。

第五，找准机会解释前嫌。待方部长对自己慢慢有了好感以后，小韩利用同方部长一同出差去外地开会的机会，与方部长很好地进行了交流。方部长最终还是被小韩的诚心打动，说出了对小韩的看法以及误解小韩的原因——"雨中打伞"的事。小韩闻听，再三解释当时自己真的没看见方部长，希望方部长不要责怪他。方部长也表示不计前嫌，要和小韩的关系和好如初。小韩利用单独相处机会弄清被误解的原因，同时让方部长在特定场合里更乐意接受自己的解释。

第六，经常加强感情交流。方部长对小韩的误解烟消云散之后，小韩再不敢掉以轻心，而是趁热打铁，经常找机会与方部长进行感情交流，或向方部长讨教写作经验，或到方部长家和他下棋打牌。久而久之，方部长更加喜欢这个昔日部下了。小韩通过经常性的感情交流，增进改善了与老领导之间的友谊。

功夫不负有心人。在小韩的不懈努力下，方部长对小韩的误解彻底没有了，反倒觉得以前有些对不住小韩。从那以后，方部长逢人就夸小韩是好样的，两人的感情也与日俱增。

第四章
掌握与同事共事的技巧

在公司里共事，同事之间的互动是十分频繁的。同事友好共事、和睦相处，对一个人工作是否顺心如意、能否成功晋升有着举足轻重的作用。而这一切，很大程度上取决于这个人对办事的把握。

与同事共事的三个原则

初到一个新环境，第一件事最好就是向周围的同事、同学作自我介绍，然后说请大家多多关照，表示了一种希望得到信任和帮助的愿望。

人们在工作中的人际关系，是一种相互依存的关系，因为大家的事业是共同的，必须依靠合作才能完成。而合作又需要气氛上的和谐一致，而情感上互不相容，气氛上别扭紧张，都不可能协调一致地工作。

在一个单位里，每个人都有着自己的个性、爱好、追求和生活方式，因环境、教养、文化水平、生活经历等区别，不可能也不必要求每个人处处都与他所处的群体合拍。但是谁都懂得，任何一项事业的成功，都不可能仅依靠一个人的力量，谁也不愿意成为群体中的破坏因素，被别人嫌弃而"孤军作战"，这就是共同点。一个有修养的、集体感强的人，是能够利用这一共同点，以自己的情绪、语言、得体的举止和善意的态度，去感染、吸引或帮助别人，使人与人之间相处得更融洽。

1. 以诚动人

同事之间每天接触、一起工作的时间较长，相互间的了解比较多也比较深，如果有事找同事交流却又掩掩藏藏，不把事情说明白，容易使同事对你产生不信任的感觉。因此，找同事交流就要先说明究竟为了什么事，坦言自己为什么要找他。这样，精诚所至，只要同事能办到的事，一般是不会回绝你的。

2. 客气礼貌

不要以为同事是天天见面的熟人，就一副大大咧咧的样子，找同事交流时，说话一定要客气，而且要以征询的口气与同事探讨，请求他帮忙想办法。受到如此的尊重，同事如果觉得事情好办，自然会自告奋勇地去办。说几句客气话，省了许多麻烦事。办完事之后，一般不要用钱来表示谢意，客气几句，说声谢谢你就可以了，如果执意要拿钱来表示，容易引起反感，因为同事之间相互帮忙办点事就接受物质感谢，会给大家留下坏印象。

3. 让对方感到他是主角

人们最感兴趣的就是谈论自己的事情，对于那些与自己毫不相关的事情，多数人会觉得索然无味。而对你来说最有趣的事情，有时不但很难引起别人的共鸣，甚至还会让人觉得可笑。年轻的母亲会热情地对同事说：我的宝宝会叫"妈妈"了，她这时的心情是很高兴的。可是，旁人听了会和她一样的高兴吗？别人会认为，谁家的孩子不会叫妈妈呢？这是很正常的事情。所以，在你看来是充满了喜悦的事，别人不一定会有同感。在与人交往的时候，要多照顾对方的感觉，应努力让对方感到交往的主角是他。

与同事共事时竭力忘记你自己，不要老是嚷嚷，无休止地谈你个人的事情，你的孩子，你的生活，以及其他的事情。人人最喜欢的都是自己最感兴趣或最熟知的事情，那么，在交往上你就可以明白别人的弱点，而尽量将话题引到让他说自己的事情，这是使对方高兴的最好方法。你以充满了理解和热诚的心去听他叙述，一定会给对方留下最佳的印象，并且他会热情欢迎你，愉快接待你。

在谈论自己的事情时，和人家较真或与人争辩等，都是不明智的表现。但还有一样最不好的，就是在别人面前夸张自己，在一切不利于自己的行为中，再也没有比张扬自己更愚笨了。

如何与同事日常相处

能与同事和睦相处，在日后的办事过程中必定能做到左右逢源。与同事相处并没有太多的繁文缛节，但也不能大大咧咧地随心所欲。要知道，得到一个同事的认可，也许要用数年的时间，而失去一个同事的帮衬却用不了一天。以下是同事之间相处的法则：

1. 寒暄、招呼作用大

和同事在一起，工作上要配合默契，生活上要互相帮助，就要注意从多方面培养感情，制造和谐融洽的气氛，而同事之间的寒暄有利于制造这种气氛。比如，早上上班见面时微笑着说声"早上好"，下班时打个招呼，道声"再见"等等，这对培养和营造同事之间亲善友好的气氛是很有益处的。

另外，外出公差或工作时间要离开岗位办件急事，也最好和同事通个气，打个招呼，这样如果有人找时，同事就可告诉你的去向。如果来了急事要处理，同事也好帮助料理。寒暄、招呼看起来微不足道，但实际上它又是一个体现同事之间相互尊重、礼貌、友好的大问题。

2. 合作不能"挑肥拣瘦"

与同事们一起共同合作，切莫"挑肥拣瘦"，把脏活、累活、利少、难办的推给别人；把轻松、舒服、有利可图的工作揽下给自己；同事们拼力苦干，你却暗地里投机取巧。这样他们就会觉得你奸猾、不可靠，不愿与你合作共事。同事之间只有同心协力，不斤斤计较，协同作战，才能共谋大业，共同发展。

3. 取得佳绩不要炫耀

工作中取得了成绩，心情感到喜悦和高兴，这是人之常情，但千万不可在同事面前炫耀卖弄。过多谈论自己的成绩、功劳，就会使同事感到你有抬高和显示自己、轻视或贬低他人之嫌。因为自吹自擂者，要夸的自己都夸了，别人还有什么可说的呢？要讲的也只有对你的"反感"了。

4. 不要苛求和挑剔同事

每一个人都会有自己的缺点和不足，与自己相处的同事也是一样，工作和生活中总会出现一些过失、缺点，甚至错误，这是在所难免的。对于同事的过失和一些错误，要善于体谅和宽容。

人非圣贤，孰能无过？对于同事的过失和不足，只要不是原则问题，只要不影响大局和全局，除进行友善的帮助和提醒之外，更重要的是采取宽容和大度的态度去原谅别人，只有这样才能赢得同事的友好和精诚合作。如果采取苛刻和挑剔的态度对待同事，那么在你眼中同事的一切都不会如意。同样地，同事也不会与你同心、同德来共事。

5. 不搬弄是非

和同事相处不搬弄是非，这一点也是很重要的。比如有些人在老李的面前讲老张的不是，在老张的面前又讲老李的不是；还有的人喜欢搞道听途说，传小道消息。这样一来，同事间就会纠葛不断，风波迭起，搞得同事之间不得安宁。因此同事之间要相安共处，就不能搬弄是非，不该问的不去问，不该说的不去说。不要对一些同事论长道短，也不要对不清楚的事乱发议论，要加强品德修养。一个人应该养成在背地里多夸赞别人的好处，少讲或不讲别人的坏处的习惯。

怎样处理与同事之间的矛盾

在办公室里经常会有人因对工作问题，勃然大怒，其实这并不奇怪，说明他们对工作态度认真、情绪高昂。

如果你想在工作中面面俱到，谁也不得罪，谁都说你好，那是不现实的。因此，在工作中与其他同事产生种种冲突和意见是很常见的事，碰到一两个难以相处的同事也是很正常的。

但同事之间尽管有矛盾，仍然是可以来往的。首先，任何同事之间的意见往往都是起源于一些工作中的具体的事件，而并不涉及个人的其他方面，事情过去之后，这种冲突和矛盾可能会起因于人们的思维习惯性不同，但时间一长，也会逐渐淡忘。所以，不要因为过去的小矛盾而耿耿于怀。只要你大大方方，不把过去的冲突当一回事，对方也会以同样豁达的态度对待你。

其次，即使对方仍对你有一定的歧视，也不妨碍你与他的交往。因为在同事之间的来往中，我们所追求的不是朋友之间的那种友谊和感情，而仅仅是工作，是任务。彼此之间有矛盾没关系，只求双方在工作中能通力合作。由于工作本身涉及双方的共同利益，彼此间合作如何，事情成功与否，都与双方有关。如果对方是一个聪明人，他自然会想到这一点，这样，他也会努力与你合作。如果对方比较固执，你不妨在合作中或共事中向他点明这一点，以利于相互之间的合作。

如果你与大多数人的关系都很融洽，你可能会觉得问题不在于你这一方；你甚至发现其他人也和他们有过不愉快的经历，于是，大家对那个人的看法也会有同感，所以，你也就会了解到是那个人造成这种不融洽局面的。

当你们双方都没有花时间去进一步了解彼此，也没有创造一些机会去心平气和地阐述各自的看法，双方缺乏对彼此的信任，个人间的关系也就会不断倒退。怎样才能够改变这种局面、改善彼此的关系呢？

你不妨尝试着抛开过去的成见，更积极地对待这些人，至少要像对待其他人一样对待他们。一开始，他们也许会有戒心。你更需要有足够的耐心，因为将过去的积怨平息的确是件费功夫的事。你要坚持善待他们，一点点地改进，过了一段时间后，表面上的问题就如同阳光下的水滴一样一蒸发便消失了。

也许还有深层的问题，他们可能会感觉你曾在某些方面怠慢过他们，也许你曾经忽视了他们提出的一个建议，也许你曾在重要关头反对过他们，而他们将问题归结为是你个人的原因；还有可能你曾对他们很挑剔，而恰好他们听到了你的话，或是听闻一些人转述了你的话。那么，你该如何进行处理呢？如果任问题存在下去，将是很危险的，很可能在今后造成更恶劣的后果。最好的方法就是找他们沟通，并确认是否你不经意地做了一些事得罪了他们。当然这要在你做了大量的内部工作，且真诚希望与对方和好后，才能这样行动。

在与他们的沟通中，你可以心平气和地解释一下你的想法，比如你很看重和他们建立良好的工作关系，也许双方存在误会等等。如果你的确做了令他们生气的事，可主动地做一些自我批评，以取得对方的谅解。

或许他们会告诉你一些问题，而这些问题或许不是你心目中想的那一个问题，然而，不论他们讲什么，一定要听他们讲完。同时，为了能表示你听了而且理解了他们讲述的话，你可以用你自己的话来重述一遍那些关键内容，例如，"也就是说我放弃了那个建议，而你感觉我并没有经过仔细考虑，所以这件事使你生气。"现在你了解了症结所在，而且找到了可以重新建立良好关系的切入点，但是，良好关系的建立应该从道歉开始，你是否善于道歉呢？

如果同事的年龄资格比你老，你不要在事情正发生的时候与他对质，除非你肯定自己的理由十分充分。更好的交流办法是在你们双方都冷静下来后解决，即使在这种僵持的情况下，直接地挑明问题和解决问题都不太可能奏效。你可以谈一些相关的问题，当然，你可以用你的方式提出问题。如果你确实做了一些错事并遭到指责，就要重新审视那个问题并要真诚地道歉。类似"这是我的错"，这种话可能会赢得对方的好感而使对方与你关系得到改善。

怎样消除同事的排挤

如果有一天，你发现你的同事突然一改常态，不再对你友好，事事抱着不合作的态度，处处给你设难题刁难你，出你的洋相，看你的笑话，你就得当心了。这些信息向你传送了一个重要信号，同事在排挤你。

被同事排挤，必然有其原因。这些原因不外乎以下几种情况：

（1）近来连连升级，招来同事妒忌，所以群起攻之排挤你。

（2）你刚刚到这个单位上班，你有着令人羡慕的优越条件，包括高学历、有背景、相貌出众，这些都有可能让同事妒忌。

（3）决定聘你的人是公司内人人讨厌的人物，因此连你也会受牵连。

（4）你的衣着奇特、言谈过分、爱出风头，令同事望而却步。

（5）你过分讨好上级，而疏于和同事交往。

（6）你的存在或行为妨碍了同事获取利益，包括晋升、加薪等可以受惠的事。

你的情况如果是属于1、2项，这情况也很自然，所谓"不招人妒是庸才"，能招人妒忌也不是丢面子的事。其实只要你平日对人的态度和蔼亲切，同事们不难发觉你是一个老实正直的人，久而久之便会乐于和你交往。

另外，你可以培养自己的聊天能力，因为同事们的最大爱好之一就是聊天，通过聊天改变同事对你的态度。但聊天切忌东家长、西家短，谈论是非。

你的情况如果属于第3项，那便是你本人的不幸，只有等机会向同事表示，自己应聘主要是喜爱这份工作，与聘用你的人无关，与他更不是亲戚关系。只要同事了解到你不是"告密者"的身份，自然会欢迎你的。

你的情况如果是属于第4、5项，那么你便要反省一下，因为问题是出在你自己身上。

想要让同事改变看法，只有自己做出改善。平时不要乱发一些惊人的言论，要学会当听众，衣着也应适合自己的身份，既要整洁又要不招摇，过分突出的服装不会为你带来方便，如果你为了出风头而身着奇装异服招摇过市，这会令同事们把你当成敌对的目标。

如果是属于第6项，你要注意你做事的分寸。升职、加薪、条件改善，甚至领导一句口头表扬，都是同事们想获得的奖励，正当的竞争也在所难免，虽然大家非常努力地工作，但彼此心照不宣，谁不想获得奖励呢？

有些人之间或许会有不共戴天之仇，但在办公室里，这种仇恨一般不至于激化到那种地步。毕竟是同事，都在为着同一家单位工作，只要矛盾还没有发展到你死我活的地步，总是可以化解的。

中国有句老话："冤家宜解不宜结"。同在一家公司谋生，低头不见抬头见，还是少结冤家比较有利于你自己。不过，化解敌意也需要技巧。

嫉妒是人性的基本特征之一，只不过有的人会把嫉妒表现出来，有的人则把嫉妒深埋在心底。

嫉妒是无所不在的，朋友之间、同事之间、兄弟之间、夫妻之间、亲子之间，都有嫉妒的存在，而这些嫉妒一旦处理失当，就会形成足以毁灭一个人的烈火。不过，这里只谈朋友、同事之间的嫉妒。

朋友、同事之间产生的嫉妒大都是因为以下情况，例如："他的条件又不见得比我好，可是却爬到我上面去了。""他和我是同班同学，在校成绩又不如我好，可是竟然比我早发达，比我有钱。"……换句话说，如果你升了官，受到上司的肯定或奖赏、获得某种荣誉时，那么你就有可能被同事中的某一位（或多位）嫉妒。

女人的嫉妒会表现在行为上，说些"哼，有什么了不起"或是"还不是靠拍马屁爬上去"之类的话，但男人的嫉妒通常埋在心里，更有甚者则开始跟你作对，表现出不合作的态度。

因此，当你一朝得意时，你应该注意几件事：

在单位之中有无资历、条件比我好的人落在我后面？因为这些人最有可能对你产生嫉妒，因此你应更加谦虚谨慎。

观察同事们因你的"得意"而在情绪上产生的变化，以便得知谁有可能嫉妒。

一般来说，心里有了嫉妒的人，在言行上都会有些异常，不可能掩饰得毫无痕迹，只要稍微用心，这种"异常"很容易发现。

而在注意这两件事的同时，你也要做这些事情：

1. 别让自己高高在上，以免招致嫉妒

不要凸显你的得意，以免刺激他人的嫉妒心，或是激起本来不嫉妒你的人的嫉妒。你若过于得意忘形，那么你的欢欣必然换来遭人嫉妒的苦果。

把姿态放低，对人更有礼，更客气。

2. 低调做人

千万不可有轻慢对方的态度，这样就可降低别人对你的嫉妒，因为你的低姿态使某些人在自尊方面获得了满足。

3. 在适当的时候适当显露你无伤大雅的短处

例如不善于唱歌，字写得很差等等，好让嫉妒的人心中有"毕竟他也不是十全十美"的心理补偿。

和心有嫉妒的人沟通，诚恳地请求他的配合，当然，也要真诚地发现、赞扬对方有而你没有的长处，这样或多或少可消除他的嫉妒。

遭人嫉妒绝对不是好事，因此必须以低姿态来化解。而话说回来，嫉妒别人也不是好事，如果你有嫉妒之心，又无法消除，那么千万不要让它转变成破坏力量，因为这种力量伤人也会伤己，而且嫉妒也会阻碍你的进步。因此，与其嫉妒，不如迎头赶上对方，甚至超越对方。

第五章
掌握与下属交流的技巧

踏入领导层的圈子，你的人际关系就更为复杂了。一个出色的领导不一定是最有才能的专家，最重要的是必须善解人意、善知人性、善测人心，能够有效而又快捷地对上对下作恰如其分的应对。要做到这一点，对其办事能力便提出了更高的要求。

如何与下属谈话

与下属交谈是领导工作与应酬中经常的事，也是任何领导必须掌握的一门办事技巧。在与下属交谈时，领导至少要做到以下7点：

1. 善于激发下属讲话的愿望

留给下属讲话的机会，使谈话在感情交流过程中，完成信息交流的任务。

2. 善于启发下属讲真情实话

身为领导定要克服专横的作风，代之以坦率、诚恳、求实的态度，不要以自己的好恶而显现出高兴与不高兴的态度，并且尽可能让下属了解到，自己感兴趣的是得到真实情况，而并不是奉承的假话，这样才能消除下属的顾虑和各种迎合心理。

3. 善于抓住主要问题

谈话必须突出重点，扼要紧凑，要善于阻止下属离题的言谈并加以引导。

4. 善于表达对谈话的兴趣和热情

充分利用表情、姿态、插话和感叹词等一切手段，来表达自己对下属讲话内容的兴趣和对这些谈话的热情，在这种情况下，上司的微微一笑，赞同的一个点头，充满热情的一个"好"字，都是对下属谈话最有力的鼓励。

5. 善于掌握评论的分寸

听取下属讲述时，领导一般不宜发表评论性意见，以免对下属的讲述起引导作用，若要评论，措辞要有分寸。

6. 善于克制自己，避免冲动

下属发现情况后，常会忽然批评、抱怨起某些事情，而这客观上正是在指责领导。这时你一定要头脑冷静、清醒。

7. 善于利用谈话中的停顿

下属在讲述中常常出现停顿。这种停顿有两种情况，一种是有意的。它是下属为观察一下领导对他谈话的反应、印象，以引起上司做出评论而做的，这时上司有必要给予一般性的插话，鼓励下属进一步讲下去。第二种停顿是思维停顿引起的，这时候领导应采取反问、提示方法，接通下属的思路。

另外，在业务时间进行的无主题谈话，是在无戒备的心理状态下进行的，哪怕是只言片语，有时也会得到意外的信息。

怎样面对下属的失误

下属工作出现失误，许多领导不分青红皂白就是一顿训责。这是一种极危险的做法。正确的做法应该是：

1. 主动承担责任并及时处理

主动承担责任能体现一个领导应有的气度和修养，也能得到员工们的理解和尊敬。切不可不问青红皂白，一味指责员工，一副居高临下、盛气凌人的样子。

虽说是属下惹的祸，但你硬要他自己去收拾残局。碍于职权的限制，他恐怕也不会取得什么满意的结果，很可能问题最后还要回到你这儿。倘若你亲自去处理，由于对问题不甚了解而心里没底，同样不利于问题的解决。如果你与当事的属下共同去接待来兴师问罪的顾客，不仅大大增加了解决问题的可能性，而且你可能会受益匪浅。

首先，你的出现会赢得人心。在外人面前主动承揽责任，会减轻属下的思想包袱，他会感激你。同时也会赢得其他属下的人心，让人们看到你有敢于承担责任的勇气。其次，在解决问题和协调双方利益时，你的意见较具权威性，可以更好地维护部门利益。而你最能受益之处在于，通过此事你能掌握发生失误的具体原因，并联想到部门其他业务也可能出现的差错，以增强全局防微杜渐的意识。

2. 要宽容

对犯错误的人，需要严肃，也需要宽容。所谓宽容，就是按照允许犯错误并允许改正错误的原则办事，对犯错误的人采取宽恕的态度，实行从宽政策。特别是对于因大胆探索而造成失误、因经验不足而造成失败、因出现复杂的新情况而造成差错，更要宽容。如果偶有失误就严厉责骂，或把人撤掉，下属就会失去锐气，不敢再露头角，变成谨小慎微只求无过的人，对工作不敢进行任何创造，这样你所领导的集体自然也不会取得成绩。而且，如果犯过一次错误便毫不宽容，下级的更换势必频繁，领导岗位的稳定性、连续性将无法得到保证。这样做，实质上是不允许人犯错误。宽容是帮助的前提，不懂得宽容就谈不上任何帮助。但宽容不是无原则的迁就，不是宽大无边，而是在政策原则允许范围内，尽量做到宽大为怀。

3. 注意开导情绪、引导正确的方向

有的下属一旦出了差错，犯了错误，就陷入情绪低迷状态，把自己孤立起来，并从此一蹶不振。遇到这种类型，必须找下属做开导工作。要使其明白，出差错是难免的事。犯错误、失败都不可怕，可怕的是不懂得怎样对待错误。真正聪明、有作为的人，是善于从错误中学习的人。人若能从错误中真正学到知识，能力必然会有大的提升。在此基础上，你再指点他应该从哪里着手，先做些什么，后做些什么，以便尽快对失误进行补救，挽回丢失

的面子，以新形象出现在众人面前。

事实证明，越是自尊心强的人，越是需要领导的引导。经过引导之后，那些人爱面子的心理就会转变为奋发图强的决心。

4. 为下属改正错误创造一个有利的环境和条件

下属犯错误后本身就有一种自卑感和压抑感，情绪低落。此时，做领导的要比平时更主动、更热情地接近他，关心、鼓励他，使他坚定改正错误的决心和信心。同时还要做他周围人的工作，让大家不仅不歧视他，而且要主动接近他，使他尽早摆脱低迷的困境。

工作上如何帮助下属

每位员工的能力都不一样，所以，给员工交代工作的方法，也须按各人能力的有所不同而区别对待。把工作委任给下属去做，是非常重要的事情，但要是员工能力不足，无法顺利完成工作，那么反而让他伤透脑筋。

所以，你应按对方的能力而委派工作，一旦发现对方的工作无法顺利进行时，就要协助他、支援他。如果工作没有顺利地完成，就认为都是下属过错，那么，事情是绝不能获得改善的。

不过，也须注意支援的方法。例如：有甲、乙、丙三个员工，把交给他们的工作目标都定为100，这时，假定甲拥有60、乙拥有40、丙拥有80的能力。

由此可得知，甲的能力尚差40，为了弥补这个不足的能力，当然要给他一点支援。但是，如果给他40的支援，那就不对了。此时，不管是给他支援或是直接做指示，都只能做到30的地步，要为甲留下一点发展的空间，才是正确的做法。

如果你补充了全部不足的能力，那么，甲的能力就无法得到提升。同时，更糟糕的是，甲会认为自己每当能力不够时，你就一定会竭尽全力支援他，因此将会产生依赖的心理。而倚赖心一旦产生，就是退步的开始。

简单地说，帮助下属时，要留下可以让对方发挥才能的余地。一个人要是拼命工作，其能力自然就会增长。如果你放松对他的要求，工作上大包大揽，太过于保护员工，将得到适得其反的效果。

　　如果继续采用这种方法，那么对乙就要帮助 50，留下 10 让他自行发挥；对丙就可以不用支援，让他自己去做就行。就这样按照工作的难易程度和对方的能力，来判断他是否能顺利地完成工作。如果懂得这种现代管理方式去管理下属工作，员工就会迅速成长起来；要是主管不了解这个方法，员工将没有成长的机会。

　　然而，如果当员工有困难时不去帮助他，员工很可能就会失败，也就无法达到完成工作的目标。因此，把工作委派给员工时，须充分观察整个事件进展的状况或潜在的障碍。同时，也应该了解支援到何种程度才最恰当，并且别忘了留下让他发挥的余地。

　　简单地说，你要和下属分担工作，而更重要的是，你要留下适当的发展空间。

化解矛盾的方法

在这个世界上，矛盾无处不有，无所不在。领导无论如何优秀，与下属都会存在或多或少、或大或小的矛盾。上司与下属有矛盾是正常的，没有矛盾反而不正常。如何化解与下属之间的矛盾？——领导的思想水平，个性品质，管理才能，领导艺术，恰恰就体现在这里。

1. 正确地认识矛盾

正确认识矛盾，除了承认矛盾存在的正常性外，还要承认你与下属的矛盾是工作上的矛盾，是"人民内部的矛盾"。

2. 把矛盾消灭在萌芽状态

上下级相交往，贵在心理相容。相互在心理上有距离，内心世界不平衡，积怨日深，便会酿成大的矛盾。若要把矛盾消灭在萌芽状态并不困难。

（1）见面先开口，主动打招呼。

（2）在合适的场合，开个适当的玩笑。

（3）根据具体情况做些解释。

（4）对方有困难时，主动提供帮助。

（5）多在一起活动，不要竭力躲避。

（6）战胜自己的"自尊"，消除别扭感。

3. 允许下属发泄怨气

领导工作有失误，或照顾不周，下属当然会感到不公平、委屈、压抑。不能容忍时，他便要发泄心中的牢骚、怨气，甚至会直接地指责、攻击、责难领导。面对这种局面，你最好这样想：

（1）他找到我，是信任、重视、寄希望于我的一种表示。

（2）他已经很痛苦、很压抑了，用权威压制对方的怒火无济于事，只会激化矛盾。

（3）我的任务是让下属心情愉快地工作，如果发泄能令其心里感到舒畅，那就令其尽情发泄一番，再与他谈。

（4）我没有好的解决方法，唯一能做的就是听其诉说。即使很难听，也要耐着性子听下去，这是一个极好的了解下属的机会。

如果你这样想，并这样做了，你的下属便会日渐平静。第二天，也许他会为自己说的过头话，或当时偏激的态度而找你道歉。

4. 善于容人

假如下属做了对不起你的事，不必计较，而且在他有困难时，你还不能坐视不管。你要：

（1）尽力排除以往感情上的障碍，自然、真诚地帮助、关怀他。

（2）不要流露出勉强的态度，这会令他感到别扭。不感激你吧，不合情理，想感激你又说不出口，这样便失掉了行动的意义。

（3）不能在帮助的同时批评下属。如果对方自尊心极强，他会拒绝你的施舍，非但不能化解矛盾，还会闹得不欢而散。

得饶人处且饶人，容人者常容于人，很快忘掉不愉快，多想他人的好处，才能团结、帮助更多的下属。他们会因此而重新认识你。

5. 不要刚愎自用

出于习惯和自尊，领导总喜欢坚持自己的意见，执行自己的意志，指挥他人按自己的意愿行事，而讨厌那些你指东他往西的下属。

当上下级出现意见分歧时，用强迫的方式要求下属绝对服从自己，双方的关系便会紧张，出现冲突。战胜自己的自负，可用如下心理调节术：

（1）转移场合，转移视线，转移话题，力求让自己平静下来。

（2）寻找多种解决问题的方法，分析利弊，令下属选择。

（3）多方征求大家的意见，加以折中。

（4）假设许多理由和借口，否定自己。

6. 发现下属的优势和潜力

身为领导，最忌把自己看成是最高明的、最神圣不可侵犯的人，而认为下属毛病多，一无是处。对下属百般挑剔，看不到其长处，是上下级关系紧张的重要原因。研究下属心理，发现他的优势，尤其是发掘他自己也没有意识到的潜能，肯定他的成绩与价值，便可消除许多矛盾。

第六章
掌握与朋友办事的技巧

一个篱笆三个桩，一个好汉三个帮。人们在日常生活中会遇到许多单凭个人力量无法解决的事，朋友们可以给予你无私的帮助使你渡过人生的难关。

朋友间办事的五个原则

千里难寻的是朋友，朋友多了路好走。依靠朋友办事，有以下五个原则。

1. 信任为本

信任既包含你对友人的信任，也包括友人对你的信任。朋友之间最基本的态度就是信任。如何赢得友人的信任呢？

当别人委托你做某件事时，你应该尽力去帮别人完成，不管对方是郑重其事地嘱托，还是口头上的请求，你都应该当做自己的事情一样来处理。如果实在难以完成，应尽力完成力所能及的部分，并向对方说明不能完成的理由并表示歉意，这样你就会赢得对方的信任。

当你委托友人办事时，要充分信任对方，委托给他的事情让他以自己的方式去处理，如果对方不能完成，并诚恳地阐述了理由，就应向对方致谢之后再另想办法。

2. 理解为桥

朋友之间还需要理解，理解是朋友之间的桥梁，了解你的朋友，会使你的朋友对你推心置腹，为你两肋插刀。

春秋时期的著名政治家管仲和鲍叔牙从小就是很好的朋友。长大后鲍叔牙要管仲同他一起去做生意，管仲觉得家里穷，没有本钱，很艰难，鲍叔牙便拿出自己的钱与管仲合伙做生意，当管仲赚到的钱多得了一些时，鲍叔牙理解管仲上有老下有小、家境不宽裕的处境，丝毫不为此感到不平。后来他们都成了齐国的官员，鲍叔牙在任时间长，官职却比管仲低，别人为他不平时，他自己却很理解管仲，准备辞职以减轻管仲的压力。无怪管仲感叹地说："生我者父母，知我者鲍君也！"管仲与鲍叔牙的友情，被誉为"管鲍之交"。

君子之交，贵在相互理解。稳固的友情是建立在充分理解之上的，因此要充分理解你的朋友，不要只站在自己的角度上想问题。

3.宽容作舟

宽容是一种博大而深邃的胸怀，是人类的最崇高美德之一。《菜根谭》中有一句话："处事让一步为高，退步即进步的根本；待人宽一分是福，利人实利己的根基。"这是很有道理的话。

这个世界上形形色色的人都有，有道德高尚的君子，也有势利卑鄙的小人，人们之间发生冲突摩擦是难免的。但是以不同的态度对待冲突摩擦，却会产生截然不同的效果。有的人心胸狭窄，小仇必报，一点小的冲突也会上升为大的矛盾。而有的人则心怀宽广，容忍为先，善于大事化小，小事化了，使人们觉得他易于接触，因而朋友众多。

另外，得理不饶人绝对够不上宽容的美德。宽容的人，就算真理在手，与朋友交流时也要把调子降低三分，在不动怒的情况下和颜悦色地说服朋友。这样，你们的友情才能够得以维持，朋友也会认为你是一个心胸豁达的人。

4. 钱财分开

有些朋友之间由于交情很好，往往财物不清，"有钱同使，有衣同穿"，刚开始时感觉不错，时间长了往往会出问题，由于两个人开销会比一个人大，往往会在这方面谁多出了钱，那方面谁多占了东西等小问题上产生矛盾，久而久之，影响感情。

俗话说，亲兄弟，明算账。朋友之间的财物尽量不要混用，友情好是一回事，财物又是另一回事，在财物使用问题上，朋友之间要保持一定的距离，各人处理各人的财物，朋友之间只讲友情，不讲钱财，这样会避免一些可能发生的摩擦与冲突。

5. 适度迁就

做人应该有原则性，但是在某些条件下，适当地迁就一下朋友也是有必要的。

有时，由于某种客观因素干扰，别人虽然心存一片好心，却帮你坏了事，对于这样的情况，不要过多责怪别人，事情既然已经如此，就不必太过纠缠。但是如果事情严重伤害了自身的利益，则不能随便迁就了，而应根据事态的后果，酌情予以合理的追究，要保护自己的合法权利。

适当的"迁就"可以使你心胸宽广，使别人对你产生敬意，也可使你远离那种朋友之间耿耿于怀的折磨。

托朋友办事的五个方法

有时在你的生活中或事业中遇到一些事情，仅靠你自己势单力薄无法完成，需要靠朋友来帮忙才会成功，然而应该怎样争取朋友的支持呢？

1. 承认自己的不足，恳请朋友帮助自己

承认自己的不足，会给人一种被信任的感受，有助于对方接受你的请求。

2. 以适当的解释说服朋友

解释应简单明了，如果朋友对你的意图不理解而拒绝，适当的解释很有必要。

3. 以平等的身份来请求对方的支持

托朋友办事时不要像下命令似的差遣朋友帮你办事，而应在平等的基础上询问朋友是否愿意，或是否可以帮你办某事，这样朋友有一种被尊重的感觉，自然会愿意帮你。反之，若可怜兮兮地请求朋友帮你办事，朋友即使帮你办事，你在他的印象中也要失色不少。

4. 以朋友之情打动他

人被感动之后总是容易答应一些事情，你在托朋友办事时可以采取"感情攻势"，例如手足之情、知交之情、昔日之情、同学之情、同胞之情、战友之情，都是托人办事的良好润滑剂。

5. 以自己的实力为基础

你在托朋友办事时，如果附以自己干出的实际成绩，会显得很有说服力，也很坦诚，朋友在这种情况下，就会毫不犹豫地选择帮你。

哪些人不宜结交为朋友

前几天跟人聊天，我说："你作为赌鬼，你不是戒不了赌，你是戒不了那个叫你去赌博的人。如果你把那个人戒掉，你的赌也就戒掉了。"

老人们常说："人牵了不走，鬼牵了魂跑。"如果你是人牵了不走、鬼牵了飞跑的人，那真的要注意了。你身边的朋友可能是你人生最大的障碍，甚至是你人生走下坡路的重要祸端。就拽着你的双脚，让你永远飞不起来。应该如何提纯？如何回避？哪些朋友不能交？

1. 悖人情者不敢交

亲情、爱情都是人之常情，如果一个人的行为显示出他在人之常情中的处事态度十分恶劣，那么这种人是不能交往的。这种人往往极端自私，为达目的不择手段，并惯于过河拆桥、落井下石，因此，这种人不可交。

2. 势利小人不屑交

如果某人是非常势利、见利忘义的那种小人，这种人不适合作为朋友出现在生活中。

例如张三当总经理时，一位高层职员经常到张三家里坐坐，对张三奉承一番，外带一批上好礼物；而当张三下台，李四当上总经理时，这位高级职员马上到李四家里送礼，并数落张三的不是，将李四捧为最英明的领导。

势利小人的一个通病是：在你得势时，他锦上添花，当你失势时，他落井下石。他不懂得什么是真诚，他只看重权势与利益。因此，这种人不能交往。

3. 酒肉朋友不可交

"铁哥儿们"大碗喝酒、大口吃肉时，胸脯擂得震山响。但一旦真有啥事需要他们出手相援时，他们往往唯恐避之不及。《增广贤文》说得好：有酒有肉多朋友，急难何曾见几人。因此，"动口不出力"的酒肉朋友是靠不住的。

4. 两面三刀不能交

口里喊哥哥，手里摸秤砣；当面一套，背后一套。对这样的人应该小心防范，更别说跟他交朋友了。

《红楼梦》里的王熙凤，被人称为"明里一盆火，暗里一把刀"，表面上对尤二姐客套亲切，背地里却欲置之于死地而后快。与这样两面三刀的人交往时，应多注意他周围的人对他的反映，与这样的人在短期交往中，是很难发现这种性格特征的，但接触时间长了便会清楚明白了。

这种两面派是千万不能结交为朋友的，不然他会令你尝尽苦头。

朋友间办事的四种禁区

千里难寻的是朋友，朋友多了路好走。朋友历来是人生非常重要的助力者。在找朋友办事和帮朋友办事的过程中，我们尤其要注意少犯以下几种错误。

1. 临时抱佛脚

建立"关系"最基本的原则，就是不要与朋友失去联络。不要等到有麻烦时才想到别人，"关系"就像一把刀，常磨常用才不会生锈。若是长时间不联系，你们的朋友之情可能逐渐淡化。因此，主动联系就显得十分重要。

许多人都有这样的经历，当你发生了困难，认为某人可以帮你解决，本想马上找他，但后来想一想，过去有许多时候本来应该去看他的，结果没有去，现在有求于人就去找他，会不会太唐突了？甚至因为太唐突而遭到他的拒绝？这叫"平时不烧香，临时抱佛脚"。佛即使有再大的灵性，大约也不会帮你。

2. 有求必应

我们经常会陷入自寻烦恼的思想斗争中去是因为我们跳入别人的问题中去了。某人投给你一个忧虑，而你认为你必须接住它，并做出反应。例如，你实在很忙，这时一个朋友打电话来，用一种激动的腔调说："我的妈妈简直让我发疯。我该怎么办？"你不是说："我实在很难过，但我真的不知道该提些什么建议。"而是自动地接住这个球，并尽力去解决这个问题。然后，你感到压力重重或怨恨自己完不成计划，似乎所有人都在向你提出要求。

记住，"你不必一定要去接住这个球"，这是消除你生活中压力的一个非常有效的办法。当你的朋友来电话，你可以放下这个球，意思是，你不必仅仅因为他或她在请你加入，你就必须参与进去。如果你不吞下这个诱饵，那个人可能就会打电话给别人，看看他们是否会卷进来。

这并不是说你永不接球，只是说你这样做，是出于自己的选择。这也不意味着你不关心朋友，或是说你麻木不仁或毫无用处。建起一种更静的生活观，要求我们了解自己的极限及对此过程中我们应该在哪一部分负起责任来。我们的生活中每天许多球投向我们——在工作中或来于我们的子女、朋友、邻居、销售人员甚至是陌生人。如果我们接住所有投向我们的球，我们肯定会发疯的！关键是要知道，什么时候才去接另一个球，这样我们才不会感到被拖累、怨恨，或被压垮。

如果我们在朋友面前，被迫得"非答应不可"，而实际上明知这事自己无法适应时又怎么办？

对于自己根本没有能力办到或不想办的事情，最好及时地回绝。拒绝并不是简单地说一句："那不行"，而是要讲究艺术：既拒绝了对方的不适当要求，又不致伤害对方的自尊，也不损害彼此的关系。

须知，许了的愿，就应努力做到。因一时怕对方失望，乱开

"空头支票"，愚弄对方。一旦自食其言，对方一定会更加恼火。

3. 热情过度

物极必反的道理同样适用于朋友之间的交往。

杰西克婚姻上遇到麻烦，妻子离开了他，投入了情人的怀抱。杰西克像所有被抛弃的男子一样，有点丧失事智，借酒浇愁，每天一下班就缠着希尔去酒吧，希尔的妻子为此常常抱怨他。为了躲避他，希尔与妻子躲进了旅馆，他知道今晚再也见不到那张熟悉的面孔了。

希尔解释说："我和杰西克的友谊是公司所有人都知道的，我们白天在一起工作，讨论问题经常会使我们口干舌燥。杰西克是个重友情的人，最早时，我们经常下班后去外面吃晚饭，顺便谈一些轻松的话题，后来我厌倦了，开始推托回家。

"可怕的是，在我借故离开后，他追到我的家里，他不再喝酒，只是没完没了地向我介绍他的想法，并经常说：'我们是世界上最好的朋友，胜过夫妻和所有的合伙人'。我不得不点头。

"天啊！这种事竟然持续了半个月，我和妻子的忍受力像加压的玻璃瓶马上就会爆炸，于是我在家里对杰西克的谈话置之不理，可这不能阻止他的谈话，并增添了他的抱怨，他说，不管怎么样希望我不要抛弃他。

"我和妻子商量了很长时间，决定在不能去欧洲旅行之前，只好先住进旅馆，等到杰西克恢复正常再说，其实，我心里十分清楚，他根本就没有什么不正常。只是希望我们的友情胜过一切，但他从来就没有注意一下我妻子气愤的眼睛。"

也许有很多人遇到过这种情况，朋友的热情让你害怕甚至恐惧。《友谊自天而降》一书中说："朋友之间各自的家庭、工作和其他社会环境，都不尽相同。作为朋友，如果不考虑实际，以自我为中心，强求朋友经常在一块与你厮守，势必会给他带来困难。"

此外，人与人之间的差异是必然存在的，交往的次数越是频繁，这种差异就越是明显，过分的形影不离会让最要好的朋友也厌烦你，以致最终离你而去。

4. 毫无顾忌

吃朋友的饭，穿朋友的衣，吃朋友的亏。人最容易在自己最好最亲密的朋友身上吃亏。

正如安全的地方，人的思想总是最松弛一样，在与好友交往时，你可能只注意到了你们亲密的关系在不断成长，每每在一起无话不谈。对外人你可以骄傲地说："我们之间没有秘密可言。"但这一切往往会对你造成伤害。

刘璐上大学后便违背了父母的意愿，放弃了医学专业，专心于创作。值得庆幸的是，偶然的机会她遇到了知名的专栏作家潘迪，她们成了知心朋友，无所不谈，潘迪悉心指教，刘璐不久便寄给了父母一张刊登自己文章的报纸。

一个人在挫折时受到的帮助是很难忘记的，更何况是朋友。刘璐与潘迪几乎合二为一了，一同参加鸡尾酒会，一同去图书馆查阅资料。刘璐把潘迪介绍给她所认识的人。

但这时潘迪面临着不为人知的困难，她已经拿不出与其名声相当的作品了，创造源泉几乎枯竭了。

当刘璐把她最新的创作计划毫无保留地讲给潘迪听时，她心里闪过了一丝光亮。她端着酒杯仔细听完，不停地点头，罪恶想法就产生了。

不久，刘璐在报纸上看到了她构思的创作，文笔清新优美，署名是"潘迪"。刘璐谈到她当时的心情时说：

"我痛苦极了，其实，如果她当时给我打一个电话，解释一下，我是能够原谅她的，但我整整面对那张报纸等了三天，也没有任何音讯。"

半年之后，刘璐在图书馆遇到了潘迪，她们互相询问了对方的生活，以免造成尴尬。然后很有礼貌地握手告别。

自那件事以后，她们两个人全都停止了创作。

好友亲密要有度，切不可自恃关系密切而无所顾忌，正如中国一句古话"见面只说三分话，未可全抛一片心"。亲密过度，就可能发生质变，好比站得越高跌得越重，过密的关系一旦破裂，裂缝就会越来越大，好友势必造成冤家仇敌。

第七章
感恩做人，低调处世

在我们身边，为什么有的人活得那么累？有的人却活得那么轻松呢？活得累的人，不一定是穷人，不一定是恶人；活得轻松的人，不一定是富人，也不一定就是好人。但是，为什么有的人就那么招人喜欢，而有的人就那么让人厌恶呢？

其中，有一个如何做人的问题。人要想活得不累，活得自如，活得让人喜欢，最简单不过的办法，就是学会感恩做人、低调处世。感恩做人和低调处世，可以让你与周围的人和谐相处，还能让自己厚积薄发，终有一天会破茧成蝶。

做人要懂得感恩

物欲炽热、人心浮躁，似乎不少人已经淡忘了"感恩"二字。大家都喜欢伸出双手说："给我，给我！"却不愿说："拿去，拿去！"那些要了还想要，总是不满足的人，怎么知道感恩呢？

在大山的深处，有一对相爱的年轻恋人。姑娘家境较好，小伙子是邻村十多里外的一个孤儿，家中一贫如洗。两人的恋情被姑娘的家长得知后，姑娘的母亲找到了小伙子的家，搬条凳子在他的家门口骂了三天三夜，谁也无法劝阻。乡下妇女的嘴巴，自然是什么脏话丑话都讲得出口的。有道是"贫贱夫妻百事哀"，其实贫贱的恋人又何尝有好日子过？就算你们甘于过贫贱而又平静的日子，也总有人让你们不得安宁。

小伙子无奈，只得走出深山，外出求发展。出门在外的艰辛自不必多提，多年以后，小伙子拥有了一家工厂。他一直单身，单身的原因不是经济问题，而是心里总是放不下昔日的恋人。刚出门的头几年，因为日子一直过得窘迫，不好意思回乡，也觉得没脸联系昔日的女友。后来慢慢地发达了，又因为时间的久远而心生犹豫：她嫁了吗？一定嫁人了吧？乡下的女人快到三十岁若还没嫁出去，流言成天会如刀子一样往她身上戳。而如果嫁了的话，我再联系她，岂不是扰乱她平静的生活？

小伙子这时已经年届三十了，想的事自然会长远些，做的事自然也会稳重些。应该理解他的谨慎与犹豫，这是一个理性男人正常的反应。于是，在犹豫之中，时间又过去了几年。伴随而来的是：小伙子的事业也做大了不少，工厂从小到大，资产上了百万。

三十多岁的男人——这样称他为小伙子似乎不太恰当了，终于在事业完全步入正轨后，冷静地梳理了自己的感情。他决定回一次家，给困扰在自己心头十多年的感情一个交代。

于是，在大山中的乡村小道上，男人驾驶一辆帕萨特回到了家乡。刚到姑娘家时，男人还没有停车就看到了姑娘的身影。姑娘还是那个姑娘，没有嫁；男人还是那个男人，没有娶。后来的情节的发展自然是皆大欢喜。值得一提的是，姑娘的母亲对女婿一再赔不是，男人却说："不，我理解您当时的心情，谁不希望自己的孩子找一个好的人家呢？同时，我要感谢您，是您让我有了今天，也是您为我生养了我至爱的妻子。"是啊，没有岳母，他哪会走出大山？即使走出了大山，哪会有那股子冲劲和闯劲？最重要的是，没有岳母，哪里有妻子？

说完之后，男人转身对妻子说："还有，我要感谢你，感谢你在我一贫如洗时看上我，是你的爱给了莫大的勇气与毅力。"

这是一个略带忧伤的喜剧。类似的剧情在我们生活中其实经常上演，只是有的演成了喜剧，有的演成了悲剧。其中的细微差别往往是：是否有一颗感恩的心。一个有感恩之心的人，看待问题不会偏激，想事情不会光顾自己。这样的人，谦卑平和而又优雅。

心存感恩，生活中就会少些怨气和烦恼；心存感恩，心灵就会获得宁静和安详。心存感恩地生活，就会敬畏地球上所有的生命，珍爱大自然一切的恩赐，时时感受生活中众多的"拥有"，而不是缺少。

做人要低调

低调做人意味着你要放弃许多架子，放弃许多充大、装相、张扬和卖弄的虚荣表现，放弃许多假正经、假道学、假圣人的虚伪面孔。

人人都有架子，只是架子有大小、多少区分以及所针对的人或事不尽相同罢了，无论家庭、单位、社会，架子都无处不在。褒义上的架子应当是尊严、气质、性格上的完美结合，体现了真、善、美的展示；贬义的架子则是庸俗、高傲、手段的个性张扬，体现的是假、恶、丑的一面。放下架子，就是要在生活当中摒弃贬义上的架子，还人的本来面目，崇尚人间美好、和谐、真诚的传统，使我们本身具有的人格魅力一览无余，这也是处世平等、人性化的根本要求。

俗话说："骡马架子大了能驾辕，人架子大了不值钱。"人们还把架子戏谑为"臭架子"，可见对其厌恶之深。常听人们说"某某人没架子"，这是对一个人发自内心的褒奖。而那些有一定权势有一定地位的人，念念不忘自己的"身份"，常常放不下架子，总好摆谱，以为那样能显示自己的"身价"与"威风"，结果摆来摆去，反倒让人觉得是一种虚伪和浅薄。

人一旦有了架子，就好比盖楼时搭的架子，架子可以把人抬到与楼一般高，没有了架子，人就达不到那样的高度。但有了"架子"很不方便，弯不下腰，转不了身，脖子和眼睛都不灵活。"架子"看上去威风得很，其实虚弱得很。

赵玉平老师在《百家讲坛》曾经讲过龙永图的故事。

我国前外贸部副部长、博鳌亚洲论坛秘书长龙永图，曾多次谈起他在国内外两次不同的经历。这两次经历给他留下了深刻的印象，让他进一步认识到了什么叫放下架子。

一次，龙永图乘飞机去某地开会，登机前在候机室里休息。突然传来一阵十分嘈杂的声音，热闹的气氛顿时弥漫了整个候机室，吸引了众多旅客好奇的眼球。龙永图也和大家一样，不由得近前观看。这一看，再一打听，令他十分震惊：原来是某县一位县委书记要出国"考察"，属下几十号人为了向领导献殷勤，争先恐后地前来送行。

出差回来后，他和同事谈起此事，感触颇深：这就是角色意识的一种错位，错得令人生厌，令人可怕！

龙永图经常出国参加一些国际性会议。他十分讨厌讲排场，也讨厌没完没了的致辞，而最喜欢人家这样介绍自己："这是来自中国的龙永图，下面请他讲讲中国经济。"

一次，他出席一个国际性会议，地点设在意大利的一小镇，会场上既无豪华摆设，更没有设领导席、嘉宾席，大家都坐着一样的普通长凳，就像农村开会时坐的长凳一般。与会者全是国际上有头有脸的重要人物，他们按照到来的先后顺序随意就座。龙永图刚在一条长凳上坐下，随后有一老太太独自进来，向他礼貌地点了点头，然后很自然地坐在他的旁边。这时会议还没有开始，老太太与他寒暄了很长时间。

龙永图一直忘了问老太太的身份。会议结束后，他向会议组织者打听，"请问，刚才坐在我旁边的那位和蔼可亲的老太太是谁？"

会议的组织者对他的提问感到十分惊讶，反问龙永图："你真的不认识她吗？"

龙永图如实回答说："不认识。"对方这才说："她就是荷兰女王啊！"

对于这件事，龙永图感触颇深：她哪里像个女王啊？丝毫没有王者的气派和威严，简直就是一位邻家大妈！这也是角色意识的错位，但错得让人可爱可亲可敬！

成功者往往是恪守低调作风的典范。低调的人容易被人接受。低调做人不仅是一种境界、一种风范，更是一种思想、一种哲学，需要把架子完全抛弃。

从一定意义上讲，放下架子，就是自己解放自己，只有这样，才能放下包袱，轻装前进。一个人真正放下了架子，就会真正正视现实，在人生道路上就能多几分清醒，就能带来缘分、带来机遇、带来幸福。放下架子即智慧，放下架子即欢乐，放下架子即财富。

有一位中专毕业生，刚开始在一家公司应聘了一份低薪的体力工作，几个月后，老板逐渐发现其能力不俗，于是委以重任，而该中专生因为有了基层工作的积累，在高管的位子上一点架子都没有，工作开展得如鱼得水，成就非凡……在此，我们需要效仿的，除了"低就"的就业策略，更重要的是成熟、务实的心态。有些人认为放下了架子就会丢了面子，有了面子就可以端起架子。殊不知，如果真能放下架子，说不定会争得更多的面子。

将心比心，以心换心，谁也不会因为你放不下架子反而会给足你面子。所以看轻面子，放下架子，踏踏实实做事，轻轻松松做人，岂不乐哉！

低调是一种优雅的人生态度。它代表着豁达，代表着成熟和理性，它是和含蓄联系在一起的，它是一种博大的胸怀、超然洒脱的态度，也是人类个性最高的境界之一。

有本事的人不吹嘘

有些人为了赢得别人更多的关注、认同和推崇，或为了向他人推销和兜售自己，不惜哗众取宠，竭尽鼓吹和炫耀自己之能事，大谈当年如何春风得意，却矢口不提碰霉头、掉链子的困窘；大谈当年过五关、斩六将的豪壮，却从不提败走麦城的狼狈。

诚然，卖弄自己之能，吹嘘自己的风光之事和得意之事，能赚到一些艳羡，却也会招来一些妒忌、反感甚至厌恶。爱自我夸耀的人，是找不到真正的朋友的。因为他自视清高，鄙视一切，不大理会别人的意见。这种人只会吹牛，朋友们避之唯恐不及。这种人常自以为最有本领，觉得干什么都没有人比得上他，瞧不起别人，结果使自己成为孤立者。

小乌贼长大了，乌贼妈妈开始教它怎样喷"墨汁"来保护自己。

乌贼妈妈说："每只乌贼都有自己的墨囊，在遇到敌人时，可以喷发墨汁来掩护我们逃跑。"小乌贼在妈妈的指导下，果然能喷出又黑又浓的墨汁了。

自从小乌贼学会了喷墨汁的本领，就总是向它的伙伴小海蛾、小海参、小虾鱼炫耀自己。小海参说："小乌贼，喷墨汁确实是你的本领，但也不应该总是拿出来炫耀啊！你应该学一些新的本领。"小乌贼听了很不服气地说:"真讨厌,用得着你来教训我。"然后它发怒了,喷出一股浓浓的墨汁,它的小伙伴们吓得东躲西藏,还把附近的海面弄得乌烟瘴气的,自己也搞不清方向了。这个时候,一条大鱼向它扑了过来,小乌贼急忙喷墨汁,但是它的墨囊里已经没有墨汁了,看着大鱼越来越近,小乌贼慌了。就在这关键时刻,小海参冲了过来喊道:"小乌贼,快闪开。"就在大鱼马上要吃掉小海参的时候,小海参丢出来一串肠子。

大鱼离开后,小乌贼羞愧地说:"小海参,原来你也有保护自己的方法啊!"小海参说:"抛给敌人肠子是我们保护自己的本能,没什么好炫耀的,好多生物的本领都比我们强很多。"小乌贼听后惭愧地低下了头。

真正有本事的人很少向别人炫耀自己。西班牙哲学家格拉西安所著的《智慧书》上说:不要对每个人都显露同样的才智;事情需要多大的努力就只付出多大的努力。不要徒费你的知识和才德。优秀的养鹰者只养自己用得上的鹰。不要天天露才显能,否则要不了多久,人们再也不觉得你有什么稀奇处。所以你总是要留有一些绝招。假如你能经常崭露那么一点点新鲜的才华,则人们就总是会对你抱有期望,因为他们弄不清你的才华究竟有多么的深广。

有一个大学毕业生,头脑灵活、思路敏捷,看起来确实很聪明,也很能干。一次,他去一家大宾馆应聘。主持面试的客户部经理,在同小伙子谈完一般情况后,便问道:"我们经常接待外宾,是需要外语的,你学过哪门儿外语,水平如何?""我学过英语,在学校总是名列前茅,有时我提出的问题,英语老师都支支吾吾地答不上来!"他不无自豪地说。经理笑了一下又问:"做一个合格的招待员，还要有多方面的知识和能力，你……"经理的话还没说完，他便抢着说："我想是不成问题的，我在校各门学习成绩都不错，我的接受能力和反应能力都很快，做招待员工作绝不会比别人差。""那么说，就你的学识来说，当一名招待员是绰绰有余了？""我想，是这样。""好吧，就谈到这里，你回去等消息吧。"大学生沾沾自喜地回去等消息了，可等到的消息却是不录用。

小伙子本来想自夸一番，以便获得经理的信赖，没想到结果是抬高自己，反而给别人留下坏印象，失去了别人的信任。一个人若真正具有某种本领或才智，早晚会有施展的舞台，是会得到别人的公正赞许的，这赞美的话只有出自别人之口，才具有真正的价值。

滥用夸张的词语是不明智的，这种词语既悖真理，又使人对你的判断心存疑虑。说话夸大其词，等于是把赞美的词儿到处乱扔，这暴露出你知识欠缺、品位不高。夸大其辞招来好奇心，好奇心产生欲望，等后来人们发现你言过其实时，常常会因此感到他们原来的期待心受了愚弄，于是生出报复心理，将赞美者和被赞美者一股脑儿踏倒。所以，谨慎的人知道节制，与其言过其实，不如言之未足。真正的卓越非凡十分罕见，所以你不宜滥下褒词。言过其实等于是一种说谎，可能会毁坏别人原本以为你有真才实干的印象，或者甚而至于毁坏你智慧过人的名声。

总之，一个人在为人处世之中尽量少谈自己风光的事，实在要谈，也要看对象和场景，切勿给人造成出风头、强显自己的印象。与其炫耀自己之能，不如夸赞他人之功，把荣耀给身边的人，把风光给同行的人，也许会赢得更多称许和美誉。

老鹰站在那里像睡着了，老虎走路时像有病的模样，这就是他们准备狩猎前的伪装。所以一个真正具有才德的人要做到不炫耀，不显才华，这样才能很好地保护自己。

第八章
尊重别人就是尊重自己

你要面子，我也要面子。要怎样才能你有面子、我也有面子？

有句老话这样说：你敬我一尺，我敬你一丈。这句老话说明了"我敬你"与"你敬我"之间的辩证关系，说明要获得尊重，首先要懂得尊重别人。

让别人有了面子，别人自然也会投桃报李，让你也有面子。反之，大家为了面子争得个斗鸡眼似的，结局自然是满地鸡毛、一片狼藉。

死要面子活受罪

托人办事找面子，受人之托靠面子，吃喝穿戴讲面子，风花雪月看面子，左右逢源有面子，前呼后拥显面子，欲盖弥彰假面子，不好意思爱面子…

面子贴在我们脸上，像一层纸，薄薄的，但我们始终难以捅破它。常言道："死要面子活受罪"，太爱面子的人，不断给自己脸上增加面具，以至于常常为面子所累、所害。

三国时期，曹操实际上拥有皇帝之权，一切朝政大事皆由他掌管。献帝只是后宫的男主人，有时甚至连后宫也管不了。一切生杀大权都在曹操手上，只不过曹操还缺一件黄袍子罢了。这时孙权来信怂恿曹操称帝。曹操不上当，袁术却傻乎乎地在公元197年称帝。结果，引来各路诸侯争相讨伐，不到三年就死于亡命途中。袁术真应了曹操的话"慕虚名而处实祸"！俗话说"人活一张脸，树活一身皮"，要面子是人之常情。但是，千万不能把"要面子"与"死要面子"混为一谈。真理迈过去一步就是谬论，从"要面子"迈过去一步，变成了"死要面子"。而"死要面子"，其结果往往是"活受罪"。

留心观察我们的周围，就会发现，有很多死要面子活受罪的人。比如，一个人遇到一个朋友来借钱，自己没有财力，为了不让朋友瞧不起，从邻居那里借来钱给了那位朋友。这个人觉得拒绝别人的要求，就是无能的表现，为了维护自己的尊严宁可让自己受罪或损失，只有这样才让人觉得很了不起，虚荣心也得到了很大的满足；又如，一个刚刚发财的个体户，首先考虑的不是扩大再生产而是购买一辆奔驰或宝马之类的好车，威风八面，不然总担心谈判时别人瞧不起；还比如，我们在宴请宾客的饭桌上，为了显示对客人的尊重，不断地点菜，丰盛之至，总觉得剩下的越多就越有面子，吃得一干二净就是没有面子，以至于铺张浪费。

要面子是攀比心理的伴生物，总是怀着一种不比别人差或超过别人的心理，来显示自己的价值。其实，这种不务实际的心理焦虑，等于为自己设置障碍。人各有所长，也各有所短。以己之短，追慕他人所长，常常力所不及。如果能够摒弃这种以虚假的幻象来掩盖自己的攀比心理，就会正确地认识自我，发现自己的长处，感觉到别人也有不如自己的地方，不再为自己不如别人而苦恼。只有具备这种心态，才能自得其乐，摆脱心理焦虑的苦恼。

打肿自己的脸，红肿之处肌肉丰满，红光满面，绝对是一副大亨发达的模样，容不得别人有半点怀疑。但是，他内心深处却在火辣辣的疼痛，在别人的夸奖中独自吞咽着这实实在在的苦果。

西汉时，有个叫胡常的老儒生和儒生翟方进一起研究经书。胡常先做了官，但名誉不如翟方进好，在心里总是嫉妒翟方进的才能，和别人议论时，总是不说翟方进的好话。翟方进听说了这事，就想出了一个应付的办法。

胡常时常召集门生，讲解经书。一到这个时候，翟方进就派自己的门生到他那里去请教疑难问题，并一心一意、认认真真地做笔记。一来二去，时间长了，胡常明白了，这是翟方进在有意地推崇自己，给自己面子。想到这里，胡常心中十分不安。后来，在官员中间，他再也不去贬低而是赞扬翟方进了。

如果说翟方进以尊敬对手的方法转化了一个敌人，那么王阳明则凭给面子保护了自身。明朝正德年间，朱宸濠起兵反抗朝廷。王阳明率兵征讨，一举擒获朱宸濠，建了大功。当时受到正德皇帝宠信的江彬十分嫉妒王阳明的功绩，以为他夺走了自己大显身手的机会，于是，散布流言说："最初王阳明和总督军朱宸濠是同党。后来听说朝廷派兵征讨，才抓住朱宸濠以自我解脱。"想嫁祸并抓住王阳明，作为自己的功劳。

在这种情况下，王阳明和总督军张永商议道："如果把擒拿朱宸濠的功劳让出去，可以避免不必要的麻烦。假如坚持下去，不做妥协，那江彬等人就要狗急跳墙，做出伤天害理的勾当。"为此，他将朱宸濠交给张永，使之重新报告皇帝：朱宸濠捉住了，是总督军们的功劳。这样，江彬等人便没有话说了。

王阳明称病休养到净慈寺。有了面子的张永回到朝廷，大力称颂王阳明的忠诚和让功避祸的高尚事迹。皇帝明白了事情的始末，免除了对王阳明处罚。王阳明扯下自己的面子给别人，避免了飞来的横祸。

在给人面子时，紧紧抓住这两点，找到别人最在乎的东西并以适当的途径和方式满足对方，往往会使别人感到一种超乎寻常的满足，别人对你提供的东西满意，你也就能从中获得极大的好处，达到自己的原来目的。

19世纪法国大作家雨果曾说过："世界上最宽阔的东西是海洋，比海洋更宽阔的是天空，比天空更宽阔的是人的心灵。"我们应该像大海一样笑纳百川，像天空一样任鹰翱翔，像高山一样簇拥群峰，摒弃自大、自负和自满，毫不吝啬地对别人的才智、德操、品行送上一句由衷的赞美吧。

不要揭人之短

金无足赤，人无完人；凡人皆有其长处，亦必有其短处。对待他人的短处，不同的人则有不同的方法。有的人在与他人的谈话中，尽量多谈及对方的长处，极力避免谈及对方的短处；也有的人专好无事生非，兴波助澜，有声有色地编造别人的短处，逢人便夸大其词地谈论别人的短处；有的人虽无专说别人短处的嗜好，但平时却对此不加注意，偶尔也不小心谈到别人的短处。

每一个人都有自身无法消除的弱点，就像个子矮是天生的一样。如果我们老是把眼光盯在别人的弱点上，总是将别人的弱点当成攻击的对象，那么只会出现两种情况：一是别人不愿意再与你交往。如此一来，你的朋友会越来越少，别人都躲着你，避开你，不与你交往，直到剩下你自己孤家寡人一个。二是别人也对你进行反攻，揭露你的短处。这样势必造成互相揭短、互相嘲笑的局面，进而发展到互相仇视。如此结局，相信没有人愿意"享受"。

在我国历史上，传说有所谓"逆鳞"之说。据说在龙的喉部下，大约直径一尺的部位上长有"逆鳞"。这是龙身上最痛的地方，如果有谁不小心触摸到这一部位，必定会被激怒的龙所杀。

事实上，无论多么高尚伟大的人，身上都有"逆鳞"存在，这就是每个人身上最不愿意被提及的痛处。一旦这个痛处被击中，必定会引起他们的剧痛与反击。所以，有一句俗语说：打人莫打脸，揭人莫揭短。打人不打脸，骂人不揭短。没有一个人愿意让别人攻击自己的短处。若不分青红皂白，一味说对方的短处，其结果往往是引发唇枪舌剑，两败俱伤。

有位文化界人士，每年都会受邀参加某单位的杂志评鉴工作，这工作虽然报酬不多，但却是一项荣誉，很多人想参加却找不到门路，也有人只参加一两次，就再也没有机会了。问他为何年年有此"殊荣"，他在退休后才终于公开秘诀。

他说，他的专业眼光并不是关键，他的职位也不是重点，他之所以能年年被邀请，是因为他很会给"面子"。他说，他在公开的评审会议上一定把握一个原则：多称赞、鼓励而少批评，但会议结束之后，他会找来杂志的编辑人员，私底下告诉他们编辑上的缺点。因此，虽然杂志有先后名次，但每个人都保住了面子。而也就因为他顾虑到了别人的面子，因此承办该项业务的人员和各杂志的编辑人员，大家都很尊敬他、喜欢他，当然也就每年找他当评审了。

在社会上行走，"面子"是一件很重要的事，为了"面子"，小则翻脸，大则会闹出人命。如果你是个只顾自己面子，却不顾别人面子的人，那么你必定会为此付出沉重的代价。

在我们与人相处时，即使知道对方的这些短处，也应当尊重他们，不能有意或无意中伤害他们。不张扬或挖苦他人的短处，不仅体现了你的品质和修养，还会使这些人对你敬重有加，从而更愿意向你倾吐生活中遇到的烦恼和困惑。

得理须让人

不知你有没有发现：人们对待自己的过错，往往不如对待别人那样苛刻。原因当然是多方面的，其中主要原因可能是我们对自己犯错误的来龙去脉了解得很清楚，因此对于自己的过错也就比较容易原谅；而对于别人的过错，因为很难了解事情的方方面面，所以比较难找到原谅的理由。

大多数人在评判自己和他人时，不自觉地用了两套标准：恕己从宽，责人从严。例如：如果我们发现了旁人说谎，我们的谴责会是何等严酷，可是哪一个人能说他自己从没说过一次谎？也许还不止一百次一千次呢！

或许是生活中有太多需要忍耐的不如意：被老板骂了，被妻子怨了，被儿子气了……这些都似乎需要无条件忍耐。有的人忍一忍，气就消了；有的人忍耐久了，心中的不平之气就如堤内的水位一样节节攀升。对于后者来说，一旦逮得一个合理的宣泄口子，心中的怒气极易如洪水决堤般汹涌而出，还美其名曰"理直气壮"。

做人要学会给他人留下台阶，这也是为自己留下一条后路。每个人的智慧、经验、价值观、生活背景都不相同，因此在与人相处时，相互间的冲突和争斗难免——不管是利益上的争斗还是非利益上的争斗。大部分人一陷身于争斗的旋涡，便不由自主地焦躁起来，一方面为了面子，一方面为了利益，因此一旦自己得了"理"便不饶人，非逼得对方鸣金收兵或竖白旗投降不可。然而"得理不饶人"虽然让你吹着胜利的号角，但这也是下次争斗的前奏，因为这对"战败"的一方而言也是一种面子和利益之争，他当然要伺机"讨要"回来。

最容易步入"得理不让人"误区的，是在能力、财力、势力上都明显优于对方时，也就是说你完全有本事干净利落地收拾对方。这时，你更应该偃旗息鼓、适可而止。因为，以强欺弱，并不是光彩的行为，即使你把对方赶尽杀绝了，在别人眼中你也不是个胜利者，而是一个无情无义之徒。

《菜根谭》中说："锄奸杜佞，要放他一条生路。若使之一无所容，譬如塞鼠穴者，一切去路都塞尽，则一切好物俱咬破矣。"所谓"狗急跳墙"，将对方紧追不舍的结果，必然招致对方不顾一切地反击，最终吃亏的还是自己。给对方留有余地，这也算是一种让步的智慧吧。

有一位哲人说过这么一句引人深思的话："航行中有一条公认的规则，操纵灵敏的船应该给不太灵敏的船让道。我认为，人与人之间的冲突与碰撞也应遵循这一规则。"

人不自嘲非君子

自嘲，顾名思义，就是自己嘲笑自己，拿自己开涮，让别人跟着乐。

美国一位身材肥胖的女士曾经这样自我解嘲："有一次我穿上白色的泳装在大海里游泳，结果引来了俄罗斯的轰炸机，以为发现了美国的军舰。"引得听众哈哈大笑。这种自揭其短、自废武功的话语，使得大家根本就不会认为她的胖是丑，都将注意力集中在她的风趣上。结果，肥胖不再是她的劣势，反而成为她的特点，使她在社交中游刃有余。

自嘲是一个人心境平和的表现。它能制造宽松和谐的交谈气氛，能使自己活得轻松洒脱，使人感到你的可爱和人情味，从而改变对你的看法。

李老师去上课，他刚推开虚掩着的门，门上掉下的一把扫帚正好打在他身上。面对学生的恶作剧，李教师并未火冒三丈，而是俯身捡起扫帚，轻轻拍了拍衣服，然后笑着对大家说："看来我的工作问题不少，连不会说话的扫帚也向我表示不满了。虽然这不一定是最好的表达方式，但对我敲打一下也未必不是好事。只是希望今后还是当面多提意见的好，我一定会虚心接受的。"李老师豁达大度的自嘲，既帮助自己摆脱了窘境，缓和了课堂的紧张气氛，又和谐了师生关系，为恶作剧的学生创造了一个自我教育的机会。

人的一生，是很难一帆风顺，事事顺意的。面对各种挫折和不快，自卑和唉声叹气固然无补于事，一味遮掩辩解又会适得其反，最佳的选择恐怕就是幽默的自嘲了。君不见，"光头谐星"凌峰不就是用"长得难看出名"，"使女同胞达到忍无可忍的程度"，这么几句自嘲的话，而令春节联欢晚会上的观众发出会心的微笑，进而接受他、喜爱他的吗？

君子处世要有大气。所谓大气，就是豁达，就是舍得。不斤斤计较，不过分认真，多想自己的缺点和无能，舍得拿自己开涮。

威廉对公司董事长颇为反感，他在一次公司职员聚会上，突然问董事长："先生，你刚才那么得意，是不是因为当了公司董事长？"

这位董事长立刻回答说："是的，我得意是因为我当了董事长，这样就可以实现从前的梦想，和董事长夫人同床共枕。"

董事长敏捷地接过威廉取笑自己的靶子，让它对准自己，于是他获得了一片笑声，连发难的人也忍不住笑了。

自嘲不伤害任何人，因而最为安全。你可用它来活跃气氛，消除紧张；在尴尬中自找台阶，保住面子；在公共场合表现得更有人情味。总之，在社交场合中，自嘲是不可多得的灵丹妙药，别的招不灵时，不妨拿自己来开涮，至少自己骂自己是安全的，除非你指桑骂槐，一般不会讨人嫌。智者的金科玉律便是：不论你想笑别人怎样，先笑你自己。

人不自嘲非君子。能够舍得拿自己开玩笑的人，是一个自信、平和、睿智、讨人喜欢的人。

第九章
由内而外散发的真诚最吸引人

真诚是通向荣誉的路——19世纪时，法国小说家爱弥尔·左拉如是说。

所谓做人要真诚，指的是一个人的思想、品格、言行都要发自内心、自然而然地表现出来。不加修饰，由内而外散发的美，才是最吸引人的、光彩夺目的美。

真诚的反面是虚伪，自欺欺人。靠戴假面具过日子，虚伪矫饰的人一生都在演戏，给人留下伪佞可憎的形象，自己也会因此丧失心灵的本性，忍受心理上的折磨。只有真诚坦率的人才会不失本色，才能自然具有人格魅力。

真诚具有惊人的魔力

　　一个人说话诚实，做事诚实，内心真诚，就会令人信服，故真诚可以消除隔阂，化解矛盾，促进人际关系的和谐团结。古人有"精诚所至，金石为开"的格言，这是说精诚的力量可以贯穿金石，何况人心呢。至诚之心的确有巨大的精神力量。三国时，诸葛亮对孟获七擒七纵，终于使孟获心悦诚服，化解了汉族和少数民族长期积存的矛盾，便是一个有说服力的例证。

　　今天，我们仍然要实行真诚待人的原则。上级要以诚对待部属，父母要以诚对待子女，企业经营者要以诚对待顾客，每一个人都要以诚对待同事和朋友……以诚待人，才能得到友谊和真情，才能得到别人的信任和尊敬。人际交往如果离开诚实的原则，相互欺骗，尔诈我虞，那么，人世间便不会有真情，更不会有团结紧密的人际关系了。

　　真诚的低层次要求是不说谎，不欺骗对方，但在复杂的社会和人生活动中，目的和手段有时是有一定的区别的。例如医生为了减轻病人的痛苦，以利于治病救人，往往向病人隐瞒病情，编造一套善意的谎话说给病人，这样才能使病人早日康复。它表现出的并不是虚伪，而是更高、更深层的真诚。

　　一般地说，交际需要真诚。日本山一证券公司的创始人、大企业家小池田子曾说："做人就像做生意一样，第一要诀就是诚实。诚实就像树木的根，如果没有根，树木就别想有生命了。"这段话可以说概括了小池成功的经验。

小池出身贫寒，20岁时就替一家机器公司当推销员。有一个时期，他推销机器非常顺利，半个月内就跟33位顾客做成了生意。之后，他发现他们卖的机器比别的公司生产的同样性能的机器昂贵。他想，同他订约的客户如果知道了，一定会对他的信用产生怀疑。于是深感不安的小池立即带着合同和订金，整整花了三天的时间，逐门逐户去找客户。然后老老实实向客户说明，他所卖的机器比别家的机器昂贵，为此请他们放弃合同。

这种真诚的做法使每个订户都深受感动。结果，33人中没有一个与小池废约，反而加深了对小池的信赖和敬佩。

真诚确实具有惊人的魔力，它像磁石一般具有强大的吸引力。其后，人们就像铁片被磁石吸引似的，纷纷前来小池的店购买东西或向他订购机器，这样没多久，小池就成了一个富翁。

信赖需要真诚来维系

　　人能够长期忍受物质上的匮乏，却无法长期忍受精神和情感上的匮乏。每个人对他人的需要和依赖是远远超过我们每个人自己所了解和想象的程度的。没有他人提供的物质，我们无以为生；没有他人对我们精神上的慰藉，我们就会度日如年。我们每个人所渴望的关心和爱护，所希冀的理解和友谊，所需要的尊重和承认，都只有在他人那里才能得到。没有他人对自己的期待、信赖、友情与尊敬，我们就无从获得我们所需要的安全感、幸福感和成就感，我们的存在也会失去价值和意义。

　　人为了获得精神上的情感上的满足，就要学会与他人和谐相处，要学会调节自己与他人的关系。青少年随着年龄的增长，与外界和他人的交往也日益增加。如何形成良好的人际关系，对于青少年身心的健康发展及顺利地迈入成人社会，有着极其特殊而又重要的意义。

　　形成良好人际关系的一个重要条件就是信任。人的感情沟通是同质的：爱引起爱，嫉妒引起嫉妒，恨引起恨。

　　由于许多原因，现在很多青少年在人际交往中存在的一个问题就是对他人难以信任，总认为别人是心怀叵测，不可相信的，因此，他在与人交往中，疑虑重重，唯恐上当受骗。确实，有些居心不良的人固然是要防备的，但这毕竟是少数现象，不能因此将朋友也拒之千里。过分的狐疑、猜忌、不信任，会使人难于交友，无法形成相应的人际关系，在这种氛围中工作学习都会受到影响，个人心理压力也会很大。

在与朋友交往中，诚实是相互信赖和友好交往的基础。知心朋友和牢固的友情是通过真诚相处而获得的。只有诚实对待对方，才能赢得对方的信赖，才会使友谊长存。

英国专门研究社会关系的卡斯利博士说：大多数人选择朋友是以对方是否出于真诚而决定的。他举例说，有一个富翁为了测验别人对他是否真诚，就伪装患病而住进医院，测试的结果，令富翁感到非常沮丧。

"很多人来看我，但我看出其中许多人都是希望分割我的遗产而来探望我的。经常和我有来往的朋友大都来了，但我知道他们当中很多人不过是当作一种例行的应酬。

"有一个从前欠我许多钱的人也来了，但在来看我之前，他已把所欠的钱还给我了，所以他在病床前很自负地说：'先生，我是还清了债才来看你的。'所以我认为，这人是为了争一口气而来的。

"还有几个平素与我不和的人也来了，但我知道他们只是乐于听到我病重，所以幸灾乐祸地来看我。有一个和我素不相知的人也来了，他说久仰大名，得悉阁下有病，特来探问，谨祝早日健康。这人不外乎是为了好奇，所以就来看我了。"

照这个富翁的说法，他的测验是完全失败的。卡斯利博士就告诉他说："我们为什么要苦于测验人对自己的真诚？难道测验一下自己对别人是否真诚，岂不更可靠？"

怀疑别人的真诚，这是朋友交往的大忌，这样不仅会将自己引入沟通的误区，还会伤害对方的自尊，导致友情的危机。这位富翁就是这样一种典型。人际交往是互相的，真诚也是双方的。

真诚地对待每一个人

美国第26任总统西奥多·罗斯福说:"成功的第一要素就是懂得搞好人际关系。"可见良好的人际关系对成功者的一生是多么的重要。

每一个成功者的背后都有一个良好的人际关系圈,他们不管遇到什么困难,都有人相助,因此也就容易成功。所以人际关系对每个人真的很重要,它的好坏直接影响每个人的工作和事业,如果谁缺乏别的帮助,就不可能达到成功的目标的。

要想自己有良好的人际关系,就必须要真心诚意地关心别人。心理学家研究表明一个人只要真心对别人感兴趣,两个月内就能比一个要别人对他感兴趣的人在两年内所交的朋友还要多。真诚就是这样成为人们最可贵的精神品质。

你如果真诚地对待自己的朋友、同事或陌生人,他们同样也会以真诚来回报你,这样不仅改善了自己的人际关系,而且也树立了自己的公众形象,从而有利于自己的成功。

你也许读过几十本有关人际交往的书,恐怕还没有找到对你来说更有意义的方法。但19世纪奥地利心理学家阿德勒的这句话很深刻,相信对你会有启发:"对别人不真诚的人不仅一生中困难最多,对别人的伤害也最大,人类所有的失败几乎都出自这种人。"

如果你要交朋友，就要挺身而出为别人付出，并且是真心真意的这样，路才会越走越宽。所以，良好的人际关系在你做事的过程中会起到重要的作用。

西奥多·罗斯福总统一直都是个受欢迎的人，甚至于他的仆人们也都喜欢他，也正是因为这一点，罗斯福的黑人男仆詹姆斯·亚默斯，写了一本关于他的书，取名为《罗斯福，他仆人眼中的英雄》。在那本书中，亚默斯说出这个富有启发性的事件：

"有一次，我太太问总统关于一只鹌鸟的事。她从来没有见过鹌鸟，于是总统他详细地描述一番。没多久之后，我们小屋的电话铃响了。我太太拿起电话，原来是总统本人。他说，他打电话给她，是要告诉她，她窗口外面正好有一只鹌鸟，又说如果她往外看的话，可能看得到。他时常做出像这类的小事。每次他经过我们的小屋，即使他看不到我们，我们也会听到他轻声叫出：'呜，呜，呜，安妮！'或'呜，呜，呜，亚默斯！'这是他经过时一种友善的招呼。"

这样的一个人恐怕确实很难让别人不喜欢他。

罗斯福卸任后，一天到白宫去拜访，碰巧继任的威廉·塔夫脱总统和他太太不在。他真诚地向所有白宫旧识仆人打招呼，都叫得出名字来，甚至厨房的厨娘也不例外。

书中写道："当他见到厨房的欧巴桑·亚丽丝时，就问她是否还烘制玉米面包，亚丽丝回答他，她有时会为仆人烘制一些，但是楼上的人都不吃。

"'他们的口味太挑剔了'，罗斯福有些不平地说，'等我见到总统的时候，我会这样告诉他。'

"亚丽丝端来一块玉米面包给他，他一边走到办公室去，一面吃，同时在经过园丁和工人的身旁时，热情地跟他们打招呼……

"他对待每一个人，都同他以前一样。我们仍然彼此低语讨论这件事，而艾克·胡福眼中含着泪说：'这是近两年来我们唯一有过的快乐日子，我们中的任何人都不愿意把这个日子跟一张百元大钞交换。'"

完善的品格魅力，其基本点就是真诚，而真诚待人，恪守信义也是赢得人心、产生魅力的必要前提。待人心诚一点，守信一点，就能更多地获得他人的信赖、理解，能得到更多的支持、合作，由此可以获得更多的成功机遇。

我们主张知人而交，当你捧出赤诚之心时，先看看站在面前的是何许人也，不应该对不可信赖的人敞开心扉。否则，适得其反。对已经基本了解、可以信赖的朋友，应该多一点信任，少一些猜疑；多一点真诚，少一些戒备。你完全没必要对你的那些完全值得信赖的朋友真真假假，闪烁其词，含糊不清，因为这种行为实在是不明智的行为。我国著名的翻译家傅雷先生说："一个人只要真诚，总能打动人的，即使人家一时不了解，日后便会了解的。"他还说："我一生做事，总是第一坦白，第二坦白，第三还是坦白。绕圈子，躲躲闪闪，反易叫人疑心；你要手段，倒不如光明正大，实话实说，只要态度诚恳、谦卑、恭敬，无论如何人家都不会对你怎么的。"以诚待人是值得信赖的人们之间的心灵之桥，通过这座桥，人们打开了心灵的大门，并肩携手，合作共事。自己真诚实在，肯露真心，敞开心扉给人看，对方肯定会感到你信任他，从而卸除猜疑、戒备，把你作为知心朋友，乐意向你诉说一切。其实，每个人的思想深处都有封锁的一面和开放的一面，人们往往希望获得他人的理解和信任。然而，开放是定向的，即向自己信得过的人开放。以诚待人，能够获得人们的信任，发现一个开放的心灵，争取到一位用全部身心帮助自己的朋友。在人们与他人打交道的过程中，如果防备猜疑被诚信取代，往往能获得出乎意料的收获。

以诚待人要坦荡无私、光明正大。一旦发现对方有缺点和错误，特别是对他的事业关系密切的缺点和错误，要及时地指正，督促他立即改正。批评确实不大讨人喜欢，但不妨换个角度去使他理解接受，从而沟通彼此心灵，发展友情。

要想得到知己的朋友，首先得敞开自己的心怀。只有讲真话、实话、不遮掩、不吞吐，才会换的朋友的赤诚和爱戴。正如革命老前辈谢觉哉同志在一首诗中写道："行经万里身犹健，历尽千艰胆未寒。可有尘瑕须拂拭，敞开心扉给人看。"

第十章
谦逊是美德的根

谦逊的人恪守的是一种平衡关系，也就是让周围的人在对自己的认同上达到一种心理上的平衡，并且从不让别人感到卑下和失落。非但如此，有时还能让别人感到高贵，感到比其他人强，即产生任何人都希望能获得的那种所谓优越感。

处世要谦卑

富贵如浮云。有，不要太高兴；没，也不要失望。明天，可能一切都会改变。

有一个财大气粗的建筑业大老板看见一个工人在清洁门窗，就走过去说："好好干！想当年我也当过清洁工。"那个工人笑笑："您也好好干！想当年我也是个大老板。"

人生总得几个浮沉，春风得意时要感恩与谦卑，被打倒趴到地上，也要学会不怨不怒。即使有天再被捧上宝座，依然战战兢兢。从感恩出发，从谦卑做起——卧薪尝胆的马英九的这句宣言可谓历练人生之后的精华。

美国哈佛大学人际学教授约翰·杜威曾说："人类本质中最殷切的需求是渴望被肯定。"两个人初次见面，放低姿态，及时表达谢意，说话办事的时候谦虚、谨慎、低调，处在下风的位置，这样自然能够被对方乐于接受，获得满意的结果。

对他人的帮助要知道感恩道谢。有些人凡事认为理所应当，不善于及时表达谢意，甚至骄傲自大，趾高气扬，不把别人放在眼里，没人喜欢与这样的人打交道。抱着这种态度与人交往，必然四处碰壁，让自己的人际关系一团糟，你的工作、事业，甚至爱情，都会大打折扣。

事实上，善于表达谢意，以感恩、谦卑的姿态面对身边的人和事，是一种积极的人生态度。美国著名作家罗曼·W.皮尔是"积极成像"观点的主要倡导者，他提出的"态度决定一切"，已经成为表达积极思维力量的一句口头禅，传遍了全世界。

美国当代成功学家安东尼曾说过这样的一句话："人要获得成功，第一步就是先要存有一颗感恩的心，感激之心。"是的，会感恩的人才会赢得别人尊重、爱护与帮助。一个人也只有学会感恩，才算是学会了做人。否则，一个人要是不知好歹，甚至把人家的好心当作驴肝肺，你怎么指望他会以爱心、以负责任的态度去面对父母、家庭、同学、同事、朋友、单位和社会呢？

从感恩出发，从谦卑做起，学会随时表达感激，是每个人应该掌握的一种处世智慧。

感恩也是对爱的一种表达，感恩之中蕴藏着一份做人的谦虚和真诚，一种对他人的感谢与尊重。

谦逊的人事业无止境

懂得谦逊就是懂得人生无止境，事业无止境，知识无止境。知之为知之，不知为不知，知不知者，可谓知矣。海不辞水，故能成其大；山不辞石，故能成其高。有谦乃有容，有容方成其广。

人生本来就是克服了一个又一个障碍前进的，攀登事业的高峰就像跳高，如果没有一个刹那间的下蹲积聚力量，怎么能纵身上跃？人生又像一局胜负无常的棋局，我们无法奢望自己永远立于不败之地。明代洪应明的《菜根谭》说："鹤立鸡群，可谓超然无侣矣，然进而观于大海之鹏，则渺然自小；又进而求之九霄之凤，则巍乎莫及。"只有建立在谦逊谨慎、永不自满的基础之上的人生追求才是健康的、有益的，才是对自己、对社会负责任的，也一定是会有所作为、有所成功的！

晋襄公有个孙子，名叫惠伯谈，晋周是惠伯谈的儿子，晋襄公的曾孙。

这位晋周生不逢时，遇晋献公宠信骊姬，晋国公子多遭残害。晋周虽然没有争立太子的条件，更无继位的希望，也同样不能幸免。为保全性命，晋周来到周朝，跟着单襄公学习。

晋是当时的大国，晋周以晋公子身份来到周朝。但晋周自小受父亲教育，养成良好的品性，他的行为举止完全不像一个贵公子。以往晋国的公子在周朝名声都不好听，晋周却受到对人要求严厉的单襄公的称誉。

单襄公是周朝有名的大臣，学问渊博，待人宽厚而又严厉，是周天子和各国诸侯王公都很尊敬的人，晋周很高兴能跟着他，希望能跟着单襄公好好学习，以成长为有用的人才。

单襄公出外与天子王公相会，晋周总是随从在后。单襄公与王公大臣议论朝政，晋周从来都是规规矩矩地站在单襄公身后，有时，一站几个小时，晋周都从未有一丝不高兴的神色。王公大臣都夸奖晋周站有站相，立有立相，是一个少见的谦恭君子。

晋周在单襄公空闲时，经常向单襄公请教。交谈中，晋周所讲的都是仁义忠信智勇的内容，而且讲得很有分寸，处处表现出谦逊的精神。

在周朝数年，晋周言谈举止的每一个细节，都谦逊有礼，从未有不合礼数的举动发生。周朝的大臣都很夸奖他。

单襄公临终时，对他儿子说："要好好对待晋周，晋周举止谦逊有礼，今后一定会做晋国国君的。"

后来，晋国国君死后，大家都想到远在周朝的晋周，就欢迎他回来做了国君，成为历史上的晋悼公。

晋周本是一个毫无条件争当太子的王子，仅以谦逊的美德征服了国内外几乎所有有权势的人，最终却被推上了王位，可见谦逊的力量有多么巨大。

老子说，"上善善水，水利万物而不争""夫唯不争，故天下莫能与之争"，确非虚言。

许多人对于谦逊这项重要的特质，不以为然。事实上，谦逊是一项积极有力的特质，若加以妥善运用，可使人类在精神上、文化上或物质上不断地提升与进步。谦逊是人性中的精髓，因为谦逊，圣雄甘地使印度独立自由。

不论你的目标为何，如果你想要追求成功，谦逊都是必要的条件。在到达成功的顶峰之后，你才会发现谦逊有多么重要。只有谦逊的人才能得到智慧。聪明的人最大的特征是能够坦然地说："我错了。"

好酒也怕巷子深。对于谦逊，我们还要指明一点的是：过度的谦逊并不是一种可取的美德。在这个现实的世界，好的道德与才能，如果没有人知道，并不就是很好的回报。这不仅是在欺骗自己，也是在欺骗别人，更是对自己功绩的诋毁。俗话说："过分的谦虚等于骄傲"，就是这个道理。

谦逊的人善于自省

每个人都有他的一套做人的方法。一个人确立了自己的做人的处世观后（或许应当说，一个人以他自己一贯的做人的方法做人），一定以为自己做得十分正确，否则他便不会这样做人了。

换言之，许多被公认"不会做人"的人，心里也许还以为自己会做人。没有"自知之明"是自古以来的"人之患"，学做人必须克服此患。

人的一言一行，一举一动，都受自己的主观思想的影响，都以为自己做的一切都对。所以，关于做人的重要一课，是如何谦逊地自我反省，认识到自己的错误。

只有知错才会有改过的希望。只有不断修正自己的错误行为，才更会做人。

问题是谁都懂得"发现别人的错"，却不懂得知道自己的错（因为错与不错，由自己的主观去判断）。学做人，要先学会不断地检查自己的行为和发现自己所做的错事，然后知错就改。

反之，这样做也有应当小心的地方，如果常常"在心里自己认错"，就会形成心理压力，对自己有压抑作用，久而久之，甚至可以使自己失去信心，因此，也要避免这种心态。

若想避免这种副作用，我们应当经常在心里反躬自省一些问题。不应该问"这件事我做错了什么？"而应该问"我如何才可以将这件事做得更好？"

后面的一句话，先承认了"这事可以做得更好"，于是使自己开始思索"怎样改进"这个有益处有建设性的问题。而且自己既然可以"做得更好"，也有助于增强自信心。

应当如何找出自己的行为错失和不会做人之处？编者在此提出下列四点建议：

第一，虽然你做人很成功，办事多能得到理想中的收获，仍然可以每隔一段时期检讨一下自己的行为，并想出在哪些方面你可以做得更好。

即使你很成功，相信在心底里仍然知道"许多事我可以做得更好"。这想法（和后来想出的"做得更好"的方法）极有助于反躬自省。

第二，做一件事而得不到心目中的结果时，应先假定那是因为自己有些地方做得不对，而不是因为"难以控制的外来因素"，一味地归因于客观因素。后一种想法是不会做人者的通病（而且常常这样想的人也很难学会做人）。

第三，和别人交往而发觉别人对你反应不好时，应主动想到过错可能在自己（即使过错在别人）。别人讨厌你的时候，应当看看自己的行为有无不会做人之处，不应只怪别人有眼无珠。

第四,万一别人出言批评你，应当尝试虚心接受这些批评，然后反躬自省如何才能否进一步改进。

拒绝善意的批评和忠告不是英雄气概，而是怯于面对现实，使你失去正视错误和进步的机会。

经常用上面四种方法自我检讨，你就会更加懂得做人。

骄傲自大酿苦果

人生在世会遇到各种各样的险境，骄傲自大可能是最可怕的一种。处境卑微自然不幸，但却没有太大的危险，趴在地上的人是不会被摔死的。最可怕的情境是身处险峰而高视阔步，只谓天风爽，不见峡谷深。这正是人们骄傲时的典型情境。

其实，只要脚下的某块石头一松动，就有坠入深渊的危险，而那些不可一世的英雄却全然不觉，兀自陶醉于"一览众山小"的壮景豪情中。殊不知正是这种时候，脚下的石头是最容易松动的。

古往今来，一个"傲"字毁了多少盖世英雄！

三国时候，祢衡很有文才，在社会上很有名气，但是，他恃才傲物，除了自己，其他任何人都不放在眼里。容不得别人，别人自然也容不得他。所以，他"以傲杀身"，被杀于黄祖。

祢衡所处的时代，各类人才是很多的，但他目中无人，经常说除了孔融和杨修，"余子碌碌，莫足数也"。即使是对孔融和杨修，他也并不很尊重他们。祢衡20岁的时候，孔融已经40岁了，他却常常称他们为"大儿孔文举，小儿杨德祖"。

经过孔融的推荐，曹操见了祢衡。见礼之后，曹操并没有立即让祢衡坐下。祢衡仰天长叹："天地这样大，怎么就没有一个人！"

曹操说："我手下有几十个人，都是当今的英雄，怎么说没人？"

祢衡说："请讲。"

曹操说："荀彧、荀攸、郭嘉、程昱机深智远，就是汉高祖时候的萧何、陈平也比不了；张辽、许褚、李典、乐进勇猛无比，就是古代猛将岑彭、马武也赶不上；还有从事吕虔、满宠、先锋于禁、徐晃，又有夏侯惇这样的奇才，曹子孝这样的人间福将，怎么说没人？"

祢衡笑着说："您错了！这些人我都认识，荀彧可以让他去吊丧问疾，荀攸可以让他去看守坟墓，程昱可以让他去关门闭户，郭嘉可以让他读词念赋，张辽可以让他击鼓鸣金，许褚可以让他牧羊放马，乐进可以让他朗读诏书，李典可以让他传送书信，吕虔可以让他磨刀铸剑，满宠可以让他喝酒吃糟，于禁可以让他背土垒墙，徐晃可以让他屠猪杀狗，夏侯惇可称为'完体将军'，曹子孝可叫作'要钱太守'。其余的都是衣架、饭囊、酒桶、肉袋罢了！"

曹操很生气，说："你有什么能耐？敢如此口出狂言？"

祢衡说："天文地理，无所不通，三教九流，无所不晓；上可以让皇帝成为尧、舜，下可以跟孔子、颜回比美。怎能与凡夫俗子相提并论！"

这时，张辽在旁边，拔出剑要杀祢衡，曹操阻止了张辽。曹操不杀祢衡主要是因为祢衡名气大，曹操不愿天下人说他容不得人。后来曹操想借机羞辱祢衡，不过没有得逞。曹操虽然生气，但还是忍住没有杀祢衡，他决定把祢衡送给刘表，看看结果会怎样。就这样，曹操没有动祢衡一根毫毛，后来让人把他送到刘表那儿去了。

到了荆州，刘表对祢衡不但很客气，而且"文章言论，非衡不定"。但是，祢衡骄傲之习不改，多次奚落、怠慢刘表。刘表又出于和曹操一样的动机，把他送给了江夏太守黄祖。

到了江夏，黄祖也能"礼贤下士"，待祢衡很好。祢衡常常帮助黄祖起草文稿。有一次，黄祖曾经握住他的手说："大名士，大手笔！你真能体察我的心意，把我心里要想说的话全写出来啦！"

但是，后来在一条船上，祢衡又当众辱骂黄祖，说黄祖"就像庙宇里的神灵，尽管受大家的祭祀，可是一点儿也不灵验。"黄祖下不了台，恼怒之下，把祢衡杀了。祢衡死时才26岁。

曹操知道后说："迂腐的儒士只会摇唇鼓舌，自己招来杀身之祸。"

祢衡短短一生未经军国大事，是块什么样的材料很难断定。然而狂傲至此，即使他有孔明之才，也必招杀身之祸。

关羽大意失荆州，同样是历史上以傲致败最经典的一个故事。

三国时期，吴将吕蒙来见孙权，建议乘关羽和曹操合围樊城的时候，偷袭荆州。这建议正合孙权之意，立刻委以重任。

可是，吕蒙发现镇守荆州的蜀将关羽警惕性很高，荆州军马整齐，沿江又有烽火台警戒，互透军情，很难正面攻破。正在苦思偷袭之计，陆逊来访，教给吕蒙一条诈病之计。

陆逊说："关羽自恃是英雄，无人可敌。唯一惧怕的就是将军你了。将军乘此机会可假装有病，解去军职，把陆口的军事任务让给别人，又使接你职务的人大赞关羽英武，使关羽骄傲轻敌。这样，关羽就会把防这荆州的兵调去攻打樊城。假如荆州没有防备，将军只需用小股军队突袭荆州，便可以重新掌握荆州了。

后来，吕蒙果然请了病假，回到建业休息，并推荐陆逊代他守陆口。关羽得到消息知道吕蒙病重，已调离陆口，新来的陆逊又不见经传，遂有轻敌之心。他还收到陆逊送来的信函，信中盛赞关羽的智勇双全，表达了陆逊对关羽的敬仰。这封信实际是陆逊在麻痹关羽。而关羽看完信，果然放松了对陆逊的警惕。他下令把原来防备东吴的军队陆续调往樊城前线。

就在这时，曹操听司马懿之计派使来到吴国，要孙权夹击关羽。孙权早已决定要袭取荆州，所以马上复信，表示同意。这样，原来的孙刘联盟抗曹，一下子变成了曹、孙联盟破刘，形势急转直下。孙权拜吕蒙为大都督，统领江东各路兵马，袭击关羽的后方。

吕蒙到了浔阳，命士兵们穿了白色的衣服扮作商人，借故潜入烽火台，攻取了荆州。

事情到了这个地步，关羽才知道自己对东吴的防备太大意。为了重振军威，他带着日益减少的人马准备南下收复江陵。但是，在吕蒙、陆逊的分化瓦解下，他只能步步败退，最后只有困守麦城。后来，他被生擒活捉，斩首。

关羽之死，可谓千古悲歌。其一生忠义，几近完人。只因一个"傲"字，失地断头。虽然令人感叹，更为后人敲响了警钟。英雄如关羽，尚且骄傲自大不得，年轻人哪里还有骄傲的理由！

处世九策

修心三不

不抱怨 不生气 不失控

启文 编著

花山文艺出版社

河北·石家庄

图书在版编目（CIP）数据

修心三不：不抱怨　不生气　不失控 / 启文编著
. -- 石家庄：花山文艺出版社，2020.5
（处世九策 / 张采鑫，陈启文主编）
ISBN 978-7-5511-5143-6

Ⅰ．①修… Ⅱ．①启… Ⅲ．①人生哲学—通俗读物
Ⅳ．① B821-49

中国版本图书馆 CIP 数据核字（2020）第 066315 号

书　　名：**处世九策**
　　　　　CHUSHI JIU CE
主　　编：张采鑫　陈启文
分 册 名：修心三不：不抱怨　不生气　不失控
　　　　　XIUXIN SAN BU：BU BAOYUAN BU SHENGQI BU SHIKONG
编　　著：启　文

责任编辑：郝卫国　张凤奇
责任校对：董　舸
封面设计：青蓝工作室
美术编辑：胡彤亮
出版发行：花山文艺出版社（邮政编码：050061）
　　　　　（河北省石家庄市友谊北大街 330 号）
销售热线：0311-88643221/29/31/32/26
传　　真：0311-88643225
印　　刷：北京朝阳新艺印刷有限公司
经　　销：新华书店
开　　本：850 毫米 ×1168 毫米　1/32
印　　张：15
字　　数：330 千字
版　　次：2020 年 5 月第 1 版
　　　　　2020 年 5 月第 1 次印刷
书　　号：ISBN 978-7-5511-5143-6
定　　价：89.40 元（全 3 册）

（版权所有　翻印必究·印装有误　负责调换）

前　言

　　"一个人最大的对手就是自己"，这是每一个真正掌控自己的强者公认的一句话。战胜自己，并不是一件简单的事情！尤其在面对个人负面情绪发作的时候，绝大多数人都会在这一瞬间忽略掉自己最大的对手。虽然他们会在事后进行反省，但是却不得不承认，在负面情绪发作的那一瞬间自己是一个失败者。

　　说到情绪，我们每个人都逃不了干系。情绪的发展和变化是我们每一个人因人因时因地因事而产生的。情绪在制约人，也在成就人，还在损害人，不同的情绪有着不同的生活。积极的情绪能够让你这一天都神采焕发，身心保持愉悦健康，整个人充满了生机活力；消极的情绪则会使你心情灰暗，身心疲惫，甚至会导致身心疾病的发生。

　　毫无疑问，任何一个人要想真正成为能够掌控自己情绪的强者，都必须要战胜自身负面的情绪。每当负面情绪出现的时候，及时地进行疏导与掌控，将负面情绪转化为正面情绪。从而让自己在日常生活中掌控好自己的情绪，努力拥有积极情绪，使情绪获得应有的表达和展示。

本书从"不抱怨""不生气"以及"不失控"这三个方面进行论述，通过精彩生动的故事告诉每一个读者在日常生活中该如何正确掌控自己的情绪，及时发现负面情绪并进行疏导与利用，从而变成对自己有用的正面情绪，从而更加从容地掌握自己的命运，在人生的康庄大道上一帆风顺。

目　录

第一章
世界不会因为抱怨而改变

平庸的人总是抱怨自己不懂的东西。

——拉罗什富科（法国古典作家）

只有把抱怨环境的心情，化为上进的力量，才是成功的保证。

——罗曼·罗兰（法国思想家、文学家）

成功字典没有"抱怨"

在日常生活中，我们经常会碰到以下的场景：

"我的工作真是无聊透顶！"

"天天加班，都快累死了。"

"每天面对重复的工作，我简直要疯了！"

"我们的老板就喜欢拍马屁的人。"

几个同事凑在一起牢骚满腹，抱怨公司苛刻的规章制度，抱怨领导的魔鬼管理，抱怨干不完的工作，抱怨受不完的委屈……

当抱怨成了习惯，一个人的情绪就会变得非常糟糕，看什么都不顺眼，同事认为他难相处，上司认为他爱发牢骚，是个"刺儿头"。如此下去，升职、加薪的机会永远不会光顾他。

一个人成功与否，并非天生注定，也不是他人能操纵得了的。实际上，命运是由我们自己创造的，它就掌握在我们每个人的手中。工作中处处蕴含着机遇，只有那些心怀珍惜的人才能看得到。机会到处都有，关键是你能不能抓住。

许多人对那些有所成就的人羡慕不已："为什么好机会都让别人碰上了，我为什么就没有那样好的运气呢？"有的人还抱怨："要是我有这样的机会，我早功成名就了。"人一生尽管有很多的机遇，然而，真正能抓住机遇的人并不多。抓住时机的人成就了事业，而失去机会的人则哀叹自己的"时运不济"。

徐海伟和李亚菲是大学同学，从学校毕业后，两人分别进了两家规模都不算太大的公司。由于各自的单位距离很远，直到毕业后的第五年，他们才再度相逢。见了面，两个人自然聊起了分别后的工作经历。

谈起自己的工作，徐海伟的语气有些失落："时运不济啊！本来单位就不景气，加上专业又不对口，干活儿也提不起一点儿兴趣，实在是没有什么意思。干了不到半年，我就换了一家，还是没多大意思。我现在的单位已经是第七家了。哦，老同学，你发展得如何呀？"

李亚菲淡淡地说："你也知道，我的单位也不是太大，说实话，一开始，我也不太喜欢这份工作。不过，我觉得，既然能找到这份工作，就要好好珍惜，力争把它干好。上班期间呢，就好好干好自己的活儿；下了班，就给自己充充电，补补业务知识。工作起来反而是越来越有劲了。半年后，由于我干得还不错，领导就把我提为部门主管了。现在，我们公司已经是一家大型集团公司了，我是我们集团分公司的经理。"

听了李亚菲的经历，徐海伟的心中有些惭愧，他现在明白了：原来，所有的问题并不是工作本身的问题，而是自己对待工作的态度上有问题。有的人工作态度浮漂，对工作好像蜻蜓点水，很少能专注于工作，因此，干什么工作都长久不了，也做不出多大的成就。

看看我们周围那些只知抱怨而不认真工作的人吧，他们从不懂得珍惜自己的工作机会。他们更不懂得，即使薪水微薄，也可以充分利用工作的机会提升自己的能力，加重自己被赏识的砝码。

他们只是在日复一日的抱怨中徒增年岁，工作能力没有得到提高，也就没有被赏识的资本。更可悲的是，他们没有意识到竞争是残酷的，他们只知抱怨而不努力工作，已经被排在了即将被解雇者名单的前面。

有一天，佛陀坐在金莲座上，开示弟子们道：

"世间有四种马：第一种良马，主人为它配上马鞍，驾上辔头，它能够日行千里，快速如流星。尤其可贵的是当主人一抬起手中的鞭子，它一见到鞭影，便能够知道主人的心意，迅速缓慢，前进后退，都能够揣度得恰到好处，不差毫厘，这是能够明察秋毫、洞察先机的第一等良驹。

"第二种好马，当主人的鞭子打下来的时候，它看到鞭影不能马上警觉，但是等鞭子打到了马尾的毛端，它也能领受到主人的意思，奔跃飞腾，这是反应灵敏、矫健善走的好马。

"第三种庸马，不管主人几度扬起皮鞭，见到鞭影，它不但迟钝毫无反应，甚至皮鞭如寸点地挥打在皮毛上，它都无动于衷。等到主人动了怒气，鞭棍交加打在结实的肉躯上，它才能有所察觉，顺着主人的命令奔跑，这是后知后觉的平凡庸马。

"第四种驽马，主人扬起鞭子，它视若无睹；鞭棍抽打在皮肉上，它也毫无知觉；等主人盛怒了，双腿夹紧马鞍两侧的铁锥，霎时痛刺骨髓，皮肉溃烂，它才如梦初醒，放足狂奔，这是愚劣不知、冥顽不化的驽马。"

这个故事出自《别泽杂阿含经》。庸马和驽马是职场中许多平庸员工的生存写照。他们总是抱怨老板对他们太苛刻，工资太低，抱怨公司没有为他们提供更好的舞台，给他们以施展才华的机会。

职场中，数不清的庸马和驽马正在拼命地为自己的失败寻找借口，造成了职场人生的萎靡与默然。相比之下，"良马"式员工从不会寻找理由为自己的行为开脱，更不会去抱怨自己的处境与外在的人与事。他们任何时候都坚守着自己的信念，让自己朝着卓越奋进！

所以，做个不抱怨的人，成功将会离你越来越近。

抱怨只会让事情更糟糕

有些人似乎天生就爱抱怨，抱怨公司、抱怨老板、抱怨同事、抱怨工资、抱怨客户、抱怨压力、抱怨批评、抱怨薪水太低付出太多、抱怨考核制度不公平、抱怨管理混乱、抱怨领导独断专横、抱怨没有一个好老爸、抱怨没嫁个好老公、抱怨自己家的孩子没有别人家的聪明……好像世界上就只有他是最不幸最倒霉的人，没有什么是他不抱怨的，似乎不抱怨他就没法过日子。

可是抱怨有用吗？抱怨能解决问题吗？抱怨能使你摆脱现状吗？抱怨能使你的工作、学业、生意越来越好吗？抱怨能使你快乐起来吗？

什么都不能！抱怨不能解决任何问题，抱怨没有任何用处，抱怨只会让你自己越来越不快乐，只会让你的生活越来越不如意、你的意志越来越消沉、你的工作越来越差、你的生活越来越糟糕……

有一个三口之家，家里穷得什么都没有，儿子瘦得皮包骨，爸爸妈妈只好带着孩子来到街口乞讨。可过去了一整天都毫无收获，小男孩饿得快晕倒了。爸爸妈妈非常着急，虔诚地祈求上帝救救他们的儿子。

于是，上帝派遣使者来到人间。使者对三个人说："我可以帮助你们每人实现一个愿望。"这一家人听了将信将疑。先是孩子的妈妈迫不及待地对使者说："我要你为我们变出一车的面包，我要让我的儿子吃得饱饱的。"

刚说完，眼前就真的出现了一车子的面包。孩子的爸爸先是非常惊奇，转而又特别生气。不断抱怨妻子没头脑，浪费这么好的机会只换来一车廉价的面包。当使者问他有什么愿望时，他很愤怒地说："我不要这些廉价的面包，请你将这个笨女人变成一头蠢猪。"

刚说完，面包神奇地消失了，孩子的妈妈也真的变成了一头猪。这可把孩子吓坏了，他边看着眼前的"猪"伤心哭泣，边对使者说："求求您，我不要猪，我要妈妈。"

孩子的话音刚落，妈妈就真的变了回来。使者很无奈地说："我已经给了你们希望，但就因为抱怨，你们把机会全都浪费了。"说完使者不见了。一家三口又回到了使者出现前的状态，没有面包没有猪，孩子饿得直哭。

这是一个童话故事，这个故事告诉我们抱怨不仅不能解决问题，还会把机会白白浪费。一般人都认为"抱怨"只是一种发泄的方式，我们谁能够发誓自己从来没有抱怨过？但如果抱怨的内容不断地重复，那就说明是自己有问题，而且不肯面对问题，只是企图用抱怨来代替正视问题。

女孩小丹带着自己精心制作的作品到一家知名的广告公司面试。小丹抽的面试号是最后一个，等待的过程漫长而紧张，为缓解疲劳，小丹向广告公司的接待人员要了一杯温水。而接待人员在给小丹送水时不小心将杯子打翻了，水全都洒到了那张作品上。

作品变得皱皱巴巴，原本鲜明的线条也变得模糊了。小丹一下子愣住了。该怎么办，这可是面试时要用到的作品，没有作品她怎么向考官解释她的创意和构思呢？小丹知道现在抱怨接待人员没有用，埋怨自己的运气不好更没用。

稍微冷静了一下，她赶紧向接待人员借来了纸和笔。在有限的时间里，她专心地用一张白纸将自己创作的作品简单地再描画了一遍，用另一张白纸将原作品被淋湿的事情大概地叙述了一下。接下来发生的故事就是，小丹从众多的面试者中脱颖而出，被公司录用了。主考官后来跟她说："广告注重创意和变通，你的作品虽然简单但却体现了这点。"

小丹在一次同学会上谈起了这件事，她感慨道："与其抱怨，还不如暂时抛弃那些烦心的事，多想想怎样才能更好、更快地解决问题，这比光在那儿牢骚满腹强上千百倍。"是的，即便退一万步说，如果抱怨能解除自己心中那股怨气，那么适当地抱怨是可以的；但如果怨气出了仍无法解决问题，或无法移除心中那颗石头，那还真是不划算！

其实，更多时候，抱怨不但不能缓解所面临的窘境，反而使原有的烦恼加倍、长久地出现在抱怨者的脑海里。如果有谁主观上想抱怨，生活中的一切都可以成为其抱怨的对象；如果不愿抱怨，换一个角度想问题，就会发现，通过努力，就能改变现状，并获得成功和幸福的体验。因为事情总有两个方面，关键在于你怎么看了。

如果我们的情绪像一间屋子，那么，抱怨就像蟑螂和蚂蚁一样。如果你清扫的方式不对，它们就会出现在每一个你不想看到的地方。若你再不加以阻止，它们还会用一种近乎细菌繁殖的速度扩散。终有一天，你会觉得没看到几只蟑螂和蚂蚁，反倒有点怪怪的。

　　无论如何，抱怨只会带来负面效应。越抱怨，就会发现值得抱怨的事情越来越多。越多时间抱怨，越少时间改良。一肚子怨气的人，总是散发着一种天怒人怨的气质，会让你觉得跟他相处时，老是有一块黑压压的云遮住你心情的大好晴天；离开他，心情才会"艳阳高照"。

想想你已经拥有的一切

世间有许多东西我们都想拥有，但拥有了，却又不懂得珍惜，只能让它白白逝去。也只有失去了，才会懂得去珍惜，但一切都晚了。对于"拥有"这个词，我觉得我们拥有的东西中，最重要的还是亲人、健康、快乐。其他什么没了都不重要，重要的是你还有关心你的人，还有自己健康的身体与快乐。

智者不为自己没有的悲伤而活，却为自己拥有的欢喜而活。当一切逝去时，不要悲伤、忧虑，想想看，其实你已经拥有了许多。快乐、健康、自我，难道这些还不能让你满足吗？

1928 年，纽约股市崩盘，美国一家大公司的老板忧心忡忡地回到家里。

"你怎么了，亲爱的？"妻子笑容可掬地问道。

"完了！完了！我被法院宣告破产了，家里所有的财产明天就要被法院查封了。"他说完便伤心地低头饮泣。

妻子这时柔声问道："你的身体也被查封了吗？"

"没有！"他不解地抬起头来。

"那么，你的妻子也被查封了吗？"

"没有！"他拭去了眼角的泪，无助地望了妻子一眼。

"那孩子们呢？"

"他们还小，跟这档子事根本无关呀！"

"既然如此，那么怎么能说家里所有的财产都要被查封呢？你还有一个支持你的妻子以及一群有希望的孩子，而且你有丰富的经验，还拥有上天赐予的健康的身体和灵活的头脑。至于丢掉的财富，就当是过去白忙一场算了！以后还可以再赚回来的，不是吗？"

三年后，他的公司再次被《财富》杂志评选五大企业之一。这一切成就源自他妻子的几句话给他带来的启示。

在你感到沮丧的时候，请列出一张详细的生命资产表——

> 你有没有完好的双手双脚？有没有一个会思考的大脑和健康的身体？有没有亲人、朋友、伴侣、孩子？有没有某方面的知识和特长……

把注意力放在你所拥有的，而不是没有的或是失去的部分，你将会发现，原来自己已经够幸福了！

我们很少去想我们所拥有的，反而经常想到我们所没有的。除了那些我们尚未得到的之外，已经拥有的一切，统统变得微不足道，毫不重要了。就因为我们总是关注那些自己没有的，于是，我们变得很不快乐，心心念念地想着、盼着，完全忘记已经拥有的一切有多丰富。

直到有一天，我们失去了原本拥有而视为当然的那些东西之后，我们才恍然大悟，那有多么宝贵。譬如健康，譬如家庭，譬如平安，譬如自由……好好检视一下现在所拥有的，你会赫然发现，自己原来是这般的富有。

当我沮丧的时候，总喜欢想想这段话：我心里难过，因为我没有鞋子，后来我在街上走着，遇见一个没有脚的人。每当我心里为某些不如意而难过时，便想想那些比我们不幸的人，沮丧感立即会减轻许多。在人生许多时候，不管我们遭受何种痛苦，只要把注意力转移到另一个人的痛苦或喜悦之上时，我们本身的痛苦必然会减轻。在医院里，我们常看到相互安慰，彼此鼓励的病人，一个自己走路都不稳当的人，却有能力去扶持另一个人，只因那个人比他更虚弱。当我们在照顾病人的时候，常常分外坚强，因为，我们知道自己被需要。

人的快乐与不快乐，全在于懂得珍惜还是不知感激。懂得珍惜的人，觉得自己拥有好多，好幸福。不知感激的，却老认为自己有的不够多，老看见别人碗里的青菜豆腐，看不见自己碗里的大鱼大肉。我们何不从现在起，就在此刻给自己一点儿时间，好好检视一下自己所拥有的，或许会惊讶地发现，自己原来是这么的富有。世界上最快乐、最幸福的人，是那些懂得惜福的人。

曾听一位名人说过他小时候母亲一直告诫他："不要去想没拿到的东西，多想想自己手里所拥有的。"

在人生道路上，与其费时、费力去想那些自己没有的，不如好好掌握你已经拥有的。别只顾着想要更多，结果连原来有的也失去了。更何况，"有""无""多""少"和"贫""富"，本无一定标准，全在于我们的主观认定，世界上有捧着金饭碗的穷人，天天为财务烦心，但也有孑然一身，空无一物的富人。之所以说他们为富人，不是因为他们拥有丰富的物质财富，而是因为他们对自己的生活感到满足。只要你自己觉得满足，你就是世界上最富有的人。

攀比滋生嫉妒和怨气

代代硕士毕业后很顺利地进入了一家事业单位，不久就与本单位的同事结了婚，小夫妻过着比上不足比下有余的生活，让人羡慕不已。

可是，一天逛街的时候，代代看见了读硕时的同学果果。在学校的时候，两人算是很要好的朋友，而且各方面条件都不相上下，毕业之后就渐渐失去了联系。这次，她看到果果已不再是从前的果果了，开着一辆宝马，派头十足。

本来自我感觉良好的代代，心里突然感觉酸酸的。接下来，她又碰到了果果。在购物中心，代代看到她正在试穿一件价格不菲的貂皮大衣。对代代来说，这种衣服是可望而不可即的。"给我包起来吧，试过的衣服，我都要了！"果果的洒脱更是刺痛了代代的心。随后，果果邀请代代到自己家中玩，但代代没有去，她觉得自己在果果面前，有一种灰溜溜的感觉。

回家后，代代越想越不是滋味。本来大家都在同一起跑线上，现在却有天壤之别，心中的那份失落就别提了。之后，代代无意中得知果果以前被一个已婚的台湾富商包养过，后来被富商的妻子知道了，两个女人还大打出手，她与富商就此也结束了关系。

怪不得她现在这么阔气，大概还是用以前富商给的包养费吧！代代越想越得意，还在同学之中四处散播。一时间，关于果果的流言蜚语在同学们之中传开了。代代听到这些流言的时候，心里才得到了些许平衡。

或许你也有这样的感觉，别人的成功，别人的幸福，别人的春风得意，让你突然感觉到很失落。即使你表面比较平静，但内心同样是波涛汹涌，感觉有一种无形的东西被摧毁了。

这就是嫉妒之心，也就是所谓的攀比现象。爱攀比，比胜了，似乎能证明自己有多么与众不同。爱与别人比较的人实际是一种缺乏自信的表现，总是利用与别人攀比获得自信。有些人往往为了面子，贪图虚荣，追求虚幻的东西。别人有的东西我一定要有，别人敢消费的新东西，我也敢消费。人在物质上有了攀比之后，就会给自己带来不必要的精神和经济负担。许多人都有攀比心理，一般来说女人的攀比心理更严重。

有一位妻子，特别喜欢和别人比较，有一次对丈夫说："隔壁小高是你的同事，他们有的我们一定要有，绝不能输给他们。你知道，他们最近买什么了？"

丈夫回答："他们最近贷款买了一辆车。"

妻子说："那我们也要买一辆。"

丈夫又说："他最近在外还合伙承包了一家饭店。"

妻子说："明天把存款里的钱全取出来，我们也要开一家。"

丈夫接着又告诉妻子："小高他最近……最近……算了，我不想说了。"

妻子立马变脸，说道："为什么不说？怕比不过人家吗？"

丈夫顿感无奈，于是马上小声地跟妻子说："小高他最近换了一个年轻漂亮的太太。"

这时，妻子没有话说了。

这位妻子是可笑的，什么都要和人家攀比，直到最后，听说人家把太太也换了，也就不再攀比了。生活中，很多人都习惯了和别人做比较，但事实上，每个人都有自己的长处，也都有自己的短处。人和人之间其实没有太大的可比性，盲目地和人家攀比，只会给自己增加一些无谓的烦恼。

如果你也是一个爱攀比的人，一个试图攀比的人，那么停下你的脚步吧！别让虚荣阻碍了你享受生活的权利。攀比虽然让你的虚荣心得到了暂时的满足，可为了这满足你却付出了多大的代价：想方设法、不择手段、焦头烂额、心神交瘁，更大的代价是你忘了生活中还有比攀比更重要的事情。

跳出"与别人比较"的模式，自己和自己比。每个人的生活方式不一样，应该根据自己的实际情况，踏踏实实地过好自己的生活。跳出"与别人比较"的模式，而成为与"自己比较"的独立的自我。人和人的差异是巨大的，时尚杂志里艳光四射的模特和成功的比尔·盖茨常人自是无法比拟，没法儿跟他们较劲，但总能跟自己比吧，只要今天的自己比昨天的自己好，或者不比昨天的自己差就好了。

想想攀比最后给你带来了什么。与别人攀来比去，你最后除了虚荣的满足和失望之外，还剩下什么？有没有意义？是徒增烦恼还是有所收获？这种毫无意义的攀比，为什么还滋生在你的脑海里，为什么还不快点摆脱掉？

看到别人的腾达，但不攀比、不嫉妒，送上自己的祝福和羡慕，只是不断地鼓励自己，努力地改善自己的生活状态，但绝不强求自己。没有贪婪之心，拥有一点点就很知足了，这种平静的、自然的、真实的、健康的、积极向上的生活，才是真正的生活。

无尽的攀比给自己带来的只是或嫉妒，或怨气，或烦恼，或痛苦，为何要让这些消极情绪来吞噬自己的生活呢？尽快地从攀比的牢笼里走出来吧，给自己一个快乐、知足的生活态度。

赢得起，也要输得起

人生难免失败，做一个人不仅要能赢得起，同时也应输得起。因为胜败实乃兵家常事，也是人生常事。能以客观、平常心去看待这种胜负，不那么计较成败，便可在糊涂时，拥有良好的心情。才不至于在胜利时冲昏头脑，在失败时，耿耿于怀，一蹶不振。

在一次残酷的长跑角逐中，参赛的有几十个人，他们都是从各路高手中选拔出来的。

然而最后得奖的名额只有 3 个人，所以竞争格外激烈。

一个选手以一步之差落在了后面，成为第四名。

他受到的责难远比那些成绩更差的选手多。

"真是功亏一篑，跑成这个样子，跟倒数第一有什么区别？"

这就是众人的看法。

这个选手若无其事地说："虽然没有得奖，但是在所有没得到名次的选手中，我名列第一！"

谁说跑第四名跟跑倒数第一没有什么区别！在竞争中，自信的态度，远比名次和奖品更为珍贵。赢得起，也输得起的人，才能够取得大的成就。

如果你不能将输赢看淡，而是格外认真地去计较这一切。结果很有可能会事与愿违。

周谷城先生有一次在接受记者采访时，记者问他："您的养生之道是什么？"他回答说："说了别人不信，我的养生之道就是'不养生'三个字。我从来不考虑养生不养生的，饮食睡眠活动一切听其自然。"他讲得太好了，对比那些吃补药吃出毛病来的，练功练得走火入魔的……他的话很清楚地说明了糊涂做人的深意。

1996年英国举行的欧洲杯足球锦标赛半决赛，竞争双方分别是德国队和英格兰队。英格兰队状态极佳，又是在家门口比赛，志在必得。德国队当时也处在高峰时期。90分钟内两队踢了个平局，加时又是平局，最后只得点球大战决胜负。英格兰队极兴奋，每踢进一个点球球员就表露出兴奋若狂不可一世的架势，而德国队显得很冷静，踢进一个点球也基本上无甚反应。后来，英格兰队输了。一位中国足球评论员说："英格兰队太想赢了，所以反而输了。"

18世纪英国查斯特·菲尔德勋爵说："一个富足的个性，在生活中能够笑看输赢得失。他们深信自然和自己的潜能足以实现任何梦想，认为一个成功者周围倒下千百个失败者是不成功的，真正有效的成功者，只在自己的成功中追求卓越，而不把成功建立在别人的失败上。"有首禅诗写道："尽日寻春不见春，芒鞋踏遍陇头云。归来笑拈梅花嗅，春在枝头已十分。"当我们拼命在物质世界中寻求快乐的时候，往往忽略了我们的内心世界——自己的精神家园，而当我们真正静下心来，重新审视自己的时候，却会发现，真正的快乐只来自自己内心的安详。

人生无论成败，都没有什么值得牢记于心的。糊涂一点儿，尽快忘记那些过去的不快记忆，才会少一些压力，以后的路才能走得更顺畅。

每个人都不必总乞求阳光明媚，暖风习习，要知道，随时都会狂风大作，乱石横飞，无论是哪块石头砸了你，你都应有迎接厄运的气度和胸怀，在打击和挫折面前做个坚强的勇者，跌倒了再重新爬起来，将自己重新整理，以勇者的姿态迎接命运的挑战。

　　人生苦短，由此我们不难联想到，云南大理白族的三道茶，就是一苦二甜三淡，它象征了人生的三重境界。苦尽才能甜来，随之才有散淡潇洒的人生，才会不屈服于挫折的压力，开创大业，迎来人生的辉煌。

用发自内心的感恩代替抱怨

俗话说:"希望越大失望越大。"当人的期望值越高,而现实却迥然不同,心理落差太大时,人们难免会怨气冲天。

按照惯例,许多公司都会在春节前发放年终奖金。因此,春节来到之前的这个星期,老刘异常兴奋。他想起自己这一年早来晚归、兢兢业业地为公司工作,连妻子和女儿都照顾不上,心里盘算着奖金肯定少不了。有了这笔钱自己就可以给家中购置很多春节礼物了,于是,老刘每天都是早早就来到公司。

终于,星期三,老板把装着奖金的红纸包发给每一位员工。当老刘打开时,只有五百块钱?他简直不敢相信自己的眼睛:"这够塞牙缝吗?"一瞬间,失望、不平和愤怒一起涌向他的心头。"太不公平了,老板太抠门了!"当下,老刘就有了辞职的念头。

在职场中,有些员工总是喜欢抱怨,抱怨工作压力大、不被公司重视、上司很苛刻、公司存在很多问题等。而抱怨自己的薪水低是最普遍的问题。但是抱怨能解决问题吗?抱怨能感动老板发慈悲多发薪水吗?恐怕这种情况发生的概率很小。如果你对目前的薪水大肆抱怨,不满就会表现在工作中,对工作不认真、不负责,失去工作动力,结果工作做不好,薪水上涨当然是不可能的。所以越是抱怨,你的薪水越是难有上涨的机会。

其实，要改变自己爱抱怨的弱点，有一个秘方就是感恩。

职场中，那些对老板、对同事、对工作充满怨气的员工缘于没有一颗感恩的心。他们没有认识到是老板给他们工作的环境和机会，没有感受到是同事给予他们工作上的支持和协作，没有体会到是工作提供给他们成长的空间和生存的土壤，反而把自己黄金般宝贵的光阴，浪费在一大堆无用的指责埋怨上，这是人生最悲哀的事情。当他们怀着消极的心态、着眼于企业的不足时，会感到心情郁闷、精神不振、没有心思和精力努力工作。

英国作家萨克雷曾说过："生活就是一面镜子，你笑，它也笑；你哭，它也哭。"此时，你不妨换个角度来考虑问题，想一下，企业给了你什么好处和利益？企业有什么值得称道的？

在激烈的市场竞争中，一家企业能够在竞争激烈的市场中占有一席之地，就说明它有相当的优势，能够为员工提供生存发展的机会。对此，作为企业的员工应抱着感激之心，感激你从企业得到的一切，感激企业给了你赖以生存的工作和发展的平台，一定的社会地位等。这些，都是生活幸福、安定的基础。因此，不要抱怨这些不足，而要看到长处，包容短处。因此，停止抱怨，心怀感恩，把精力都用在工作上、用在想尽办法解决问题上，企业不愁发展不了，你也会有更好的明天。

总之，感恩是一种生活态度，一种处世哲学，一种智慧品德。感恩，不仅仅是感激别人的恩德，更是一种生活的态度。感恩不纯粹是一种心理安慰，也不是对现实的逃避，感恩是一种歌唱生活的方式，它来自对生活的爱与希望。因此，无论生活还是生命，都需要感恩。

也许你会说，我想不到有什么值得感恩的，生活欺骗了我，成功抛弃了我。那么，下面这个童话故事会让我们明白许多感恩的道理。

一位残疾人来到天堂，找到了上帝。抱怨上帝没有给他健全的四肢。于是，上帝给残疾人介绍了一位朋友，这个人刚刚死去不久，刚升入天堂。他对残疾人说："珍惜吧！至少你还活着。"

一位官场失意的中年人来到天堂找上帝，抱怨上帝没有给他高官厚禄。上帝就把那位残疾人介绍给他，残疾人对他说："珍惜吧！至少你四肢健全。"

一位年轻人来到天堂，质问上帝为什么自己总是得不到别人的重视。上帝就把那位官场失意的中年人介绍给他，他对年轻人说："珍惜吧！至少你还年轻。"

这些人忽然感到自己身上竟然有这么多异于他人的优点，值得他人羡慕，于是不再抱怨，很感激自己的父母了。

人生一世，不可能孤立存在，在生存的环境中，我们的每一步成长，每一次的成功都是在亲情、友情的烘托下取得的。我们有什么理由不感恩呢？

拥有一颗"感恩"的心，就会善于发现事物的美好，感受平凡中的美丽：注意并记住生活中美好的事情，你就会有很多正面情绪，让你感到生活幸福，并对生活充满感激和希望，并且这些正面情绪开始深入你的潜意识生根发芽。

感恩是对人生的一种态度，更是对自己的态度。常想着他人的恩惠，忽略种种的不快，珍惜身边点点滴滴的爱，是对别人的尊重，更是对自己的尊重。在你学会感恩的同时，你已经爱上了这个世界。当你心存感恩的时候，就会发现生活之美。在顺境中感恩，在逆境中依旧心存喜乐。如果在我们的心中培植一种感恩的思想，则可以沉淀许多的浮躁、不安，消融许多的不满与不幸。

拥有一颗感恩的心，能让你的生命变得无比珍贵，更能让你的精神变得无比崇高！常怀感恩之心，会让我们珍惜所有的一切，会让我们的生活充满阳光和快乐。学会感恩，我们会永远工作和生活在幸福之中。

停止抱怨，做好自己的工作

　　在职场中，如果你总是抱怨，那么梦想就会离你越来越远。可是，无论在哪个单位，无论是什么职位，总是能听到一些抱怨的声音：

　　——这份工作太没意义了，在这儿工作简直是在浪费青春！

　　——老板也太抠了，工资那么点，还没白天没黑夜的加班，简直把我们当驴使！

　　——在这儿学不到一点儿东西，再待下去的话，自己也会变成个一无所知的智力障碍者。

　　——办公室人际关系太复杂了，大家表面看起来和和气气的，可是背地里却钩心斗角，说对方的坏话，这种气氛真让人压抑。

　　——这家公司前途渺茫，看来没什么发展空间了。

　　……

　　抱怨工作的乏味，抱怨上司的严厉，抱怨老板没人情味儿……发泄一通自然能解一时之气，但是自己目前的状况始终没有改变，面临的问题也始终没有得到解决。

　　每个人都希望自己能有一份高薪水、离家近、干活儿少，最好能经常旅游且人际关系很简单的工作。有很多人总是羡慕Google公司的职员，因为Google公司的职员享受的待遇和福利堪称一流。

比如：高额的薪水；一流的办公环境；和气的上司；一日三餐都有五星级厨师随时待命，而且完全免费；零食包括巧克力、酸奶、水果随用随取；还可以带着自己心爱的宠物上班；如果累了可以做免费的按摩；每天有百分二十的时间做自己想做的事情……这样的工作环境每个人都向往。但是，Google不是慈善机构，免费享受那些待遇的前提是能为公司创造出巨大的商业利润，或者是德才兼备的人员。你不妨扪心自问：如果你去Google上班，你觉得你能胜任吗？如果你总是抱怨，无论在什么公司，都不会有好的发展。不仅得不到发展，而且还会让很多机会溜走。

国华是从一所名牌大学毕业的，工作能力超强。但是，他最近却休息在家，每个月只拿几百块的失业补助，他才35岁啊，为什么就不去上班工作了？

原来，国华以前在一外企工作，刚开始，领导很器重他，上班没多久，就提拔他当了部门主管，两年后，又提拔他为副经理。国华虽然工作能力超强，但是他有个毛病，那就是爱抱怨牢骚。对于国华的这点儿毛病，领导认为他会慢慢地改掉的。可是，自从当了副经理之后，国华不仅没有改掉这个毛病，还变本加厉，甚至当着领导的面无休止地抱怨。领导越来越看不惯他了，认为一个总喜欢抱怨的人是不适合在公司发展的，慢慢地，就冷落他了，先是撤了他的副经理职位，随后又撤了他的主管职位。这种情况下，国华的抱怨更多了，不但自己消极怠工，还影响别人做事，最后，领导劝他先回家休息休息，实际上等于是让他辞职了。

如果国华能改掉这种发牢骚的毛病，凭借他的能力，找一个好工作是不成问题的。之后的国华也陆续去了几家单位上班，刚开始，领导也是很赏识和重视他，可是，他的缺点始终改不了，结果同样是遭到了冷落，他受不了冷落，一气之下就又不干了。

……

如果想在自己的工作岗位上有所作为，那就踏踏实实地工作，因为那些在事业上有所建树的人们从不抱怨公司，而是认真干好自己的本职工作，最终通过努力和业绩来证明自己的价值。

罗宁毕业之后，先在一家小文化公司做打字员。虽然只是一个小打字员，罗宁却并没有因为不起眼的工作岗位而抱怨，而是暗自下决心："既然要当打字员，那就一定要把打字员的工作做好。"当然，这是她一向的做事态度。

有一次，老总给了她一份手写稿，要得很急，要她第二天交上来，五十多页啊，而且手写稿字迹潦草，很难辨清。面对如此让人头疼的工作，罗宁没有抱怨，加了一晚上的班终于赶出来了，而且工作做得相当细致，有些字辨别不出，她都用颜色标注了一下，老总看后相当满意。之后，老总对罗宁的印象加深了。

由于谦虚、勤奋、好学，在很短的时间内，罗宁便得到了提升，先后担任了编辑部主任、公司总经理等职位。

无论何时何地，无论从事什么工作，罗宁总是坚持"做好本职工作"这一原则，努力提高自己的能力。对于问题，她总能一眼找出症结所在。最后，她被大公司高薪聘走。

既然选择了这项工作，那就要努力把它做好。但是很多人对于自己的工作总是不屑一顾，充满了抱怨，而且总是叹息自己怀才不遇，或者抱怨得不到应有的待遇。其实，只要认真努力地把自己的本职工作做好，你会发现你的世界变得豁然开朗。

那些经常抱怨自己工作的人，应该懂得：

一味地抱怨并不能解决任何问题。只是抱怨发牢骚，那你的工作就可以跳过去不用做了吗？当然这是不可能的，因为不管你的心情如何，你的工作迟早还得由你来完成，既然这样，那为什么还要抱怨，让大家的心里都不舒服？想一想，有那些发牢骚的工夫，还不如启动智慧的大脑去想想办法，分析一下事情为什么会这样？怎样才能如愿以偿？……

经常抱怨的人没人缘。如果你总是抱怨、发牢骚，相信你的同事也不愿意和你一起共事，因为面对一个絮絮叨叨、满腹牢骚的人对任何人来说都是一种痛苦。而且，太多的抱怨不仅无法解决问题，而且更加证明你的无能，只有无能的人才只知道抱怨，把一切不顺归咎于种种客观因素。如果对上司交付的工作也总是推来推去、嘟嘟囔囔，他也许会认为你心里对工作很不满意，不足以托付重任，这样的一个大好机会也就溜之大吉了。

抱怨会伤人。相信任何人都不愿意听满腹牢骚的人抱怨，即使是你的兄弟姐妹，面对你的抱怨也是敬而远之，更何况是你的同事呢？很多人都会介意你的态度，大家都不愿意对你的冷言冷语一再宽容，因为每个人都愿意听一些积极向上、美好的东西，那些尖酸刻薄的话语只会伤到人。

想一想吧，任何的抱怨都是无济于事的，而且还会伤到别人，既然都已经做了，就心甘情愿些吧，如果只是一味地抱怨，还会使你的功劳被埋没，何苦呢？

无论你的理想是什么，也无论你的人生目标有多高，但你需要做的就是把眼前的工作做好，然后才有资格考虑其他的。当然，对于眼前比较琐碎的工作，你不要眼高手低、好高骛远，甚至不肯在基层工作中投入精力，这不仅仅是对工作的不负责任，也是对自己将来发展的不负责任。因为任何人的成功都是由小到大积累起来的，任何人都不可能一步登天，只有循序渐进地积累实力，从最平凡、最基础的工作做起，才能最终实现职业梦想。

第二章
当不公平从天而降

一味愚蠢地强求始终公平，是心胸狭隘者的弊病之一。

——爱默生（美国思想家、文学家）

生活是不公平的，你要去适应它。

——比尔·盖茨（美国企业家）

并没有绝对的公平

　　为什么晋升的是他而不是我？为什么我对你这样好你却要那样对待我？为什么为什么为什么……"这不公平！"——不少人在承受不公平待遇的时候，都会怒气冲冲。在强烈怒气的支配下，人最容易失去理智而冲动，做出一些连自己也会后悔的出格事情来。

　　谁会愿意承受不公平呢？但人世间的纷纷扰扰，又岂是"公平"二字能规范得了的？生不公平，有人生于富贵人家，有人生于白屋寒门；死不公平，有人英年早逝，有人寿比南山。生与死都不公平，我们又拿什么来要求处于生死之间的人生旅程中事事公平？

　　看了上面的话，也许有人很沮丧：难道人世间就没有了公平吗？不是的，人世间不仅有公平而且在绝大多数情况下是公平的。正是因为有了公平的存在，我们才能看到不公平；也正因为公平存在于大多数情况之中，不公平才会如此刺眼。

　　值得注意的是，公平需要放在一个较长的时间系里去看。社会是公平的，但我们不可能任何时候、任何地点、任何事情都强求绝对的公平。山有高有低，水有深有浅。这个世界，不存在绝对的公平。如果我们事事要求公平，必然会陷入愤怒与过激之中。爱默生说："一味愚蠢地强求始终公平，是心胸狭隘者的弊病之一。"

付出一定会有回报吗？

有道是"一分耕耘一分收获"，或云"世间自有公道，付出总有回报"，但是真正的现实生活中是这样的吗？

不是每一朵花儿，都能有结出饱满的果实；不是每一份付出，都有回报。或许更多的时候，我们的付出没有什么回报，一切付出终于只是"付之东流"。当你总是用真诚去关心、了解别人时，收到的却是冷漠；当你做什么都总是为别人着想时，别人却认为这是理所当然的事……

付出没有回报的原因有很多。原因之一是你的付出投错了地方，就像你想要在死海中钓一尾虹鳟鱼一样，怎样的努力也白搭，因为你根本就将力气用错了地方。你不改变策略，你的付出就注定会打水漂。世界万物的运动都是有规律的。人们不管做什么事情，都要尊重客观世界的规律，遵循客观世界的规律。凡是违背客观世界规律的事，不管付出多少，最后的结局必然是失败，而且付出越多失败越惨。

此外，就算你将努力与付出用对了地方，也不见得一定有回报。三月播种四月插田，农民年年忙碌在田间地头，但一场突如其来的暴雨就足以让他们颗粒无收，甚至于无家可归，还提什么回报啊！

不是所有的春华都会有秋实，不是全部的付出都有回报。不要再执着于"付出总有回报"之中，否则一旦付出之后没有回报，便会心有不平，大发牢骚，怨天尤人，诅咒老天不公。人在这种心态与情绪之中，最容易走极端。

然而，尽管付出不一定有回报，但这绝不能成为我们懒惰颓废的借口，因为不付出就一定没有回报。有则笑话是这样的：一个人整天拜着菩萨，请求菩萨保佑他的彩票中大奖。可是他拜了很多次菩萨，愿望还是没有实现。这个人终于气愤地质问菩萨为什么不保佑自己。菩萨说："我也想帮你一回，但你也得先买彩票，我才能让你中奖啊！"透着几分荒唐的笑话，其实也说明了一个道理：不付出就一定没有回报！

　　既然付出不一定有回报，而不付出一定没有回报。我们当然只有选择付出了。只是，在付出没有得到回报的时候，不要过于生气，要冷静地想一想原因。事实上，我们的付出没有回报很多时候是一个表象，有些回报是无形的。爱迪生发明灯丝时付出了 N 次还没有回报，但爱迪生认为他有回报——他知道了 N 种材料不适合制作灯丝。果然，他在第 N+1 次实验时成功了。

　　如果你对于付出与回报之间的关系能够清楚了解，那么在付出很多依然没有得到自己想要的东西时，也就不会有那么多的不平，也就不会轻易滋生出冲动。

以平和心对待不公

　　我们生活在一个社会群体之中，一个社会必须有合理的法律、规则与道德标准等来相互约束，以维持一个良好的社会秩序。在我们的生活中，大家都习惯于时时处处去寻求一种公道与正义，一旦感到失去了公正，他们就会愤怒、忧虑或者失望，并因此而产生报复与反击的冲动。

　　人们常说"世间自有公道在"，但现实的结果是，寻求绝对的公道就像寻求长生不老一样。我们周围的世界——不管是自然界还是人类——本身不可能是一个完全公平的世界。鸟吃虫子，这对于虫子来说是不公正的；蜘蛛吃苍蝇，对于苍蝇来说也是不公正的；美洲狮吃小狼，狼吃獾，獾吃老鼠，老鼠吃蟑螂……

　　只要环顾一下大自然，就不难看出，世界上很多现实是无法用公道衡量的。倘若人们强求世上任何事物都得公平合理，那么所有生物连一天都无法生存——鸟儿就不能吃虫子，虫子就不能吃树叶，世界就得照顾到万物各自的利益。所以，我们寻求的完全公道只不过是一种海市蜃楼罢了。整个世界以及世界上的每个人都会遇到各种各样的不公道。面对这些不公道，你可以高兴，可以怨恨，可以消极视之……但那些不公道现象依然会永远存在下去。

这里，我们提出的并不是什么大儒哲学，而是对客观世界的一种真实描述。绝对的公道是一个脱离现实的概念，当人们追求自己的幸福时尤其如此。许多人会问：难道生活中就不存在任何正义感了吗？他们常常会说：

"这是不公平的。"

"如果我不能这样做，你也没有权利这样做。"

"我会这样对待你吗？"

……

人们渴求公道，但一旦他没有得到公道时就会表现出一种不愉快。讲求正义、寻求公道，这本身并不是一种误区性的行为，但如果你一味地追求正义和公道，未能如愿便消极处世，这就构成了一个误区——一种自我挫败性行为。当然，这一误区并不是指寻求公道的行为本身，而是指由于不公道的现实存在而使自己产生的一种惰性。

不公道现象的存在是必然的，当你无法改变这一现实时，你可以努力改变自己，不让自己因此而陷入一种惰性，并可以用自己的智慧进行积极的斗争。首先争取从精神上不为这种现象所压垮，然后努力在现实中消除这种现象。

在我们的生活与工作中，经常会听到有人如此发泄："这简直太不公平了！"——这是一种比较常见、但又十分消极的抱怨。当你感到某件事不太公平时，必然会把自己同另一个人或另一群人进行比较。你可能会想：

"既然他们能做，我也能做。"

"你比我得到的多，这就不公平。"

"我没有那样做，你为什么可以那样做？"

……

渴求公正的心理可能会体现在你与他人的关系中，妨碍你与他人的积极交往。不难看出，你是在根据别人的行为来衡量自己的得失。如果这样，支配你情感的就是别人，而不是你自己了。如果你未能做别人所做的事情，并因此而烦恼，你就是在让别人摆布你。每当你把自己同别人进行比较时，你就是在玩"不公平"的游戏，这样你采取的就是着眼于他人的外界控制型思维方法。

强求公正是一种注重外部环境的表现，也是一种避而不管自己生活的办法。你可以确定自己的切实目标，着手为实现这一目标采取具体行动，不必顾忌不公平的现象，也无须考虑其他人的行为和思想。事实上，人与人之间总会存在一定的差异。别人的境遇如果比你好，那你无论怎样抱怨也不会改变自己的境遇。你应该避免总是提及别人，不要总是拿望远镜瞄准别人。有些人工作不多，报酬却很高；有些人能力不如你强，却得到晋升。然而，只要你将注意力放在自己身上，不去同别人比来比去，你就不会因周围的不平等现象而烦恼。各种误区性的行为都有一个相同的心理根源——他们把别人的行为看得更加重要。如果你总是说"他能做，我也可以做"，那你就是在根据别人的标准生活，你永远不可能开创自己的生活。

在现实生活中，我们可以明显地看到一些"渴求平等"的行为。你只要稍加观察，就会发现自己和别人身上存在许多这种行为的缩影。下面是一些较为常见的例子：

抱怨别人与你干得一样多，但工资却拿得比你多。

认为那些著名歌星的收入太高，这实在不公平，并因此感到恼火。

认为别人做了违法乱纪的事时总是可以逍遥法外，而你却一次也溜不掉，因此感到十分不平。

总是说："我会这样对待你吗？"其实就是希望别人都同你一模一样。

总要报答别人的友善行为。你要是请我吃饭，我也应该回请你，或者至少送你一瓶酒。人们常常认为这样做才是懂礼貌、有教养。然而，这实际上仅仅是保持公平对待的一种做法。

在爱人对你表示亲热之后，总要回吻，要不就是说"我也爱你"，而不会自己选择表达感情的时间、方式和场所。这说明在你看来，接受了别人的亲吻或"我爱你"而没有相应的表示，就是不公平的。

即使自己不愿意，也会出于义务去做对方想要的回应，因为没有一点儿合作精神太不近情理。这样，你就不是根据自己在具体情况下的意愿，而是根据公平对等的原则而生活。

对任何事情都要求前后一致，始终如一。爱默生曾说过这样一句话："……一味愚蠢地要求始终如一，是心胸狭隘者的弊病之一。"倘若你坚持始终如一地以"正确"方式做事，就很可能属于心胸狭隘的一类人。

在争论时，非要辩出个明确的结论：胜利的一方就是正确的，失败的一方则应承认错误。

以"不公平"的论据来达到自己的目的。"你昨晚出去了，今晚让我等在家里就太不公平了。"要是对方不接受你的意见，就愤愤不平。

做自己本不愿意做的事情（如带孩子上街玩、周末去父母那儿或给邻居帮忙），因为你担心不这样做会对孩子、父母或邻居太不公平了。其实，不要将一切问题都归罪于不公平的现象。应该客观地考虑一下你为什么不能根据自己的情况做出适当的决定。

认为"如果他能这样做，我也可以这样做"，用别人的行为来为自己辩解。你可能用这种误区性理由解释自己的作弊、偷窃、欺诈、迟到等不符合你的价值观念的行为。例如，在公路上开车时，一辆车把你挤到了路边，你也要去挤他一下；一个开慢车的人在前面挡了你的路，你也要赶上去挡他一下；迎面来车开着大灯晃了你的眼，你也要打开自己的大灯。实际上，你是因为别人违反了你的公正观念，而拿自己的性命赌气。这就是在孩子们中间经常出现的"他打了我，所以我要打他"的做法，而孩子们则是在多次见到父母的类似行为之后才学会这样做的。

每每收到礼品，都要回赠对方一件价值相当的东西，甚至加倍报答。坚持在各方面与别人保持对等，而不考虑自己的具体情况。"事物毕竟应该是公平对待的。"

上面就是我们在"公正"之路上可以见到的一些具体情形。在这里，你同身边的人都多少会受到一些震动，因为你们头脑中有一种完全不现实的概念：一切都必须是公平合理的。

别踢"仇恨袋"

一位妇人同邻居发生了纠纷，邻居为了报复她，趁黑夜偷偷地放了一个花圈在她家的门前。

第二天清晨，当妇人打开房门的时候，她震惊了。她并不是感到气愤，而是感到仇恨的可怕。是啊，多么可怕的仇恨，它竟然衍生出如此恶毒的诅咒！竟然想置人于死地而后快！妇人在深思之后，决定用宽恕去化解仇恨。

于是，她拿着家里种的一盆漂亮的花，也是趁黑夜放在了邻居家的门口。清晨邻居打开房门，一缕清香扑面而来，妇人正站在自家门前向她善意地微笑着，邻居也笑了。

一场纠纷就这样烟消云散了，她们和好如初。

冤冤相报何时了？宽容他人，除了不让他人的过错来折磨自己外，还处处显示着你的淳朴、你的坚实、你的大度、你的风采。那么，你将永远拥有好心情。只有宽容才能治愈不愉快的创伤，只有宽容才能消除一些人为的紧张。学会宽容，意味着你不会再心存芥蒂，从而拥有一份流畅、一份潇洒。

在生活中我们难免与人发生摩擦和矛盾，其实这些并不可怕，可怕的是我们常常不愿去化解它，而是让摩擦和矛盾越积越深，甚至不惜彼此伤害，使事情发展到不可收拾的地步。

用宽容的心去体谅他人，把微笑真诚地写在脸上，其实也是在善待自己。当我们以平实真挚、清灵空洁的心去宽待别人时，心与心之间便架起了相互沟通的桥梁，这样我们也会获得宽待，获得快乐。

古希腊神话中有一位大英雄叫海格里斯。一天他走在坎坷不平的山路上，发现脚边有个袋子似的东西很碍脚，海格里斯踩了那东西一脚，谁知那东西不但没被踩破，反而膨胀起来，加倍地扩大着。海格里斯恼羞成怒，操起一根碗口粗的木棒砸它，那东西竟然长大到把路都堵死了。正在这时，山中走出一位圣人对海格里斯说："朋友，快别动它，忘了它，离开它远去吧！它叫仇恨袋，你不犯它，它变小如当初；你侵犯它，它就会膨胀起来，挡住你的路，与你敌对到底！"

人在社会上行走，难免与别人产生摩擦、误会甚至仇恨，但别忘了在自己的仇恨袋里装满宽容，那样你就会少一分阻碍，多一分成功的机遇。否则，你将会永远被挡在通往成功的道路上，直至被打倒。

《百喻经》中有一则故事：

有一个人心中总是很不快乐，因为他非常仇恨另外一个人，所以每天都以嗔怒的心，想尽办法欲置对方于死地。

为了一解心头之恨，他向巫师请教："大师，怎样才能化解我的心头之恨？如果画符念咒可以损害仇恨的人，我愿意不惜一切代价学会它！"

巫师告诉他："这个咒语会很灵，你想要伤害什么人，念着它你就可以伤到他；但是在伤害别人之前，首先伤到的是你自己。你还愿意学吗？"

尽管巫师这么说，一腔仇恨的他还是十分乐意，他说："只要对方能受尽折磨，不管我受到什么报应都没有关系，大不了大家同归于尽！"

为了伤害别人，不惜先伤害自己，这是怎样的愚蠢？然而现实生活中，这样的仇恨天天在上演，随处可见这种"此恨绵绵无绝期"的自缚心结。仇恨就像债务一样，你恨别人时，就等于自己欠下了一笔债；如果心里的仇恨越来越多，活在这世上的你就永远不会再有快乐的一天。

"冤家宜解不宜结。"只有发自内心的慈悲，才能彻底解除冤结，这是脱离仇恨炼狱最有效的方法。

作家摩罗在《把敌人变成人》一文中曾转述了1944年苏联妇女们对待德国战俘的场景。

这些妇女中的每一个人都是战争的受害者，或者是父亲，或者是丈夫，或者是兄弟，或者是儿子在战争中被德军杀害了。

战争结束后押送德国战俘时，苏联士兵和警察们竭尽全力阻挡着她们，生怕她们控制不住自己的冲动，找这些战俘报仇。然而，当一个老妇人把一块黑面包不好意思地塞到一个疲惫不堪的、两条腿勉强支撑得住的俘虏的衣袋里时，整个气氛改变了，妇女们从四面八方一齐拥向俘虏，把面包、香烟等各种东西塞给这些战俘……

叙述这个故事的叶夫图申科说了一句令人深思的话："这些人已经不是敌人了，这些人已经是人了……"

这句话道出了人类面对苦难时所能表现出来的最善良、最伟大的生命关怀与慈悲，这些已经让人们远远超越了仇恨的炼狱。

如果一个人心中时时怀着仇恨，这仇恨就会像海格里斯遇到的仇恨袋一样，一次次地放大，一次次地膨胀，总有一天它会隐藏你内心的澄明，搅乱你步履的稳健。

退一步海阔天空

记得这是一位外国学者的话，意思是说：会生活的人，并不一味地争强好胜，在必要的时候，宁肯后退一步，做出必要的自我牺牲。

历史上有许多这样的例证。

清河人胡常和汝南人翟方进在一起研究经书。胡常先做了官，但名誉不如翟方进好，在心里总是嫉妒翟方进的才能，和别人议论时，总是不说翟方进的好话。翟方进听说了这事，就想出了一个应付的办法。

胡常时常召集门生，讲解经书。一到这个时候，翟方进就派自己的门生到他那里去请教疑难问题，并一心一意、认认真真地做笔记。一来二去，时间长了，胡常明白了，这是翟方进在有意地推崇自己，为此，心中十分不安。后来，在官僚中间，他再也不去贬低翟方进而是赞扬了。

明朝正德年间，朱宸濠起兵反抗朝廷。王阳明率兵征讨，一举擒获朱宸濠，建了大功。当时受到正德皇帝宠信的江彬十分嫉妒王阳明的功绩，以为他夺走了自己大显身手的机会，于是，散布流言说："最初王阳明和朱宸濠是同党。后来听说朝廷派兵征讨，才抓住朱宸濠以自我解脱。"想嫁祸并抓住王阳明，作为自己的功劳。

在这种情况下，王阳明和张永商议道："如果退让一步，把擒拿朱宸濠的功劳让出去，可以避免不必要的麻烦。假如坚持下去，不做妥协，那江彬等人就要狗急跳墙，做出伤天害理的勾当。"为此，他将朱宸濠交给张永，使之重新报告皇帝：朱宸濠捉住了，是总督军们的功劳。这样，江彬等人便没有话说了。

王阳明称病休养到净慈寺。张永回到朝廷，大力称颂王阳明的忠诚和让功避祸的高尚事迹。皇帝明白了事情的始末，免除了对王阳明的处罚。王阳明以退让之术，避免了飞来的横祸。

如果说翟方进以退让之术，转化了一个敌人，那么王阳明则依此保护了自身。

以退让求得生存和发展，这里蕴含了深刻的哲理。

老子曾说过："道常无为而无不为，侯王若能守之，万物将自化。"意思是说，"道"永远是顺其自然不妄为，侯王如果能守住这样的"道"，万物就将自生自长。"为"代表"有"，"不为"代表"无"，只有顺应自然不妄为才能化无为有，万物和谐。

为了论证这个道理，老子进行了哲学的思辨：许多辐条集中到车毂，有了毂中间的空洞，才有车的作用；揉捏陶泥作器皿，有了器皿中间的空虚，才有器皿的作用；开凿门窗造房屋，有了门窗中间的空隙，才有房屋的作用。所以，"有"所给人的便利，完全靠着"无"起作用。

就是说，"无"比"有"更加重要。不仅客观世界的情况如此，人的行为也是如此。人的"无为"比"有为"更有用，更能给人带来益处。一味地争强好胜，刀兵相见，横征暴敛，"有为"过盛，最终只能落得个身败名裂的下场。

当然，老子贬"有为"扬"无为"的做法，并非完全正确。就社会生活而言，积极奋斗、努力争取、勇敢拼搏、坚持不懈的行为，其价值和意义，无疑是值得肯定的。但应该看到，人生的路并不是一条笔直的大道，面对复杂多变的形势，人们不仅需要慷慨陈词，而且需要沉默不语；既需要穷追猛打，也需要退步自守；既应该争，也应该让，如此等等。一句话，"有为"是必要的，"无为"也是必要的。就此而言，老子的无为思想，具有极其重要的意义。

然而，在人生的旅途中，应该什么时候"有为"，什么时候"无为"呢？"无为"和"有为"的选择取决于主客或敌我双方的力量对比。当主体力量明显占优势，居高临下，以一当十，采取行动以后，可以取得显著的效果时，应该"有为"。而当主体处在劣势的位置上，稍一动作，就可能被对方"吃掉"，或者陷于更加被动的境地，那么，便应该以退为进，坚守"无为"方是。"无为"只是一种权宜之计、人生手段，待时机成熟，成功条件已到，便可由无为转为有为，由守转为攻，这就是中国古人所说的屈伸之术。

为此，我们提醒那些想建功立业的人，在人生大道的某一个点上，只有退几步，方能大踏步前进！

不能无限度地忍让

做人要"忍"，然而忍耐过分也并不可取。过分地忍，会给我们带来许多的不幸、麻烦、痛苦，甚至是耻辱；过分地忍，已经使不少老实人的骨骼中缺少了"钙"的成分，忍到了不能再忍的程度；过分地忍，也使我们缺乏活力，缺乏向前闯的勇气；过分地忍，还是造成冲动的一个原因……

具体来说，过分地忍会产生什么样的结果呢？

第一，如果一个人只会过分地忍、一味地忍，那么他就会变成一个缺乏个性的人。人需要自己的个性，需要自己的风格，只有这样才能使自己的人生丰富多彩。对于那些忍到了极端的人来说，只是为忍而忍，将忍看作是一种目的，而不是一种手段。因此，只是逆来顺受，只会压抑自己，自己想说的话不能说，自己想干的事不能干，处处受到干涉和阻止，一点儿都不能发展自己。这样的忍，是以牺牲自己的独立人格和主体意识为代价的，因此，他们只能整天窝窝囊囊、无所作为地活着。这类人因为过于忍耐，其自我萎缩，缺乏鲜明的个性。

第二，如果一个人只会过分地忍、一味地忍，那么，他们就很容易变成守旧、毫无进取心的庸人。唐代学者刘禹锡诗曰："流水淘沙不暂停，前波未灭后波生。"人生只有不断地进取才能获得成功。如果人以忍作为进取的一种手段和智谋，还是可取的。然而，有些人的忍，并不是为实现正义而做的一时妥协，并不是为实现自己远大的目标而做的暂时的撤退，只是对传统的习惯势力、落后势力的无限制地妥协和退让。这是懦弱的表现，因而胆小如鼠，俯首帖耳于恶势力之下。有时明明是正义站在他这一边，然而他还是一个劲儿地往后缩，变得越来越胆小怕事、守旧，越来越缺少斗争勇气，越来越缺乏进取精神。

第三，如果一个人只会过分地忍、一味地忍，那么这种老实过头的结果就会让人变得越来越带有奴性，越来越自卑。有的人为什么只会忍？就是缺乏自信。太自卑，对他人就只能无条件地顺从、服从。如果这种忍的时间一长，变成习惯之后，就会很快地转换成一种奴性，印刻在他的行为之中，时时事事都得依靠他人，变得离开他人就无法生存似的，甚至连他本人都不知道自己为什么要在世上生活下去。由于自我的极度萎缩，这种人越来越能忍，倘若离开了他人，倘若别人不弄出点儿事来让自己忍，甚至会感到世界末日将要来临一般。他会越来越缺乏独立性，会越来越看不到自己的长处，越来越自卑。

第四，如果一个人只会过分地忍、一味地忍，那么，对个人来说也只会带来矛盾和痛苦。过分的忍，实际上是人对社会的一种消极适应方式，是将个人在人生中遇到的所有矛盾、问题都由自己默默地承受。这种人不会宣泄，不会通过其他方式去化解矛盾，只会一个人在夹缝中生活，只会一个人躲在角落里偷偷地掉泪。结果呢，矛盾越积越多，越积越深，也就越来越痛苦，既害了自己，又误了别人。世界上本来有很多矛盾是属于"一点即破"的，然而一到了那些能忍、会忍的人身上，就听任矛盾积累起来。

于是，本来不复杂的，变成了相当复杂的；本来很容易解决的，就变得很难办了。这类人，因为凡事过分地忍，其感情世界往往是最痛苦的，而且往往依靠个人的力量无法摆脱。

第五，一个过分忍让的人，极可能转变成一个极端冲动的人。这话乍听上去似乎有点儿讲不通，但世间的许多事物都是如此。太阴则阳，太阳则阴。一个过分忍让的人，心中的怨愤与怒气长年累积，犹如流水在拦河坝里受阻而水位益高，高到一定程度，一旦内心的理智之堤不堪承受，就会让怨愤和怒气一泄而出。我们经常在新闻中看到一些这样的案例：一个长年忍气吞声、逆来顺受的人，居然拍案而起，操刀杀了欺侮自己的人。这种血淋淋的案例让人不胜唏嘘。试想，如果该人不是太过忍让，会招来他人一而再、再而三的得寸进尺的欺侮吗？如果他懂得适度反击，会累积那么多的怒火直至崩溃吗？

的确，如果忍让浓浓地烙上了保守、落后、安命不争、平庸、易满足、缺乏进取心、衰老退化、奴性、软弱、过于自卑等痕迹时，那么，这样的忍耐就变了味，一定叫人憋气，叫人难受，叫人窝囊，叫人痛苦……为何？因为这种忍耐太缺乏时代精神，太缺乏人的进取精神，太缺乏人的主体意识，太缺乏人的骨气，太缺乏人的生存意义和价值了。

前面我们强调了做人要忍，现在又说不要过分地忍，那么它们之间的尺度到底如何把握呢？我们不妨先看两则小故事。

一位作家刚完成一本书，正陶醉在人们的赞美声中，另一个作家对他有些嫉妒，跑去对他说："我很喜欢你这本书，是谁替你写的？"作家回敬道："我很高兴你喜欢，是谁替你读的？"

你不仁，休怪我不义；你损我的面子，我也让你下不来台。

对于尖酸刻薄、嘴上无德的人，我们不妨以其人之道，还治其人之身。

有一个常以愚弄他人而自得的人，名叫汤姆。这天早晨，他正在门口吃着面包，忽然看见杰克逊大爷骑着毛驴哼呀哼呀地走了过来，于是他就喊道："喂，吃块面包吧！"

大爷连忙从驴背上跳下来，说："谢谢您的好意。我已经吃过早饭了。"

汤姆一本正经地说："我没问你呀，我问的是毛驴。"说完，得意地一笑。

大爷以礼相待，却反遭一顿侮辱，是可忍孰不可忍？他非常气愤，可是难以责骂这个无赖。那样无赖会说："我和毛驴说话，谁叫你插嘴来着？"

经这么一想，大爷猛然地转过身子，照准毛驴脸上"啪，啪"就是两巴掌，骂道："出门时我问你城里有没有朋友，你斩钉截铁地说没有，没有朋友为什么人家会请你吃面包呢？"

"叭，叭"，对准驴屁股，又是两鞭，说："看你以后还敢不敢胡说？"

说完，翻身上驴，扬长而去。

大爷的反击力相当强。既然你以你和毛驴说话的假设来侮辱我，我就姑且承认你的假设，借教训毛驴，来嘲弄你自己建立的和毛驴的"朋友"关系，就这样给了这无赖一顿教训。

反击无理取闹的行为，不宜锋芒太露。有时，旁敲侧击，指桑骂槐，反而更见力量。这使对方无辫子可抓，只得打掉了门牙往肚子里吞，在心中暗暗叫苦。

如何面对职场上的不公平

　　我们常常会看到这样一些现象：没有能力的人身居高位，有能力的人怀才不遇；做事做得少或者不做事的人，拿的工资要比做事做得多的人还要高；同样的一件事情，你做好了，老板不但不表扬，还要对你鸡蛋里面挑骨头，而另外一个人把事情做砸了，还得到老板的夸赞和鼓励……诸如此类的事情，我们看了就生气，会理直气壮地说："这简直太不公平了！"

　　公平，这是一个很让我们受伤的词语，因为我们每个人都会觉得自己在受着不公平的待遇。事实上，这个世界上没有绝对的公平，你越想寻求百分百的公平，你就越会觉得别人对自己不公平。

　　美国心理学家亚当斯提出一个"公平理论"，认为职工的工作动机不仅受自己所得的绝对报酬的影响，而且还受相对报酬的影响，人们会自觉或不自觉地把自己付出的劳动与所得报酬同他人相比较，如果觉得不合理，就会产生不公平感，导致心理不平衡。

　　还没有进入职场之前，还在校园里"做梦"的时候，我们以为这个世界一切都是公平的。不是吗？我们可以大胆地驳斥学校里的一些不合理的规章制度，如果老师有什么不对的地方我们可以直接提出来，根本不用害怕什么。在别人眼里，你是"有个性"

和"有气魄"的人。但是，进入职场之后，"人人平等"变成了下级和上级之间不可逾越的界限，"言论自由"变成了没有任何借口。如果你动不动就对公司的制度提出质疑，或者动不动就和老板理论，到头来往往是搬起石头砸自己的脚。

小玫原以为外企公司的人个个精明强干。谁知，自己在公司里工作了一段时间，才发现不过如此：前台秘书整天忙着搞时装秀；销售部的小张天天晚来早走，3个月了也没见他拿回一个单子；还有统计员小燕，简直就是多余，每天的工作只是统计员工的午餐成本。小玫惊叹：没想到进入了电子时代，竟还有如此的闲云野鹤！

那天，她去后勤部找王姐领文具，小张陪着小燕也来领。恰巧就剩下最后一个文件夹，小玫笑着抢过说："先来先得。"小燕可不高兴了，说："你刚来，哪有那么多的文件要放？"小玫不服气："你有？每天做一张报表就啥也不干了，你又有什么文件？"一听这话，小燕立即拉长了脸，王姐连忙打圆场，从小玫怀里抢过文件夹，递给了小燕。

小玫气哼哼地回到座位上，小张端着一杯茶悠闲地走进来："怎么了，有什么不服气的？我要是告诉你，小燕她舅舅每年给咱们公司500万的生意，你……"然后，打着呵欠走了。

下午，王姐给小玫送来一个新的文件夹，一个劲儿地向小玫道歉，她说她得罪不起小燕，那是老总眼里的红人；也不敢得罪小张，因为他有广泛的社会关系，不少部门都得请他帮忙呢，况且人家每年都能拿回一两个大单。

老板不是傻瓜，绝不会平白无故地让人白领工资，那些看似游手好闲的平庸同事，说不定担当着"救火队员"的光荣任务，关键时刻，老板还需要他们往前冲呢。所以，千万别和他们过不去。

对于职场上种种不公平的现象，不管你喜不喜欢，都是必须接受的现实，而且最好主动地去适应这种现实。追求公平是人类的一种理想，但正因为它是一种理想而不是现实，所以作为职场新人，你除了适应别无选择。不管你在学校成绩多么优秀，才华多么横溢，当你离开学校进入职场之后，你与其他的人并没有什么两样，只是一个普通的新人而已。

一味追求公平往往不会有好结果，有时候，你所知道的表象，不一定能成为你申诉的证据或理由，对此你不必愤愤不平，等你深入了解公司的运作文化，慢慢熟悉老板的行事风格后，也就能够见惯不怪了。

怎么避免上司为难自己

在工作中，由于某些原因而得罪了自己的上司是常见的事。有些上司往往会由此而在某些事情上给下属"小鞋穿"，这无疑是一种挺难受的事情。在这种情况下，我们该采取一种什么样的态度呢？如果盲目与上司大吵大闹一番，虽然会出一时之气，但可能会对你的未来发展埋下隐患。如果忍气吞声，别人就会不把你当一回事儿。因此，必须采取积极的方式应对。

首先应弄清楚上司的做法是否真是在给你"小鞋穿"。有时，由于自己对上司有意见，便总是把上司对自己的某些态度和做法往这方面想，从而采取措施和不明智的举动。实际上，很多时候，你认为上司对你怀有恶意只是一种错觉。

接下来应找出上司这样做的理由。有时上司的确是在给你"穿小鞋"，但是，他的做法往往是有理有据的，是无可指责的。在这种情况下，你很可能找不出什么理由与其争吵。即使你去闹，他也完全可以用冠冕堂皇的话来打发你，甚至以无理取闹来批评你。所以，在这种情况下，不如干脆忍着。

如果你的确有证据表明上司给你"小鞋穿"，而且，他的做法也表现得十分明显，在这种情况下，你可以与其理论一番。你不妨先私下找他谈一回，表明自己的态度和想法，希望其能够有所调整、改正，并充分地诉诸自己的理由。

如果你上述的努力均不奏效，不要气馁，看有没有调换到别的工作岗位的机会。如果没有，就只有搜集证据，越级申诉了。你在做这一切时，切记不要意气用事，要有一说一，有二说二，有理有据。

爱情和婚姻不能用公平衡量

一位年轻貌美的少妇曾向人们诉说自己五年不愉快的婚姻生活。她的丈夫是保险公司的职员，因为一句话惹她生气，她便大发雷霆地说道："你怎么可以这样说，我可是从来没有向你说过这样的话。"当他们提到孩子时，这位少妇说："那不公平，我从不在吵架时提到孩子。""你整天不在家，我却得和孩子看家。"……她在婚姻生活中处处要公平，难怪她的日子过得不愉快，整天都让公平与不公平的问题搅扰自己，却从不反省自己，或者没法改变这种不切实际的要求。如果她对此多加考虑的话，相信她的婚姻生活会大大改观。

还有一位夫人，她的丈夫有了外遇，使她感到万分伤心，并且弄不明白为什么会这样？她不断地问自己："我到底有什么错儿？我哪一点儿配不上他？"她认为丈夫对她不忠实在是太不公平。终于，她也效仿自己的丈夫有了外遇，并且认为这种报复手段可谓公平。但是，同愿望相反，她的精神痛苦并未减轻。

在婚姻生活中，要求公平是把注意力放在外界，是不肯对自己生活负责的态度，采取这个态度会妨碍你的选择。你应该决定自己的选择，不要顾忌别人。与其抱怨对方，不如积极地纠正自己的观点，把注意力由配偶转向自身，舍去"他能那么做，我为什么不能跟他一样"的愚蠢想法,看看你自己怎样做,才可能使自己的婚姻生活更幸福。

其实,无论爱情还是婚姻,都别计较什么公平不公平。

"为什么是我?"一位得知自己身患癌症的病人对大师哭诉,"我的事业才正要起步,孩子又还小,为什么会在此时得这种病?"

大师说:"生命中似乎没有任何人、任何时候适合发生任何不幸,不是吗?"

"但是,她还那么年轻,而且人又那么善良,怎么会这样?"一旁陪她来的朋友不平地说。

"雨落在好人身上,也落在坏人身上。"大师说,"有些好人甚至比坏人淋更多的雨。"

"为什么?"

"因为坏人偷走了好人的伞。"大师答道。

没错,人生本来就不公平。

如果世界上每件事都公平,为什么有些人从小就智商超群,有些人却有智力障碍?为什么有人生下来就是王子,有些人却生在难民营?

如果世界上每件事都要公平,鸟儿不能吃虫,老鹰也不能吃鸟,那么生命将如何延续下去?

第三章
不生气，你就赢了

生气是拿别人的错误惩罚自己。

——康德（德国哲学家、作家）

在你生气的时候，如果你要讲话，先从一数到十；假如你非常愤怒，那就先数到一百，然后再讲话。

——杰斐逊（美国政治家、思想家）

及时平息自己的怒气

人生难免遇到不如意的事情。许多人遇到不如意的事时常常会生气：生怨气、生闷气、生闲气、生怒气。殊不知，生气不但不利于问题的解决，反而会伤害感情，弄僵关系，使本来不如意的事更加不如意，犹如雪上加霜。更严重的是，生气极有害于身心健康，简直是自己"摧残"自己。

德国哲学家康德说："生气，是拿别人的错误惩罚自己。"古希腊学者伊索说："人需要平和，不要过度地生气，因为愤怒中常会产生出对于易怒的人的重大灾祸来。"俄国作家托尔斯泰说："愤怒使别人遭殃，但受害最大的却是自己。"清末文人阎敬铭先生写过一首《不气歌》，颇为幽默风趣：

> 他人气我我不气，我本无心他来气。
>
> 倘若生气中他计，气出病来无人替。
>
> 请来医生将病治，反说气病治非易。
>
> 气之危害大可惧，诚恐因气将命废。
>
> 我今尝过气中味，不气不气真不气！

美国生理学家爱尔马为研究生气对人健康的影响进行了一个

很简单的实验：把一支玻璃试管插在有水的容器里，然后收集人们在不同情绪状态下冷凝的"气水"，结果发现：即使是同一个人，当他心平气和时，所呼出的气变成水后，澄清透明，一无杂色；悲痛时的"气水"有白色沉淀物；悔恨时有淡绿色沉淀物，生气时则有淡紫色沉淀物。

爱尔马把人生气时的"气水"注射在小白鼠身上，不料只过了几分钟，小白鼠就死了。这位专家进而分析：如果一个人生气10分钟，其所耗费的精力，不亚于参加一次3000米的赛跑；人生气时，体内会合成一些有毒性的分泌物。经常生气的人无法保持心理平衡，自然难以健康长寿，活活气死人的现象也并不罕见。另一位美国心理学家斯通博士，经过实验研究表明：如果一个人遇上高兴的事，其后两天内，他的免疫能力会明显增强；如果一个人遇到了生气的事，其免疫功能则会明显降低。

生气既然不利于建立和谐的人际关系，也极有害于自己的身心健康，那么，我们就应当学会控制自己，尽量做到不生气，万一碰上生气的事，要提高心理承受能力，自己给自己"消气"。要学会息怒，要"提醒"和"警告"自己"万万不可生气""这事不值得生气""生气是自己惩罚自己"，使情绪得到缓冲，心理得到放松。

应把生气消灭在萌芽状态。要认识到容易生气是自己很大的不足和弱点，千万不可认为生气是"正直""坦率"的表现，甚至是值得炫耀的"豪放"。那样就会放纵自己，真有生不完的气，害人害己，遗患无穷。

最后，我们再附上《莫生气》及《莫恼歌》两则，请读者朋友熟读默记，定能对平和身性有潜移默化之功效。

莫生气

人生就像一场戏，因为有缘才相聚。

相扶到老不容易，是否更该去珍惜。

为了小事发脾气，回头想想又何必。

别人生气我不气，气出病来无人替。

我若气死谁如意？况且伤神又费力。

邻居亲朋不要比，儿孙琐事由他去。

吃苦享乐在一起，神仙羡慕好伴侣。

莫恼歌

莫要恼，莫要恼，烦恼之人容易老。

世间万事怎能全，可叹痴人愁不了。

任你富贵与王侯，年年处处理荒草。

放着快活不会享，何苦自己寻烦恼。

莫要恼，莫要恼，明月阴晴尚难保。

双亲膝下俱承欢，一家大小都和好。

粗布衣，菜饭饱，这个快活哪里讨？

富贵荣华眼前花，何苦自己讨烦恼。

心情最重要，别的死不了

已故作家金庸先生说：不生气，就赢了。遇事，谁稳到最后、不露声色，谁就是最后的赢家；谁大发雷霆、失去理智，谁就会未战而输。

生气，无论是生自己的气还是生别人的气，都是于事无补、毫无意义的。生气并不能解决任何问题，还会影响心情和判断力，让事情更加恶化。

前两天跟一个朋友吃饭，他一开口，负面情绪就扑面而来。

他说："真是被气死了！那天一早开车出门，眼看着别人都是绿灯，就只有我是一路长红，走到哪儿红灯就跟到哪儿，真是够倒霉的！"

他继续说："中午出去买自助餐，结果大排长龙，好不容易快轮到我了，这时居然有个人冒出来插队，公理何在？于是我站出来，跟他干了一架。"

他还没说完："晚上跟朋友吃饭，吃完后要拿停车券去盖免费章，结果服务员说我们少消费了四十元，因此不能盖章，气得我当场敲桌子大骂。"

他说了半天还没说完。

"晚上回到家，一进门太太就唠叨，小孩又哭又叫，连在家也不能清静。好不容易挨到睡觉时间，终于可以结束这令人难耐的一天，没想到人躺床上了，床头柜的灯却熄不灭，我这下可是受够了，一把抓起拖鞋，往灯泡那儿重重甩去，这才结束了抓狂的一天。"

听起来的确够惨！

不知道你是不是也觉得，最近比较烦、比较烦、比较烦呢，就像周华健那首歌的心情一般。而且只要一早开始不太顺心的话，往往接下来一天就毁了。为什么会如此呢？

这是因为，负面情绪是有累加效果的。

也就是说，每多一个小挫折，就会让我们的抗压功力多打一个折扣。因为当我们遭遇不顺心的事，心情也跟着烦躁起来时，身体内与压力相关的激素也会随之异常分泌，因此会影响到接下来的挫折忍受度，就好像温度直线上升的热水，越烧越接近沸腾点。

这也就说明了为何一大早出了些状况后，原本可能要到"烦人指数"十分的事才会惹毛我们，但这时只要再出现个"烦人指数"三分的状况，我们就会轰然一声，开始发疯，而无辜的旁人就倒霉啦！

正因情绪有如煮开水的累加效果，所以在生活中我们必须审慎处理每一个压力状况，以免"小不爽，则乱大谋"。

而改变这种状况的有效做法，则是在负面心情一开始加热时，就能主动地意识到"有状况了"，然后告诉自己，得快快关火，以免越烧越旺，一发不可收拾。

事实上，当你能够觉察到这种状况时，就已经关掉一半的火力了，接下来心情自然不易失控。

为了避免让烦躁的情绪像煮开水那样越煮越热，防患未来的工作就显得特别重要。

　　不妨准备一些调整心情的口头禅，在自己情绪快要沸腾时，赶快把这些自制的心情口诀拿出来复诵，以提醒自己：生活中还有其他更重要的事情，千万别一时给气昏了头，做出丧心病狂的傻事。

　　跟你分享我自己的心情口诀："心情最重要，别的死不了。"

　　"心情最重要，别的死不了。"如果今天碰到了有些怪怪的人，或发生了令人不耐烦的事，就赶紧在心里暗念这句口诀，重复几次之后，烦躁不安的情绪就能得到缓解了。

　　口诀真的这么好用吗？

　　没错，念口诀一方面可以让自己分心，不再钻牛角尖；一方面也能提醒自己，要赶快从这些情绪中走出来。

　　此外，研究也发现，重复想着同一念头，会让意念集中而减少焦虑不安。

何必自己找气受

　　我们生活中有这样一群人，明明什么事都没有发生，却很容易生气。动不动就发脾气，让人很莫名其妙，你是不是那样的人呢？

　　也许你经常感到愤怒，也许你对周围的每一个人都有些无奈，有时你的愤怒就像一场海啸，但你不知道为什么会有这种感觉，你不知道为什么这么紧张。那这种无法解释的愤怒是从何而来的？

　　一般来说，有如下几类人容易无事生非、庸人自扰。

　　满腹牢骚型：这样的人无论大事小事，都放在嘴巴里说了又说，抱怨了又抱怨，批评了又批评，小题大做，没完没了。无论对待事情还是对待别人，从来没有鼓励和赞扬的态度，其烦恼自然根深蒂固。

　　消极处世型：这种类型的人，对于好的东西他们总是记不住，不好的东西却一辈子也忘不了。他们总是陷在负面情绪里拔不出来，想着自己受了多少委屈，吃了多少亏，谁对自己不友好，这样的人其实就是跟自己过不去，完全是在自寻烦恼。

　　不甘不愿型：这种类型的人，他们为别人付出了很多，如果得不到回应，就会又气愤又烦恼。比如，妻子在家里承担了很多家务劳动，可是老公和孩子没有任何表示，妻子就很不平："你们都那么自私，没有一个人心疼我，都把我当作老妈子看待！"长此以往，你说，她能不烦恼吗？

无论你是谁，平民也好，富豪也好，大多很难有"人生只是一个过程，有得必有失"这种高境界的认识，因为人毕竟都是现实的、平凡的，很少有不食人间烟火的世外高人，即使不自寻烦恼，烦恼也会找上你。正因为这样，我们才更要学会化解和淡化烦恼。

首先，敢于接受现实。对于已经发生的、令你不开心的事情，要敢于接受，不要总是耿耿于怀，更不要责备自己和他人。聪明人的做法是把精力放在弥补损失和吸取教训上，及时制止烦恼的无限扩大化。

其次，要善于比较。比如发生一起车祸，有安然无恙的，有受伤的，有死亡的。伤者若是与无恙者相比，自是不幸，但若与死者相比，却是大幸。在金钱世界里，若是人人与比尔·盖茨相比，那真是烦恼无尽，苦海无边。因此，人要做最真实的自己，定切合实际的目标。

再次，要知足常乐。人的能力是有限的，如果总是对自己高标准严要求，难免活得太累。很多东西要适可而止，很多时候要懂得感恩，才能把人生过得相对美满。

最后，相信时间是最好的解药。遇到烦恼，不要总是铭刻在心。试想一下，若某人不小心当街出丑，众目睽睽，尴尬万分，心中无以承受。那么，到了明天、后天，一周后，一月后，还有人记得这件事吗？所以，时间是最好的解药，遇事笑笑就好，自有时间替你解围。

凡事往好处想

有这样一个家长与孩子互动的游戏——"凡事往好处想"。

妈妈问："今天上学时，你发现口袋里的十元钱不见了，请往好处想……"

孩子回答："还好不见的不是一百元……"

父亲回答："捡到的人一定很高兴……"

妈妈问："今天上学后开始下起大雨，请往好处想……"

孩子回答："还好舅舅家住的近，可以帮我送伞……"

妈妈问："很用功的准备期中考试，结果成绩非常的不理想，请往好处想……"

孩子回答："还好不是期末考试……"

这个游戏很有趣，凡事往好处想，整个心情就变得不一样了。记得有个故事，一个女孩遗失了一只心爱的手表，一直闷闷不乐，茶不思、饭不想，甚至因此而生病了。神父来探病时问她："如果有一天你不小心掉了十万元钱，你会不会再大意遗失另外二十万呢！"女孩回答："当然不会。"神父又说："那你为何要让自己在掉了一只手表之后，又丢掉了两个礼拜的快乐！甚至还赔上了两个礼拜的健康呢！"女孩如大梦初醒，跳下床来，说："对！我拒绝继续损失下去，从现在开始我要想办法，再赚回一只手表。"人生嘛，本来就是有输有赢，更是有挑战性的，输了又何妨。只要真真切切地为自己而活，这才叫作真正的生命。有些人就是因为不肯接受事实重新开始，以致越输越多，终至不可收拾。

凡事往好处想——

我们不会怨天尤人；

我们不会心情郁闷；

我们不会一蹶不振；

我们不会苦无出路；

我们不会离乐得苦；

我们会有无限希望；

我们有重新站起来的力量。

这真的是一个很好的观念，这个游戏或许大家真可以用在生活中，道理不在懂不懂，只在做不做，改变就从此刻开始！

人的心情是最重要的，想多了不好的事，就会真的不好。

别人是自己心的反映。如果你担心他对你不利，真的会对你不利。如果你想到对方是小偷，你的面相出来一个扭曲的怀疑的样子，然后对方看见了，敏感了，关系不好了，所以——不要老想别人对你不利。

我们在平凡的生活中总在梦想"明天会更好"，我们在面临困境时会安慰自己"船到桥头自然直"，我们在鼓励他人时会说"凡事要往好处想"。

凡事都向好的方面着想，是一种积极进取的人生态度。在市场经济竞争日益激烈的形势下，每个人都面临挑战，但更多的是机遇。向好的方面着想，就是弱化挑战、放大机遇，以饱满的精神迎接机遇、把握机遇。只有这样，成功的概率才会增大。

《鲁滨逊漂流记》里面的主人公鲁滨逊·克鲁索，被海浪带到一个荒无人烟的小岛上，度过了漫长的二十六年。

　　鲁滨逊被送到小岛上的第一天，他列出了两份清单，一份列出自己的不幸以及面对的困难，另一份是列出自己的幸运以及拥有的东西。他在第一份清单上写了"流落荒岛，摆脱困境已属无望"。第二份清单上写：船上人员，除了我以外全部葬身海底。鲁滨逊利用一切，改变了自己的命运，利用枪、陷阱捕捉猎物，自己搭建房子，这些奇迹般的生活让鲁滨逊不至于饿死，这些生活的起因都是那两份清单。

　　大家也可以像鲁滨逊一样，在日常生活中，面对问题时，可以先列两份清单，写一写自己所拥有，是否命运真的如此不公；再仔细琢磨一下，面对的问题是否有解决的方法，如果有多种，就选自己认为最合适的方法去做。

　　凡事向好的方面着想并不是盲目乐观，而是科学地对待困难和挑战，从挫折和挑战中寻找人生突围的缺口和良机。仔细审视我们周围普通人的生活和成长、成功经历，不难发现，许多人的生活印证了这一事实：只要踏踏实实生活，正视现实、不甘沉沦、努力向前，任何困难都会被战胜，任何逆境都会过去！

化生气为争气

俗话说:"人争一口气,佛争一炷香。"每个人都希望受人重视、受人尊重、受人欢迎,但有时又难免被人嘲弄、被人侮辱、被人排挤。生活在给了我们快乐的同时,也给了我们伤痛的体验。而这就是生活,这就是我们需要面对的人生。生气不如争气,斗气不如斗志。智者只斗志不斗气,或者是不与人斗,只跟自己斗。

"人生不如意事十之八九。"当你在为梦想而努力时,也许会遇到困难。如果你斤斤计较,不能坦然面对,或抱怨,或生气,最终受伤害的可能还是自己。

要争气,就要有坚决为自己争一口气的毅力和气概。与其总生别人的气,不如学会自己争一口气。起点低,就要"高"给自己看看;事不顺,就要"顺"给自己看看。

有一位不出名的青年画家,住在一间小房子里,以给别人画人像谋生。

一天,一个有钱人看到他的画非常精致,很喜欢,于是就请青年画家帮自己画一幅像,双方约好酬劳是一万元。一个星期后,青年画家将像画好了,有钱人依约前来拿画。此时有钱人心里有了企图,他看那位画家年轻又未成名,于是不肯按照原先的约定给付酬金。有钱人心中打着如意算盘:"画中的人是我,这幅画如果我不买，那么绝没有人会买。我又何必花那么多钱来买呢？"于是有钱人赖账，他说最多只能花三千元来买这幅画。

青年画家没想到有钱人会这么说，这是他第一次碰到这种事，心里不免有些慌，费了许多口舌，向有钱人讲道理，希望这个有钱人能遵守约定，做个有信用的人。"我只能花三千元买这幅画，你别再啰唆了，"有钱人认为自己稳占上风，"最后，我问你一句，三千元，卖不卖？"青年画家知道有钱人的意图，心中愤愤不平，他以坚定的语气说："不卖。我宁可不卖这幅画，也不愿受你的欺诈。今天你失信毁约，我将来一定要你付出20倍的代价。""笑话，20倍，是20万元耶！我才不会笨得花20万元去买这幅画。"

"那么，你等着瞧好了。"青年画家对有钱人说道。经过这一事件的打击，画家离开了那个伤心地，去别处重新拜师学艺，日夜苦练。功夫不负苦心人，十几年后，他终于闯出了属于自己的一片天地，成为一位知名的画家。而那个有钱人呢？离开画室后的第二天就把画家的画和话忘记了。直到有一天，他的好几位朋友不约而同地来告诉他："有一件事好奇怪哦！这些天我们去参观一位成名画家的画展，其中有一幅画不二价，画中的人物跟你长得一模一样，标示价格20万元。好笑的是，这幅画的标题竟然是——贼。"有钱人一听仿佛被人当头打了一棒，想到了十几年前的画家。他一想到那幅画的标题竟然是"贼"，就感觉对自己的伤害太大了，他立刻连夜赶去找青年画家，向他道歉，并且花了20万元买回了那幅画。青年画家凭着一股不服输的志气，让有钱人低了头。这个年轻人就是毕加索。

由于毕加索经常在心里告诫自己，绝不能被别人瞧不起，因此他决定为自己争口气，他凭借自己的志气去挫对方的锐气，从而为自己赢得了尊严。

一个人不应该埋怨这个世界太势利，他应该埋怨自己没有志气。年轻人尤其渴望得到别人的尊重，但在别人尊重你以前，不妨先想一下，别人凭什么要尊重你？从这个意义上来说，一个人不受尊重，是因为他不那么值得别人尊重。鲜花和掌声只是他梦想中的荣耀，轻视和白眼却是他此时应该享有的待遇。想通了这个问题，人就比较容易变得心平气和起来，说不定还会因此而鼓起奋斗的勇气。

刚刚步入社会，我们的起点也许很低，也许正在做一份不起眼的工作，地位低，收入少，被人看轻，不受尊重。但是，重要的并不在于我们现在的地位是多么卑微，不在于我们手头的工作是多么微不足道，只要不甘心平淡，只要不想局限于这狭小的圈子，只要渴望着有朝一日突破这一现状，那么，我们终有扬眉吐气的那一天。

人生必须渡过逆流才能走向更高的层次，最重要的是要永远看得起自己。这个世界并不是掌握在那些嘲笑者的手中，而恰恰掌握在能够经受得住嘲笑与批评，并不断往前走的人们的手中。不管你出身贵贱，学问高低，相貌美丑，只要你心中藏着一股气，一股不会泄的志气，你就能飞上天，成为一颗耀眼的明星。

什么叫作"志气"？美国"成人教育之父"卡耐基说："朝着一定的目标走去是'志'，一鼓作气中途不停止是'气'，两者结合起来就是志气。一切事业的成败都取决于此。"李白说："仰天大笑出门去，我辈岂是蓬蒿人。"宋朝学者刘炎说："君子志于泽天下，小人志于荣其身。"

总之，人活一口气。有了这一口气，许多看似无法解决的难题，往往会在你挺直的脊梁面前迎刃而解；没了这一口气，一点儿磕碰也会让你摔个大跟头，生存的路也会越走越窄。

别以为自己很重要

在现实生活中，有些人习惯以自我为中心，总把自己看得太重，而偏偏又把别人看得太轻。总以为自己博学多才，满腹经纶，一心想干大事，创大业；总以为别人这也不行，那也不行，唯独自己最行。一旦失败，就会牢骚满腹，觉得自己怀才不遇。自认怀才不遇的人，往往看不到别人的优秀；愤世嫉俗的人，往往看不到世界的精彩。把自己看得太重的人，心理容易失衡，个性往往脆弱却盛气凌人，容易变得孤立无援，停滞不前。

把自己看得太重的人，常常使人生表现得难以理智：总以为自己了不起，不是凡间俗胎，恰似神仙降临，高高在上，盛气凌人；总以为自己是个能工巧匠，别人不行，唯有自己最行；总以为自己工作成绩最大，记功评奖应该放到自己头上，稍不遂意，骂爹骂娘……

把自己看得太重的人，容易使自己心理失衡，个性脆弱，意志薄弱；容易使自己独断骄横，跋扈傲慢，停滞不前。

看轻自己，是一种风度，是一种境界，是一种修养。把自己看轻，它需要淡泊的志向，旷达的胸怀，冷静的思索。

善于把自己看轻的人，总把自己看成普通的人，处处尊重别人；总觉得群众是最好的老师，自己始终是个小学生；即使自己贡献最大，也不居功自傲；处处委曲求全，为人谦虚和谐。

把自己看轻，绝非一般人所能做到。它是光明磊落的心灵折射，它是无私心灵的反映，它是正直、坦诚心灵的流露。

把自己看轻，绝不是去鄙视自己，绝不是去压抑自己，绝不是去埋没自己，绝不是要你去说违心的话，绝不是要你去做违心的事，绝不是要你去理不愿理的烦恼。相反，它能使你更加清醒地认识自己，对待自己，不以物喜，不以己悲。

把自己看轻，它并不是自卑，也不是怯弱，它是清醒中的一种经营。也不是鄙视自己，压抑自己，埋怨自己，也不要你去说违心话，做违心事。相反，看轻自己能使你更加清醒地认识自己。

20世纪美国著名小说家和剧作家，布思·塔金顿在一次参加红十字会举办的艺术家作品展览会时，一个小女孩让布思·塔金顿给她签名，布思·塔金顿欣然接受了。他想，自己这么有名。但当小女孩看到他签的名字不是自己崇拜的明星的时候，小女孩当场就把布思·塔金顿的留言和名字擦得一干二净。布思·塔金顿当时很受打击，那一刻，他所有的自负和骄傲瞬间化为泡影。从此以后，他开始时时刻刻地告诫自己：无论自己多么出色，都别太把自己当回事！

名人尚且如此，何况我们这些平凡之辈。或许，你所听到的那些夸赞你的话语，只不过是这场游戏中需要的一句台词而已。等游戏结束，你应该马上清醒，摆正自己。我们应该知道，我们只不过是在扮演生活中的一个角色罢了。曲终人散后，卸下所有的妆，你会发现剩下的只有满身的疲倦，所有的掌声、鲜花、微笑都只不过是游戏中必备的道具。

为人处世，不妨看轻自己，这样生活中就会多几分快乐。

在生活中，我们要学会看清自己：在家庭中，不妨看轻自己，不要把自己当成"一言九鼎"的家长，这样才能更好地与孩子沟通，与爱人和谐相处；在事业上，即使春风得意，也不妨看轻自己，不要把自己当成众人之上的"楚霸王"，这样才能结交更多志同道合的盟友，听取更多有益于事业发展的意见；在朋友圈子里，不妨看轻自己，这样才能结识到推心置腹的哥们儿，让自己时刻保持清醒的头脑。总之，把自己看轻，才能成为天使，飞越坎坎坷坷，拥有和谐的人生！

现实生活中，有人把自己看重的地方很多，而把自己看轻的地方很少；看重自己的东西很多，而看轻自己的东西很少。

我们是不是太在意自己的感觉？譬如，你走路时不小心摔了一跤，惹得旁人哈哈大笑。当时你一定觉得很尴尬，认为全天下的人都在看着你。但是，如果你试着站在别人的角度考虑一下，就会发现，其实，这事不过是他们生活中的一个插曲而已，有时甚至连插曲都算不上，他们哈哈一笑，一回头也就把这事给忘了。

在匆匆走过的人生路途中，我们不过是路人眼中的一道风景，对于第一次的参与、第一次的失败，完全可以一笑置之，不必过多地纠缠于失落情绪之中，你的哭泣只会提醒别人重新注意到你曾经的失败。你笑了，别人也就忘记了。

有句话说："20岁时，我们总想改变别人对我们的看法；40岁时，我们顾虑别人对我们的想法；60岁时，我们才发现，别人根本就没有想到我们。"这并非消极，而是一种人生哲学——不妨学会看轻你自己，轻装上阵，没有负担地踏上漫漫征程，你的人生路途或许会更通坦。

有这样一个流传很广的故事。一个自以为很有才华的人，一直得不到重用，为此，他愁肠百结，异常苦闷。有一天，他去质问上帝："命运为什么对我如此不公？"上帝听了沉默不语，只是捡起一颗不起眼的小石子，并把它扔到乱石堆中。上帝说："你去找回我刚才扔掉的那个石子。"结果，这个人翻遍了乱石堆，却无功而返。这时候，上帝又取下了自己手上的那枚戒指，然后以同样的方式扔到了乱石堆中。结果，这一次他很快便找到他要找的东西那枚金光闪闪的戒指。上帝虽然没有再说什么，但是他却一下便醒悟了：当自己还只不过是一颗石子而不是块金光闪闪的金子时，就永远不要抱怨命运对自己不公平。

有许多人都有和这位年轻人一样的心理，觉得自己是这个单位、这个部门里最重要的人物，这里缺了自己就不行，就好像地球离开他就不转动了一样。因为自己很重要，所以其他人必须以他为中心，围绕着他。但其实，不是这么回事，地球离了谁都照常转动不误。

要正视社会现实，社会上的每个人都有其欲望与需求，也都有其权利与义务，这就难免会出现矛盾，不可能人人如愿。这就要求人人正视客观现实，学会礼尚往来，在必要时做出点让步。当然应该承认自我的权利与欲望的满足，但也不能只顾自己，忽视他人的存在。如果人人心目中都只有自我，那么，事实上人人都不会有好日子过的。

从自我的圈子中跳出来，多设身处地地替其他人想想。以求理解他人。并学会尊重、关心、帮助他人，这样才可获得别人的回报，从中也可体验人生的价值与幸福。

加强自我修养，充分认识到自我中心意识的不现实性、不合理性及危害性。学会控制自我的欲望与言行。把自我利益的满足置身于合情合理、不损害他人的可行的基础之上。做到把关心分点给他人，把公心留点给自己。

人生永远都有希望

诗人、作家歌德说:"人的一生中最重要的就是要树立远大的目标,并且以足够的才能和坚强的忍耐力来实现它。"

我们几乎随处都能见到这样的人,他们一生都做着简单而又平常的事,他们似乎也因此就满足了,事实上他们完全有能力做一些更复杂的事,但他们不相信自己能胜任。

假如人类没有创造世界和改进自身条件的雄心壮志,世界将会处在多么混沌的状态啊!

和为了实现雄心壮志而进行的持续努力相比,没有什么东西可以如此坚定人们的意志。它引导人们的思想进入更高的境界,把更加美好的事物带进人们的生命。

有什么比追寻生命价值更高尚的理想吗?在不同的文明下,人们的理想也不同。一个人或一个国家的理想与其现实条件和未来发展潜力是息息相关的。

每个人身上都有最优秀而独特的地方,这份优秀只属于你自己。而一个人成功与否,取决于他能否发现自己的优势,并全力将它发挥出来。只有了解自身的优势,最大限度地发挥自身的专长,才能让你登上人生的绚丽舞台。

我们要通过正确地评价自己来发现自己的长处,肯定自己的能力。自我评价的方向和内容与人自身有很大的关系，只看自己的缺点就好像千百遍地听人说："你这不行，你那不行，不准干这，不准干那……"但从来不知道自己哪儿行、不知道要干什么，这种情景是非常令人绝望的。然而，如果自我评价的方向是正面的、自我肯定的，能够准确发现自己有长处有优势，不仅会由此产生积极的情感体验，同时将更有可能发展出好的行为，产生良好的结果。

因此，让我们大声地告诉自己："我能行！"

永远相信自己，无论你拥有怎样的雄心壮志，都要集中精力为之努力，而不要左顾右盼、意志不坚。不要给自己留畏缩的退路，一心一意为了理想而奋斗。只有集中精力才能获得自己想要的成功。

在人的一生当中，总会遇到各种困难与挫折，在这种情况下，要勇敢地对自己说声"我能行"。

每个人都渴望成功，但是在成功路上总会充满荆棘，如果你放弃，那么你永远不会成功；如果你不断地坚持，告诉自己能行，总有一天你会得到成功。

美国作家卡耐基说："要想成功，必须具备的条件是：以欲望提升自己，以毅力磨平高山，以及相信自己一定会成功。"永远相信自己，假如你真的能做到，那么你离成功已经不远了。

假若你的动力足够大，那么与之匹配的能力也将随之而至。在你面前如果有十分有吸引力的奖品在激励着你，那么，你一定可以变得更加敏捷，更加细致而勤奋，更加机智而思虑周全，而且会有更加稳健清晰的头脑，你也一定会获得更好的判断力和预见力。

每个人都有巨大的潜能，只是有的人潜能已苏醒，有的人潜能却还在沉睡中。任何成功者都不是天生的，成功的关键在于开发出了无穷无尽的潜能。只要你能持有积极的心态去开发自我的潜能，就会有用不完的能量，你的能力就会越用越强，你离成功也就会近在咫尺了。反之，假如你抱着消极的心态，不去开发自己的潜能，任它沉睡，那你就只能自叹命运不公了。

曾有一个农夫在高山之巅的鹰巢里捉到一只小鹰，他把小鹰带回家中，养在鸡笼里面。这只小鹰与鸡一起啄食、嬉闹和休息，它认为自己也是一只鸡。这只鹰渐渐长大了，羽翼也丰满了，主人想把它训练成猎鹰，可是，因终日与鸡混在一起，它已变得与鸡完全一样了，根本没有飞的能力了。农夫试了各种各样的办法，都毫无效果，最后把它带到了山顶上，一把将它扔了下去。这只鹰，像一块石头似的，直掉下去，慌乱之中它拼命地扑打着翅膀，就这样，它终于飞了起来。

或许你会说："我已懂你的意思了。但是，它本来就是鹰，不是鸡，它才能够飞翔。而我，或许原本就是一个平凡的人，我从来没有期望过自己能做出什么了不起的事情来。"这正是问题的所在——你从来没有期望过自己做出什么了不起的事来，你只把自己钉在自我期望的范围内。

事实上，开启成功之门的钥匙，必须由你自己亲自来锻造，而这正是释放你的潜能、唤醒你的潜能的过程。

歇斯底里，面目可憎

我曾经在王府井看见一位穿着得体优雅的女人对身边的男人像狮子般咆哮，甚至厮打起来，却不顾路人频频的回眸。那一刻，我对眼前这个穿着雅致女人的好感一下子全无，是什么事让她变得如此疯狂？让她变得如此歇斯底里、如此不可理喻？

实际上这些事在我们身边经常发生，甚至偶尔会出现在自己的生活里。因为不值得的一件小事，有的人就会变得情绪失控，会对自己的亲人无理取闹，暴躁、愤怒、憋闷等不良情绪主导着自己。虽然事后懊悔不已，但当时就是控制不住自己。

其实，生气是最无力的情绪，常常会使人失去理智，当然，最后肯定是后悔不已。给别人造成的伤害就如同在墙上钉钉子，钉一个就留下一个钉印，再去抹平这些印痕恐怕很难，不管你如何去弥补，伤痕依旧不会被磨平。有的人认为，心里有气就必须得发出来，否则会"憋闷坏了"，实际上，不良情绪会导致各种各样的身心病症，如心脑血管疾病、癌症等都与长期的消极情绪的影响有关。

控制不好自己的情绪，既伤了自己，又伤了别人，可以说是两败俱伤，只有愚蠢的人才会做这种愚蠢的事来。一个聪明的人不会被自己的情绪所左右，即使遇到不开心的事，他们也会用自己的方式来解决，而不是歇斯底里地咆哮起来，因为这样总是有失一个人的风度。

很多人都懂得这个道理，却总是做不到，一遇到不顺心的事就急躁易怒，容易冲动。有些人爱发脾气，缺乏涵养，与虚荣心过重有密切联系。像有的人只知爱惜自己的"脸面"，有时明知是自己不对，为了维护"脸面"以满足虚荣心，仍不惜伤害别人的感情，故意宣泄不满，一味指责对方，表现出一副唯我独尊的样子，事后又常为得罪朋友和失去友情而后悔。

人际交往中，出现意见分歧，发生点小摩擦是常有的事，所以，不宜将对对方的不满情绪和烦恼长期积压在心里，可以心平气和地与对方交换意见，自己有错误主动承认，对方有不足之处可以耐心指出，以求相互谅解，这不是什么"栽脸面"的事。而随意发脾气，任意发泄自己不满的人，表现了这个人缺乏涵养、易暴躁，恰恰是一种自我贬低的愚蠢举动，这才真正是丢了自己的"脸面"。

应该及时改变自己爱发脾气、性情暴躁这个坏毛病，使自己不再是别人眼中的"火药桶"。一旦发现体内的火山有爆发的倾向，就应立即制止或者把它发泄掉，但必须在不伤害自己和他人的前提下进行。当然，生活里不乏这一类型的人，他们性格急躁，希望在最短的时间里，得到最好的结果，这是急功近利的思想在作怪。任何人在愿望没有如期实现时，都会产生焦躁情绪。由于自控能力不同，造成的结果也不同。我们看到的那些最终实现目标的人，都是善于控制情绪的人。但歇斯底里也许与人的性格有关，不是说改就能改的，遇到让自己懊恼的事情的时候，只能一点点的克服和说服自己。

美国芝加哥的一家大百货公司在前台设立了咨询处，其中的一项主要任务就是受理顾客提出的问题和抱怨。每天，都有许多女士排着长长的队伍，争着向柜台后的那位小姐诉说她们所遭遇的困难以及这家公司不对的地方。

在这些投诉的妇女中，有的十分愤怒且蛮不讲理，有的甚至讲很难听的话，柜台后的这位年轻小姐，每次接待这些愤怒的妇女，均未表现出任何憎恶。她脸上总是带着微笑，指导这些妇女们前往相应的部门，她的态度优雅而镇静。

站在她身后的是另一位年轻女郎，她在一些纸条上写下一些字，然后把纸条交给站在她前面的那位年轻小姐。这些纸条很简要地记下妇女们抱怨的内容，但省略了这些妇女原有的尖酸刻薄的话语。

原来，站在柜台后面微笑聆听顾客抱怨的这位年轻小姐是位聋人，她的助手通过纸条把所有必要的事实告诉她。

这家百货公司的经理之所以挑选一名耳聋的女郎担任公司中最艰难而又最重要的一项工作，主要原因是再也找不到能够面对别人的抱怨甚至是咆哮仍能镇定自若、面带微笑的人了。

柜台后面那位年轻小姐脸上亲切的微笑，对这些愤怒的妇女们产生了良好的影响。她们来到她面前时，个个像是咆哮的野狼，但当她们离开时，个个却又像是温顺的绵羊。

事实上，她们之中的某些人离开时，脸上甚至露出了羞怯的神情，因为这位年轻小姐的好脾气已使她们对自己的行为感到惭愧。

站在柜台前，面对客户的埋怨和咆哮，仍能平和对待的人实属不多。也许你能勉强工作一天、两天，但长期下去，如果不是一个聋人，或者在心里不能把自己当成一个聋人的话，干这份工作只会自找麻烦。

在别人的咆哮面前做一个聋人，使你不至于失去对情绪的控制力，像一个没有罗盘的水手，每次遇到激情澎湃的风暴，都会改变心情的方向，让你疲惫不堪。

世上没有绝境，只有绝望

生活是一种态度。每一个人都会有不同的经历，每一个人都会经历挫折和不幸，每一个人也都有获得幸福的机会。生活是现实的，不以人的意志为转移，你可以活得很积极，也可以很悲观。同样是生活，有人整天愁眉不展，唉声叹气，有人却过得精彩无限，有滋有味。你可以决定自己的命运，只要你肯审视自己的态度。培根曾说过："人若云：我不知，我不能，此事难。当答之曰：学，为，试。"

"世间本来没有路，走的人多了就成了路"，想一想，连路都可以硬走出来，那么面对人为的环境和处境，我们有什么理由绝望呢！

很多时候我们绝望与否，重要的不是处于顺境或逆境，而是取决于对待顺境或逆境的态度和方法。有的人无论顺境、逆境都能进步，而有的人却是任何时候都在堕落。

其实，世上是有绝望的处境的，问题是在你的看法如何。如果你冷静下来想办法，尝试走另一条路的话，你的成功概率可能会有百分之九十的。如果你急躁不安，绝望了，不敢去面对和挑战，那你的成功概率只有百分之十。所以，这世上只有对处境绝望的人，而没有绝望的处境。我知道，成功从来只会青睐勇敢的智者，不喜欢亲近那些遇到点点困难就绝望而退缩的胆小鬼。在人生的道路上，没有一个人是没有遇到过困难与挫折的，简单来说，没有困难的人生不是完整的人生。因此，我们不如用微笑来挑战困难吧！

张海迪这个名字大家都应该听说过吧！张海迪谈到了死亡时，如果自己撰写自己的墓志铭，她会写些什么呢？海迪说，她会这么写：这里躺着一个不屈的海迪，一个美丽的海迪。快乐是很难的，我们常常为了短暂的快乐，愁苦经年，张海迪更难。张海迪看上去很快乐，哪怕是在最痛的时候，她也能露出一副灿烂的笑脸。但张海迪说，她从来没有一件让她真正快乐的事。

张海迪现在的身份是作家，但写作是痛苦的，她得了大面积的褥疮，骨头都露出来了，但她还在写。她又做过几次手术，手术是痛苦的，她的鼻癌是在没有麻醉的情况下实施手术的，她清晰地感觉到刀把自己的鼻腔打开，针从自己皮肤穿过。第一次听说自己得了癌症，她甚至感到欣喜——终于可以解脱了。张海迪说：我最大的快乐是死亡。但是，她却活了下来。她是一位多病的残疾人，天天被病魔折磨着，但她并没有绝望，并没有想不开而去自尽。她努力为国家做出贡献，在医院躺着的时候，还在写作，为什么她能这样？哦！因为她对于她的处境和生活并没有绝望，她清楚地知道这个世界上没有绝望的处境。

当然，有乐观开朗的人，也有对生活失去信心、绝望的人，报纸上总有人想不开而跳楼的新闻。人生是一次漫长的旅行，有平坦的大道，也有崎岖的小路，有灿烂的鲜花，也有密布的荆棘。生命的丰厚奖赏远在旅途的终点，我们应该在压力下奋起，在逆境中突破，在拼搏中享受成功的喜悦！生活永远是充满希望的。

因为世上没有绝望的处境，只有对处境绝望的人。

　　总而言之，这个世界上，没有爬不上的山，没有过不了的河，再大的困难总有解决的方法。用冷静和乐观的心来面对困难，总能找到一个让你坚持不懈的理由。每一个人的命运都没有绝望的处境，只要你勇敢去面对、挑战它，成功往往就在绝境的拐弯处。

第四章
不满意昨天，就把握今日

不要老叹息过去，它是不再回来的；要明智地改善现在。要以不忧不惧的坚决意志投入扑朔迷离的未来。

——朗费罗（美国诗人）

人们不必为过去的错误而羞惭，换言之，即不必为今天比昨天聪明而羞惭。

——斯威夫特（英国文学家）

掌握永恒，不如控制现在

公元 79 年 8 月的一天，古罗马帝国最繁荣的城市之一庞贝城因维苏威火山爆发而在 18 小时之后消失。2000 年后，人们在重新发掘这座古城的时候，在一只银制饮杯上发现刻着这样一句话："尽情享受生活吧，明天是捉摸不定的。"

一个人活着，昨天已经成为历史，成为过去，只有通过回忆来感悟；明天尚是未来，只能通过憧憬来表达希望；而今天则是我们实实在在正在接受阳光沐浴和星辰照耀的时刻，是最容易被我们把握的时刻，是我们真真切切拥有的时刻，是决定我们事业成败关键的时刻，是我们创造幸福生活的时刻，是我们不断耕耘不断收获的时刻，是人生最有意义的时刻。因此，一个人，只有活在今天，才是找到了实实在在的真我，才能体验人生的意义，实现人生的价值。

任何一个人，在眼前的一瞬间，都站在两个永恒的交会点上——永远逝去的过去和无穷无尽的未来的交点上。我们不可能生活在两个永恒之中，即使是一秒钟也不可以，那样会毁掉我们的身心。既然如此，就让我们为生活在这一刻而感到满足吧。

昨天不过是一场梦，明天只是一个幻影，今天才是生命的源泉，才是最值得我们珍视的唯一时间。生活在今天，能让昨天变成快乐的梦，明天变成有希望的幻影。让我们把过去和未来隔断，生活在完全独立的今天吧！

生命是不可能倒转的。早在两千多年前的孔子，面对大河，说了一句："逝者如斯夫，不舍昼夜！"就发出了生命一去不可返的无奈感叹。我们为什么不趁自己活在今天的时候，好好享受今天，好好奖励自己一番呢？

一个人如果不能很好地把握现在，就不可能创造光辉灿烂的未来，所以，对任何人来说，现在才是最重要的，没有了现在就没有过去和未来。把握现在就等于把握了未来，在没有经历太多的人世沧桑，没有遭遇太多的坎坷时，很多人会感觉自己只是芸芸众生中一个普通的存在。我们会羡慕他人的出色与成功，追求更好的生活，放弃原有安稳幸福。当曾经的理想希望，曾经的豪情壮志，都似那河流中礁石的棱角，经历岁月的冲刷变得不再锋利而愈加平滑时，当自己不再有能力追求时，或许连原有的安逸都失去了。

所有值得怀念的或是不值得怀念的日子，就这么像流水一样一天天地过去。尽管不似平平淡淡一杯白开水，却也未曾有过轰轰烈烈。然而，总有一些不被料到的安排一次次地改变了我们，朋友的不信任，考试的不理想，父母的迁怒，工作没成果，都在一点一点地浪费掉，好多的"现在"从我们指尖悄悄滑落，成为无可奈何的"过去"。我们之所以还这么平凡甚至平庸，我们之所以还这么郁闷甚至困苦，是因为我们没有很好的把握"现在"。

先哲无意间在古罗马城的废墟发现了一尊"双面神"神像。于是问："请问尊神，你为什么一个头，两副面孔呢？"

双面神回答："因为这样才能一面察看过去，以记取教训；一面瞻望未来，以给人憧憬。"

"可是，你为何不注视最有意义的现在？"先哲问。

"现在？"双面神茫然。

先哲说："过去是现在的逝去，未来是现在的延续，你既然无视现在，即使对过去了若指掌，对未来洞察先机，又有什么意义呢？"

双面神听了，突然号啕大哭起来。原来他就是没有把握住"现在"，罗马城才被敌人攻陷，他因此被视为敝屣，被人们丢弃在废墟中。

"现在"是最重要的，"现在"是存在的本质。我们只能拥有转瞬即逝的现在。有人总是回忆过去或把希望寄托在未来，而不重视现在最应该做什么。一切都从现在做起，把握住现在才是人生成功的关键。

把握现在，是很多成功者用双脚开辟出来的真理，是许多失败者用心血凝聚的教训。把握现在，就是不必为无可挽回的过去而懊丧，也不必为了遥不可及的未来而想入非非。过去无论自己怎么辉煌怎么灿烂，也已像流星一样滑进无边的黑暗之中。未来是不可预测的，并且是以今天为起点的，所以我们能够切切实实地把握的只有现在，把握现在就等于踏上了成功的征程，也等于为未来奠定了基础。

其实无论做什么事情，只要从现在开始就无所谓太早或太迟，从一个行动开始，只要坚持下去必定会有收获。就像播下什么样的种子就会收获什么样的果实一样。只要我们从现在开始播下一个行动，把过去的收获和未来的憧憬连接起来，就会得到一生的充实！

在现实面前绝不做逃兵

　　直面现实，关注目前才是最重要的。那些不敢面对现实、在现实面前做逃兵的人，过的将是一辈子平庸的生活。

　　自从福鼎·克多隆有记忆起，文字就一直是他的克星。小时候上学，他总觉得书上的字母东跳西跳，永远也捉不到字母的读音。那时没人知道这叫阅读困难症。事实上，福鼎的左脑无法像正常人一样将文字之类的符号有次序地排列。

　　可怜的福鼎，他不敢开口告诉自己的老师自己面临多么大的难题。一年年熬过小学，又凭着在篮球场上的神勇表现进入了中学、大学。大学里，他还是对阅读怕得要命。为了混文凭，他到处打听哪一门课最容易通过。每堂课后，他一定立刻将在课堂上画的涂鸦给撕掉，免得有人跟他借笔记。

　　28岁那年，他贷款2500美元买了第二栋房子，加以装修后出租。后来，他的房子越买越多，生意愈做愈大，经过几年的经营，他已跻身百万富翁的行列。但没人注意到这位百万富翁总是去拉门把上写着"推"的门；而在进入公厕前，他一定会迟疑片刻，看有男士进出的门是哪一个。1982年经济不景气，他的生意一落千丈，每天都有人要对他提出诉讼或是没收抵押物。他唯恐会被提去证人席，接受法官的质询："福鼎·克多隆，你真的不识字吗？”

再这样逃避下去，福鼎的精神就要崩溃了。他要对自己、对所有人摊牌了。1986年的秋季，48岁的福鼎做了两个破天荒的决定。首先他拿自己的房子做贷款抵押，然后，他鼓起勇气走进市立图书馆，告诉成人教育班的负责人：“我想学识字。”教育班安排了一位65岁的女士当福鼎的指导老师。她一个一个字母地耐心教导他，14个月后，他公司的营运状况开始好转，而他的识字能力也大有进步。

他后来在圣地亚哥的某个场合里公开自己曾经是文盲的事实。这项告白跌破了与会的200名商界人士的眼镜。为了贡献自己的一份心力，他加入了圣地亚哥识字推广委员会，开始到全国各地发表演说。“不识字是一种心灵上的残障。”他大声疾呼，“指责他人只是徒然浪费时间，我们应该积极教导有阅读障碍的朋友。”

福鼎现在一拿到书本或杂志，或是见到路标，便会大声朗读——只要妻子不嫌他吵。他甚至觉得读书的声音可以比歌声更美妙。有一天他突然灵光一现，兴冲冲地到储存室翻出一个沾满灰尘的盒子，里面有一叠用丝带绑着的信笺——没错，经过25年，他终于能看懂妻子当年写的情书了！

福鼎应该当之无愧地被称为“强者”。尽管有过彷徨和逃避，他还是鼓起勇气直面自己所处的环境。而弱者却总是逃避问题，想尽一切办法把自己封闭起来。其实，一味地逃避问题只会让问题变得越来越糟糕，以至于最后会真的无法控制。

不要逃避问题，不要低估问题，当然也不要低估你解决问题的能力。遇到问题很正常，就像千千万万的人也会遇到问题一样。首先你要对问题真正了解，这样你才谈得上发挥自己的潜力来解决。而要了解问题，就不能逃避。

回避现实往往导致对未来的理想化。你可能会觉得，在今后生活中的某一时刻，由于一个奇迹般的转变，你将万事如意，获得幸福。一旦你完成某一特别业绩——如毕业、结婚、生孩子或晋升，生活将会真正开始。然而，当那一时刻真的到来时，却十分令人失望。它永远没有你所想象的那么美好。因为在回避现实的消极心态的阴影下，生活依然如故。

事实上，我们每天的进步都是明日梦想的阶梯。承担起每天的责任，认真地过好每一天，我们的梦想才有意义。梦想对于人类的全体成员，都是一个可以触及的事物。不同的是，积极心态者用今日的行动把梦想变成目标，而悲观消极的人则把梦想当作逃脱责任的托词。

除了空想未来，怀旧也是对现实的一种逃避。说明我们对自己没有信心，兀自停留在想象中的美好之中。我们不敢正视现实，不敢担当责任，害怕竞争，恐惧失败。我们总是习惯性地用逃避来应付每一个问题，从来不考虑直接负责任的方式。

成功的人总是能够看到今日的责任和明天的希望，从不把过多的精力消耗在怀念过去"美好时光"的事情上，也不会去追悔过去的错误失败，或者幻想将来的种种舒适与自由。道理很简单——在这个时光空间中，你所唯一拥有和把握的，只有"此时此刻"。

今天是此生最好的一天

从清晨睁开眼的时候起，我们就要学着对自己说："今天是最好的一天！"要用全身心的爱迎接今天。不管昨天发生了什么事，都已成为过去，无法改变。不必为昨日遗憾，带着昨天的烦恼生活，只会让自己负重前行。纠正犯过的错误，积累奔向明天的力量，努力的今天，才是改变的关键。要告诫自己"不要让昨天的烦恼影响到今天的好心情，一切从现在开始吧！用最美的心情来迎接最值得珍惜的今天"。

只为今天，我要很快乐。假如林肯所说的"大部分的人只要下定决心都能很快乐"这句话是对的，那么快乐是来自内心，而不是依存于外在的。

只为今天，我要让自己适应一切，而不去尝试让一切来适应我的欲望。我要以这种态度接受我的家庭、我的事业和我的运气。

只为今天，我要爱护我的身体。我要多多运动，善加照顾、珍惜我的身体，使它能成为我争取成功的基础。

只为今天，我要加强我的思想。我要学一些有用的东西，我不要做一个胡思乱想的人。我要看一些需要思考及集中精力才能看的书。

只为今天，我要用三件事来锻炼我的体魄：我要为别人做一件好事，但不要让人家知道；我还要做两件平常并不想做的事……这就像威廉·詹姆斯所建议的，只是为了锻炼。

只为今天，我要做个让人喜欢的人，要修饰外表：衣着要得体，说话轻声，举止优雅，丝毫不在乎别人的毁誉。对任何事情都不挑毛病，也不会看不起别人或教训别人。

只为今天，我要试着考虑怎么度过今天，而不是把我一生的问题一次解决。因为，我虽然能连续 12 个小时做同一件事，但若要我长久下去，是不可能的。

只为今天，我要订出一个计划。我要写下每个小时该做些什么事，也许我不会完全照着做，但还是要仔细拟订这个计划，这样至少可以免除两个缺点——过分仓促和犹豫不决。

只为今天，我要让自己安静半个小时，轻松一下。在这半个小时里，我要想到我的生命充满希望。

只为今天，我要心中毫无恐惧。尤其是我不要惧怕快乐，我要去欣赏美的一切，去爱，去相信我爱的那些人也会爱我。

漫漫人生路，有谁能说自己是踏着一路鲜花，一路阳光走过来的？又有谁能够放言自己以后不会再遭到挫折和打击，我们没有看到成功的背后往往布满了荆棘和激流险滩！如果因为一时的受挫就轻易地退出"战场"，半途而废，到头来懊悔的只能是你自己；如果总是因为害怕失败而丢掉前行的勇气，就永远不会追求到心中的梦想，正如歌中所唱的，阳光它总是在风雨之后……

对于受挫于起点，失意于前段的黯然情结，命运会赐予它一件最妙的补偿，那就是从哪里跌倒，就从哪里爬起来，使他带着现实的态度，以现实的稳健步伐走下去，去履行自己的人生，去实现自身的价值。生命的好处，也正是在这个时候才像春天吐芽一般，一点一点地显露出来。人生的魅力，在于时时可以从痛苦的阴冷角落里启程，走向花明晴光的远途，走向没有遗憾的未来。即使千帆过尽，还有满载希冀的第1001艘船，只要心中的梦歌不灭，就不会被孤独地抛在岸边。不论在哪里，蒙受失败，都有机会从容整理行装，然后再欣然启程，这就是幸福的根蒂，也是你我永生的财富。

滴水足以穿石。您每一天的努力，即使只是一个小动作，持之以恒，都将是明日成功的基础。所有的努力，所有一点一滴的耕耘，在时光的沙漏里滴逝后，萃取而出的成果将是掷地有声、众人艳羡的"成功之果"。我是自然界最伟大的奇迹。

我不是随意来到这个世界上的。我生来应为高山，而非草芥。从今往后，我要竭尽全力成为群峰之巅，将我的潜能发挥到最大限度。我要吸取前人的经验，了解自己以及手中的货物，这样才能成倍地增加销量。我要字斟句酌，反复推敲推销时用的语言，因为这是成就事业的关键。我绝不忘记，许多成功的沟通，其实只有一套说辞，却能使他们无往不利。人生之光荣，不在永不失败，而在能屡仆屡起。对每次跌倒而立刻站起来、每次坠地反像皮球一样跳得更高的人，是无所谓失败的。人生是一条没有尽头的路，不要留恋逝去的梦，把命运掌握在自己手中，艰难前行的人生途中，就会充满希望和成功！

生命的奖赏远在旅途终点，而非起点附近。我不知道要走多少步才能达到目标，踏上第一千步的时候，仍然可能遭到失败。但成功就藏在拐角后面，除非拐了弯，我永远不知道还有多远。再前进一步，如果没有用，就再向前一点。事实上，每次进步一点点并不太难。从今往后，我承认每天的奋斗就像对参天大树的一次砍击，头几刀可能了无痕迹。每一击看似微不足道，然而，累积起来，巨树终会倒下。这恰如我今天的努力。

不计较过去的是非成败

　　计较过去，只会增加无数难挨的长夜。既然一切都过去了，就要放过去过去，放自己过去。收嗔怨，不纠缠，不计较，只为把每一个夜晚轻轻翻到黎明。强大的人，朝着有亮光的方向走。更强大的人，自己生成光亮。人的一生由无数的片段组成，而这些片段可以是连续的，也可以是风马牛毫无关联的。说人生是连续的片段，无非是人的一生平平淡淡、无波无澜，周而复始地过着循环往复的日子；说人生是不相干的片段，因为人生的每一次经历都属于过去，在下一秒我们可以重新开始，可以忘掉过去的不幸、忘掉过去不如意的自己。

　　在雨果不朽的名著《悲惨世界》里，主人公冉·阿让本是一个勤劳、正直、善良的人，但穷困潦倒，度日艰难。为了不让家人挨饿，迫于无奈，他偷了一个面包，被当场抓获，判定为"贼"，锒铛入狱。

　　出狱后，他到处找不到工作，饱受世俗的冷落与耻笑。从此他真的成了一个贼，顺手牵羊，偷鸡摸狗。警察一直都在追踪他，想方设法要拿到他犯罪的证据，把他再次送进监狱，他却一次又一次逃脱了。

　　在一个风雪交加的夜晚，他饥寒交迫，昏倒在路上，被一个好心的神父救起。神父把他带回教堂，但他却在神父睡着后，把神父房间里的所有银器席卷一空。因为他已认定自己是坏人，就应干坏事。不料，在逃跑途中，被警察逮个正着，这次可谓人赃俱获。

当警察押着冉·阿让到教堂，让神父辨认失窃物品时，冉·阿让绝望地想："完了，这一辈子只能在监狱里度过了！"谁知神父却温和地对警察说："这些银器是我送给他的。他走得太急，还有一件更名贵的银烛台忘了拿，我这就去取来！"

冉·阿让的心灵受到了巨大的震撼。警察走后，神父对冉·阿让说："过去的就让它过去，重新开始吧！"

从此，冉·阿让洗心革面，重新做人。他搬到一个新地方，努力工作，积极上进。后来，他成功了，毕生都在救济穷人，做了大量对社会有益的事情。

冉·阿让正是由于摆脱了过去的束缚，才能重新开始生活、重新定位自己。

人们也常说，"好汉不提当年勇"，同样，当年的辉煌仅能代表我们的过去，而不代表现在。面对过去的辉煌也好、失意也罢，太放在心上就会成为一种负担，容易让人形成一种思维定式，结果往往令曾经辉煌过的人不思进取，而那些曾经失败过的人依然沉沦、堕落。然而这种状态并非是一成不变的。

有一天，有位大学教授特地向日本明治时代著名禅师南隐问禅，南隐只是以茶相待，却不说禅。

他将茶水注入这位来客的杯子，直到杯满，还是继续注入。这位教授眼睁睁地望着茶水不停地溢出杯外，再也不能沉默下去了，终于说道："已经溢出来了，不要再倒了！"

"你就像这只杯子一样。"南隐答道,"里面装满了你自己的看法和想法。你不先把你自己的杯子空掉,叫我如何对你说禅呢?"

人生就是如此,只有把自己"茶杯中的水"倒掉,才能让人生倒入新的"茶水"。

生命的过程如同一次旅行,如果把每一个阶段的成败得失全都扛在肩上,今后的路只能越走越窄,直至死角末路。忘掉过去,才能重新启航!

把每一天都做得最好

"人生就是该人一日中所想的事情的呈现",稍微再深入思考这句话的意思,就会悟到这是相当正确的。

该人一日中所想的事情是指一日 24 小时的思考状态,也就是从早上起床去公司上班,到结束工作、回家上床睡觉为止全部的心理状态。因此这段时间,不论你想到了什么,怎样行动,对你的心灵都大有影响。

更具体些的是对总是爱抱怨的人应提出下列的问题:

"是不是光会抱怨和说别人的坏话呢?"

"是不是光看见别人的缺点呢?"

"是不是对有钱的朋友嫉妒憎恨呢?"

"是不是对公司有不平或不满呢?"

"是不是一直憎恨合不来的上司呢?"

"是不是下意识地希望同事遭遇失败不幸呢?"

这样问过他们后,大部分的人都会点头:"好像有道理!"

所谓的积极思考并不是只有一时性的正面思考,因为人生是由许多个一天组成的,在某种意义上,一天就是一生的缩影。过好每一天的人,其实就已过好了一生!

人生中,每一天都应该是进步的。

人生不可能一步到位，不要想一下子实现理想，先试着在短时间内从比较容易达到并符合个人能力的愿望开始。但有一点是必须特别注意的，那就是完成这个理想后，不要老是想着"只要这样子就好了！"而应朝更高一级的目标继续前进。

有人在实现了符合个人当时能力的愿望后就此满足，不再保持更高远的目标。有了这样的想法，迟早有一天会陷入后悔的窘境中。怎么说呢？因为光想着维持现状，不知不觉地，热情就消失得无影无踪，失去积极的斗志。

人生要维持现状是不可能的，充满幸福的人生是在经常积极前进的过程中才能品味的。

在一家大公司宣传部当科长的T先生，自孩提时代就热爱绘画，抱着成为画家或设计师的梦想。然而在10岁时，父亲生意失败，负债累累，他不得不在中学毕业后打工赚钱。

进了公司三年后，他的命运出现转机。当时在工厂有一个关于安全活动的提案在征召人才，T先生运用他所擅长的绘画能力去应征，结果脱颖而出折桂而归。而隔年机会又一次来临，T先生的公司决定展开大型销售宣传活动，以销售员身份奔波于大电器行的他，用绘画才能制作漫画、附插图的户外广告宣传、附插图的电器用品说明书大为成功，并得到销售冠军的佳绩。

销售员必须每日提出报表，通常只要写出销售状况和实际成绩就行，但T先生不只如此，他特意买了照相机，拍下户外广告、传单和装饰得热闹非凡的店面照片，和报表一起送出。诸如此类一连串的工作情形，给人事部留下深刻印象："那个叫T的公司职员是个挺有趣的家伙呢！虽没什么学历但擅长出点子，干脆把他挖到宣传部来。"终于，他被挖到宣传部，成功地做到自己一直以来心仪已久的宣传设计工作。

由此可知，努力是会在某日突然得到结果的东西。

让我们用一个每天能发生快乐而富建设性思想的计划来为我们的快乐而奋斗吧！如果我们能够照着做，我们就能消除大部分的负面情绪。

生活在一个完全独立的今天

在谈到成功秘诀时，威廉·奥斯勒博士说要生活在"一个完全独立的今天"里。

威廉奥斯勒博士对那些耶鲁的学生说："你们每一个人的机制都要比那条大海轮精美得多，而且要走的航程也遥远得多。我想奉劝诸位：你们也应该学会控制自己的一切。只有活在一个'完全独立的今天'中，才能在航行中确保安全。在驾驶舱中，你会发现那些大隔舱都各有用处。按下一个按钮，注意观察你生活中的每一个侧面，用铁门把过去隔断——隔断那些已经逝去的昨天；按下另一个按组，用铁门把未来也隔断——隔断那些尚未诞生的明天。然后你就保险了——你拥有所有的今天……切断过去。埋葬已经逝去的过去，切断那些会把智力障碍者引上死亡之路的昨天……明天的重担加上昨天的重担，必将成为今天的最大障碍。要把未来像过去那样紧紧地关在门外……未来就在于今天……从来不存在明天，人类得到拯救的日子就在现在。精力的浪费、精神的苦闷，都会紧紧伴随一个为未来担忧的人……那么，把船前船后的船舱都隔断吧。准备养成一个良好的习惯。生活在'完全独立的今天'里。"集中所有的智慧，所有的热诚，把今天的工作做得尽善尽美，这就是你迎接未来的最好方法。

当你在悔恨昨天和担忧明天的时候，"此时"已经悄悄地从你身边溜过了。所以请起身，狠狠地跺跺脚，抖落掉粘连在你身上任何阻碍你前进的想法和包袱，让自己轻装上阵吧，别忘了，要做好自己，不必去在乎别人的眼光和评价。

人生就是一串由无数的小烦恼和小挫折串成的念珠，豁达的人在数念珠时总是带着笑容。面对不如意的时候，拿一杯葡萄酒对着太阳看看，前途总是玫瑰色的，没有比这更可爱的了。生命太短了，不要因为小事而烦恼。

郁闷，也就是一个人忧郁寡欢的一种消极情绪表现。一个人长期忧郁寡欢可能导致悲观失望，情绪低落，缺少乐趣，缺乏活力，有的甚至会整日里自责自咎，严重的会产生轻生的念头。

每个心智健全的人都可能烦恼，而且是各式各样的意想不到的烦恼。在人生漫长的旅途中，还会遇到工作、学习和生活各个领域的形形色色的烦恼。正常的人不会无缘无故地烦恼，所以，当你觉得郁闷又袭击你时，问问自己："我为什么郁郁寡欢呢？"

每个人的一生都不是一帆风顺的，"天有不测风云，人有旦夕祸福"。有时生活中的挫折，工作上的不如意会让一个人烦恼不堪，尤其是当这个人很少经历失败时，一个小小的挫折也会让他情绪低落，顿生忧虑烦恼，宛如乌云见阳光。

对生活、工作的厌倦，也是一个人易忧郁的原因。当人们无法从"工作单调乏味，生活一成不变，每天都是前一天的重复而产生忧郁的心理"中解除出来时，烦恼就产生了，并不断膨胀，以至占据整个内心。

一些缺少目标的人也易产生烦恼。生活方向发生改变，生活重心失去了平衡，找不到自己的位置，于是在失望的黑暗中迷失了方向，内心只留下了伤痛与烦闷。

还有一些烦恼是自找的，人们总是因为今天的不完整而为明天忧虑，寻找不必要的烦恼。如果一个人忙碌地做一件事，他是不会感到烦恼的，也可以说他没有时间去顾及烦恼。

忧愁、烦闷可以使一些有才华的人沦为失败者，它们摧残意志不坚强者的志向，削弱他们还没有完全成熟的自信心。因此，可以说忧虑的心理是一个极为有害的心理腐蚀剂。

烦恼的最佳"解毒剂"就是运动。若发现自己有了解不开的烦恼，就让运动来把它挥散出去。这些活动可以是跑步，可以是打球，也可以到野外散散心，欣赏欣赏奇美绝妙的大自然。总之，适当的锻炼活动能使我们精神振奋，忘记悲伤，恢复信心。

另外，我们不要回避可能使人烦恼的事情，正视烦恼并平心静气地去考虑，积极努力地去解决。对所能预料的事，做好思想准备，以饱满的热情和充分的信心去迎接它。

如果做不成一个事事看得开的智者，却想让不如意不会找到自己头上，那么，就多结交一些情绪开朗的朋友，尝试做一个乐观的现实主义者，做一个坚强的人，当不如意找到你时也能坦然面对，把它打倒。

今天的磨难是明天的财富

成功永远只是少数人的事，因为只有少数人才有克服困难的能力。人是环境的动物，但无论环境如何，始终认为自己一定能成功的人最后一定会成功。这与要想破茧成蝶，就要经历许许多多的磨难是一个道理。

许展堂被称为"80年代冒起的新星，90年代举足轻重的生意人"和"香港新一代富豪中的佼佼者"。然而他被人们所关注，不过是近几年的事。1993年的春天，第八届全国政协会议召开，他被任命为全国政协常委的高层职务，这使他在人们眼中又增添了一些传奇色彩。

许展堂出身于富豪之家，生活衣食无忧。但是在他13岁时，情况突变。父亲的生意失败，没过多久又染上了肺痨去世，小展堂的生活从蜜罐掉进了苦海。当时他刚读完小学，只好被迫放弃读书，提前进入社会谋生。提起没有机会读书，他至今还心存遗憾。

年少的许展堂不得不涉足社会，面对人生。他曾从事过多种低微的职业，他卖过云吞面，也曾为商店翻新旧招牌，被安排打更等。这段光阴，是他一生中最为艰难的时间。

生活的艰辛，没有消磨他的意志，反而激发了他的斗志。他不甘心久居人下，白天辛苦地工作，晚上则去上夜校进修，学英语，阅读大量的历史书籍和名人传记，从中汲取伟人们的思想精华。

他坚信自己会成功。他凭借着自己的努力奋斗，渡过了一个又一个难关，抓住有利时机，拼搏奋斗，终于成了同辈中的佼佼者。他在困难面前所表现出的坚定信念，对我们每个人都是有益的启示。

在通往成功的路上，一个绝境就是一次挑战。如果你不是被吓倒，而是奋力一搏，也许这些挑战就会成为你成功的阶梯，也许你会因此而创造超越自我的奇迹。

张海迪5岁时因患脊髓病导致高位截瘫，自第二胸椎以下全部失去知觉，但她凭借着顽强的毅力自学英、日、德语和世界语，她还自学各种医学知识，为群众治病。她在遇到困难时，也从没有想过要逃避。因为她知道，她没有放弃生命的权利。坚强使她成为人们心目中的楷模，她也因此成了一个奇迹。

她没有把一切的不顺归之于命运。在命运的挑战面前，张海迪没有沮丧和沉沦，没有为自己身体的残缺而感到自卑。她以顽强的毅力与疾病作斗争，经受住了生活的严峻考验，生活的磨难使她对人生充满信心。

俗话说得好，没有过不去的坎。凭着这种信念可以激发自己的勇气，加强意志，完成工作，或是作为情绪低落时的一种自我安慰。如果能够这么想，相信你的心里不仅会好过一点儿，而且会恢复信心。

大部分的人都喜欢听他人谈成功的经验，而忘了问他们经受的困难。有的人在听过别人的成功之后，都会自叹不如。如果没有面对困难的勇气，就会使你失去信心，失去行动的勇气，结果只能一事无成。

在困难面前，我们要有必胜的信心，不要因为自己缺乏成功的信心而不敢面对困难。大凡成功者，他们现在的成功都是奠基于过去的生活的磨炼，而且目前的成功是他们感到骄傲的，所以对自己经历的困难更津津乐道，以此让别人了解他的努力。向充满信心的成功者请教失败的经验，同时也要知道他们以何种方法来克服失败。在和他们交谈之后，你会发觉：他们现在成功了，是因为他们面对生活的磨难，从不退缩。

绝处逢生后，我们就会知道困难没什么大不了。

我们应该相信，风浪后面将是平静的海洋，坎坷后面将是平坦的大道。有时成功与失败的区别仅仅是：成功者走了一百步，失败者走了九十九步，成功只比失败多走了一步而已。

成功和失败都不是一夜造成的，而是面对困难逐步积累的结果。因此，我们必须对人生道路上的曲折和困难有充分的认识和思想准备。由于人们的世界观不同、认识水平的不同以及所处的客观环境的不同，形成了各自独特的人生之路。但是不管人们的生活道路有何不同，有一点却是共同的：绝对笔直而又平坦的人生路是不存在的。因为，事物的发展是螺旋式或波浪式的发展过程，所以，人生道路的延伸也是直线和曲线的辩证统一。你在遇到困难和身处逆境时，不要茫然不知所措、灰心丧气，也不应因一时的挫折而轻言放弃。

成功不是将来才有的，而是从决定去做的那一刻起，持续累积而成。就像如果你曾经不是一只蛹，怎么能渴望会成为一只蝶？如果你希望成功，就要以恒心为良友，以经验为参谋，以谨慎为参谋，以希望为哨兵。对自己面临的一切困难，好好经营它们，终将会达到质的升华！

第五章
可怕的不是人生失意，而是心灵失控

没有理智的支配，任何事物都不会持久。

——昆图斯·恩纽斯（罗马诗歌之父）

让我们首先遵循理智吧，它是可靠的向导。

——法朗士（法国作家）

别和魔鬼做交易

冲动是人和魔鬼做一笔非常不划算的交易。在交易前，魔鬼告诉你：如果你购买了"冲动"，你就可以做你想做的任何事情，你可以通过冲动，使自己的情绪得到痛快淋漓的发泄。人听到这里，顿时呼吸急促、血压升高，迫不及待地签下契约。冲动过后，魔鬼会再次找上门来——它绝不会爽约。它会高举着契约，契约上面写满了你购买"冲动"所必须支付的成本。这个成本的清单很长，重要的条款如下：

1. 身心健康

生理学家认为：人的心与人的身组成了生命的整体，二者之间是相互调节与被调节、作用与被作用的关系。心情也就是情绪，它的好坏会影响身体的健康。心理医学家认为：对人不信任、心胸狭隘、情绪急躁、爱发脾气，对人的身心健康危害极大。人在冲动、发怒时，会引起精神的过度紧张，造成心脏、胃肠以及内分泌系统功能的失常，时间长了，必然要引起多种疾病，对身心健康大为不利。如麻疹病，多发于大起大落的波动中，偏头疼多数偏爱固执好斗或爱嫉妒的小心眼，癌症、高血压等更不用讲了。我们在各种影视片中，经常看到这样的镜头，某某主人公因受意外刺激，心脏病发作，当场晕倒，立即被送到医院急救。日常生活中也有一些人，由于好冲动、易发怒，最后导致神经衰弱，吃不好饭、睡不好觉，危害了身体健康。

2. 人际关系

情绪容易冲动的人往往脾气比较暴躁，与其他人交往时容易发生矛盾。而引起矛盾的诱因多数是因为一些小事，话不投机半句多，轻者发生争吵，重者拳头相向。试想，一个集体里有那么一两个人经常与周围的人发生摩擦，势必影响一个单位的团结。大家在一个集体里共同生活，都希望有一个和睦相处的环境，更希望得到周围人的尊敬和理解。而个别情绪容易冲动的人往往认为以声压人，以拳服人，就能建立自己的威望。其实刚好相反，如果你情绪容易冲动，动不动就跟周围的人过不去，别人要么联合起来打败你，要么不约而同对你敬而远之。长此以往，不仅得不到周围人的尊敬和理解，而且也会失去真正的朋友，失去友谊，以致感到孤独和寂寞。

这种对于人际关系的伤害，在家庭里则体现于对家人的伤害，造成家庭的不和睦、不和谐。

3. 个人前途

一个人行事冲动，给人的感觉是不稳重、不成熟。领导叫你招待客户，你却因为和客户之间的一点儿小摩擦而和客户大干一场，久而久之，谁还敢交给你重要的职务，交给你重要的工作？美国学者巴达拉克的著作《沉静领导》，认为新时代的领袖气质的共同特点是：内向、低调、坚忍、平和。归纳起来，沉静领导具有三大品格特征。第一，克制。他们坚持原则，但拒绝用英雄式的强硬态度来无所顾忌地达到目的，而总是选择自我克制。他们宁愿花更多的时间去了解真相，然后再耐心解决问题，而不是莽撞或者逃避。他们不是激进的，相反，他们通常选择谨慎，在权衡各方利益、深思熟虑之后，得出一个带有妥协印记的务实方案。第二，谦逊。他们认为自己的成功就像沙滩上的足迹一样，既不伟大，也不持久。他们在成功时，总是将镜子转向窗外，归功于身外，甚至是运气；而当他们受挫时，则总是将镜子对准自己，检讨自己做错了什么……他们并不追求伟大的构想和无上的光荣，同时也不会因为缺少光荣而放弃努力，因而能够承受挫折。这一点又直接引出了第三点。第三，执着。有学者指出："执着与勇敢的区别在于，前者是理性的坚持，而后者是感性的冲动。"他们的执着并非完全来自理想，相反他们能够客观地将私心与公心有机地结合，从而爆发更强烈、更持久的韧劲儿。

到这里，很多读者会发现：沉静领导之道，与我们传统的东方哲学——例如内敛、中庸、大智若愚等，不是很相近吗？文化是共通的，冲动在哪里都不会受到赞赏与奖赏。

4. 触犯刑律

在所有导致严重后果的冲动中，对社会、对自己危害最大的莫如"激情杀人"。在百度中以"激情杀人"为关键字搜索文章，约有 4340000 篇相关条目。有因为情人要求分手而动手的，有雇员因为受到侮辱而操刀的，有因为言辞冲突而挥铁棍的……这样的例子真是数不胜数，在下一节我们会着重谈这个话题。

冲动常与骄傲相伴

人不可无傲骨，但不可有傲气。傲骨在内，决不轻易展现；傲气在外，处处尽显锋芒。傲气表现在一个人的骄傲自大上，总以为"老子天下第一"，不把别人放在眼里，不将困难放在心上。在这种狂妄心态的支配下，人不冲动才怪。

西晋末年，秦王苻坚率90万大军大举进攻东晋。这支号称百万的大军绵延千里、水陆并进。苻坚骄傲地宣称："以吾之众旅，投鞭于江，足断其流。""投鞭断流"的典故即是来源于此。按理说，以百万之众对付数万东晋兵士，在冷兵器时代，根本就是老鹰抓小鸡的游戏。苻坚因为在这场游戏中扮演的是"老鹰"的角色，所以在与"小鸡"东晋的战争中根本就不讲章法、不听劝告，率性而为，却不料被东晋的几万人马打得落花流水，被歼与逃散的士兵竟高达70多万！

经此一役，苻坚统一南北的美梦彻底破灭。不仅如此，元气大伤的苻坚政权也随之解体，苻坚不久后死于乱军之中，前秦随之灭亡。苻坚这个亏，吃得可谓不小，不仅失去了大军，还丢了性命，亡了国。

骄傲是一种恶习，它依赖的是一种资本，付出的是一种代价。越是骄傲的人，付出的代价越会沉重。一个人如果太骄傲了，就会藐视一切权威，藐视一切规则，变得妄自尊大，谁都瞧不起，谁都不放在自己的眼中，就会"不承认世界上有比他更强、更高的人，不承认客观实际，目空一切"，慢慢地整个世界变得似乎只有他一个人存在似的，严重脱离实际，最后，只能是孤家寡人。

一个人如果太骄傲了，他就会陷入一种莫名其妙的自我陶醉之中，一个不切实际的骄傲自大的陷阱之中，无论他人对他有多大的意见，有多少的说法和评价，这类人的"自我感觉"都永远是良好的，他永远生活在听不进批评的自我满足之中。西方近代哲学史重要的理性主义者斯宾诺莎说过："骄傲自大的人喜欢依附他的人或谄媚他的人，而厌恶高尚的人。……而结果这些人愚弄他，迎合他那软弱的心灵，把他由一个愚人弄成一个狂人。"

一个人如果太骄傲自大了，他就会失去对自我的客观的评价，越到后来，就越感觉自己了不起，感觉对方什么都不好，自觉不自觉地轻视了自己的竞争对手，从而在竞争中一败涂地。希腊有位叫希尔泰的学者说过这样的话："傲慢始终与相当数量的愚蠢结伴而行。傲慢总是在即将破灭之时，及时出现。傲慢一现，谋事必败。"骄傲自大是灭亡的先导。《左传》说："骄而不亡者，未之有也。"《孝经》说："居上而骄则亡。"太狂妄了，必然会造成一个人想当然去做事，结果就会自食其果。老舍曾经说过："骄傲自满是我们的一个可怕的陷阱；而且，这个陷阱是我们自己亲手挖掘的。"

骄傲的反义词是谦虚。谦虚是每个社会人必备的品格，具有这种品格的人，在待人接物时能温和有礼、平易近人、尊重他人，善于倾听他人的意见和建议，能虚心求教，取长补短。对待自己有自知之明，在成绩面前不居功自傲；在缺点和错误面前不文过饰非，能主动采取措施进行改正。

　　不论你从事何种职业，担任什么职务，只有谦虚谨慎，才能保持不断进取的精神，才能增长更多的知识才干。因为谦虚谨慎的品格能够帮助你看到自己的差距。永不自满，不断前进可以使人冷静地倾听他人的意见和批评，谨慎从事。否则，骄傲自大，满足现状，停步不前，主观武断，轻者使工作受到损失，重者会使事业半途而废。

　　具有谦虚谨慎品格的人不喜欢装模作样、摆架子、盛气凌人，而能够虚心地学习。

偏激之人容易失控

一个人有主见，有头脑，不随人俯仰，不与世沉浮，这无疑是值得称道的好品质。但是，这还要以不固执己见，不偏激执拗为前提。偏激与执拗往往如影随形。人一偏激，就有可能失控。而执拗却正好为失控打通了关节，谁也无法劝解与阻止他的失控。

性格和情绪上的偏激，是做人处世的一个不可小觑的缺陷。三国时期，那位汉寿亭侯关羽，过五关，斩六将，单刀赴会，水淹七军，是何等英雄气概。可是他致命的弱点就是偏激执拗。当他受刘备重托留守荆州时，诸葛亮再三叮嘱他要"北据曹操，南和孙权"，可是，当吴主孙权派人来见关羽，为儿子求婚时，关羽一听大怒，喝道："吾虎女安肯嫁犬子乎！"总是看自己"一朵花"，看人家"豆腐渣"，说话办事不顾大局，不计后果，导致了吴蜀联盟的破裂。本来嘛，人家来求婚，同意不同意在你，怎能出口伤人、以自己的个人好恶和偏激情绪对待关系全局的大事呢。假若关羽少一点儿偏激，不意气用事，那么，吴蜀联盟大约不会遭到破坏，荆州的归属可能也会是另外一种局面。

孙权派陆逊镇守陆口，关羽竟当着陆逊的使者讥讽道："孙权见识短浅，焉用孺子为将。"将青年才俊陆逊贬个一文不值。关羽不但看不起对手与盟友，还不把同僚放在眼里。名将马超来降，刘备封其为平西将军，远在荆州的关羽大为不满，特地给诸葛亮去信，责问说："马超能比得上谁？"老将黄忠被封为后将军，关羽又当众宣称："大丈夫终不与老兵同列！"他目空一切，气量狭小，盛气凌人。其他的人就更不在他眼里，一些受过他蔑视侮辱的将领对他既怕又恨，以致当他陷入绝境时，众叛亲离，无人救援，败走麦城，人头落地。

现实生活中，凡不能正确地对待别人的人，就一定不能正确地对待自己。见到别人做出成绩，出了名，就认为那有什么了不起，甚至千方百计诋毁贬损别人；见到别人不如自己，又冷嘲热讽，借压低别人来抬高自己。处处要求别人尊重自己，而自己却不去尊重别人。在处理重大问题上，意气用事，我行我素，主观武断。像这样的人，干事业、搞工作，成事不足，败事有余，在社会上恐怕也很难与别人和睦相处。

偏激执拗的人看问题总是戴着有色眼镜，以偏概全，固执己见，钻牛角尖，对人家善意的规劝和平等商讨一概不听不理。偏激的人怨天尤人，牢骚太盛，成天抱怨生不逢时，怀才不遇，只问别人给他提供了什么，不问他为别人贡献了什么。偏激的人缺少朋友，人们交朋友喜欢"同声相应，意气相投"，都喜欢结交饱学而又谦和的人。总是以为自己比对方高明，开口就梗着脖子和人家抬杠，明明无理也要搅三分的主儿，谁愿和他打交道？

性格的偏激与行事的执拗源于知识上的极端贫乏，见识上的孤陋寡闻，社交上的自我封闭意识，思维上的主观唯心主义等。对此，只有对症下药，丰富自己的知识，增长自己的阅历，多参加有益的社交活动，同时，还要掌握正确的思想观点和思想方法，才能有效地克服这种"一叶障目，不见泰山"的偏激心理。

得理不可紧咬不放

　　不知你有没有发现：人们看自己的过错，往往不如看别人那样苛刻。原因当然是多方面的，其中主要原因可能是我们对自己犯错误的来龙去脉了解得很清楚，因此对于自己的过错也就比较容易原谅；而对于别人的过错，因为很难了解事情的方方面面，所以比较难找到原谅的理由。

　　大多数人在评判自己和他人时，不自觉地用了两套标准。例如：如果我们发现了旁人说谎，我们的谴责会是何等严酷，可是哪一个人能说他自己从没说过一次谎？也许还不止一百次一千次呢！

　　或许是生活中有太多需要忍耐的不如意：被老板骂了，被妻子怨了，被儿子气了……这些都似乎需要无条件忍耐。有的人忍一忍，气就消了；有的人忍耐久了，心中的不平之气就如堤内的水位一样节节攀升。对于后者来说，一旦逮到一个合理的宣泄口子，心中的怒气极易如洪水决堤般汹涌而出，还美其名曰："理直气壮。"

　　做人要学会给他人留下台阶，这也是为自己留下一条后路。每个人的智慧、经验、价值观、生活背景都不相同，因此在与人相处时，相互间的冲突和争斗难免——不管是利益上的争斗还是非利益上的争斗。

大部分人一陷身于争斗的旋涡，便不由自主地焦躁起来，一方面为了面子，一方面为了利益，因此一旦自己得了"理"便不饶人，非逼得对方鸣金收兵或竖白旗投降不可。然而"得理不饶人"虽然让你吹着胜利的号角，但这也是下次争斗的前奏，因为这对"战败"的一方而言也是一种面子和利益之争，他当然要伺机"讨要"回来。

最容易步入"得理不饶人"误区的是在能力、财力、势力上都明显优于对方的人，也就是说你完全有本事干净利落地收拾对方。这时，你更应该偃旗息鼓、适可而止。因为，以强欺弱，并不是光彩的行为，即使你把对方赶尽杀绝了，在别人眼中你也不是个胜利者，而是一个无情无义之徒。

《菜根谭》中说："锄奸杜佞，要放他一条生路。若使之一无所容，譬如塞鼠穴者，一切去路都塞尽，则一切好物俱咬破矣。"所谓"狗急跳墙"，将对方紧追不舍的结果，必然招致对方不顾一切地反击，最终吃亏的还是自己，这也算是一种让步的智慧吧。

有一位哲人说过这么一句引人深思的话："航行中有一条公认的规则，操纵灵敏的船应该给不太灵敏的船让道。我认为，人与人之间的冲突与碰撞也应遵循这一规则。"

你是否容易失控冲动？

在本章结尾处，我们选取了来自我国台湾的一份心理测试题，以帮助各位更深入地了解自己是否属于冲动型性格的人。

《维纳斯心理测试》是一份杂志，由维纳斯于2005年4月创办于大陆。维纳斯目前的忠实读者已超2000万，遍布中国大陆、台湾、香港、澳门、新加坡、马来西亚等国家和地区。据维纳斯的热心读者统计，目前网络上流传的心理测试，约有1/3是维纳斯的作品。以下资料即来源于《维纳斯心理测试》。

测验开始：请从第一题开始回答，选出你较喜欢的选项，再依指示前往下一题继续回答。

Q1. 你是否喜欢游泳？

不喜欢，其实我有一点儿怕水。→ Q2

喜欢，游泳是唯一让全身都能动到的运动。→ Q3

Q2. 如果你必须找人问路，你会选择谁？

同性或是老一辈的人。→ Q4

不会特定，或是找长相好的异性来问路。→ Q5

Q3. 如果你正要出门，碰巧遇到大风雨，你会怎样？

还是出门，难得老天爷掉眼泪。→ Q4

算了，干脆等雨停了再出去好了。→ Q7

Q4. 夏天天气实在太热了，这时一瓶清凉的饮料出现在你面前，你会怎样？

当然是一口气把它喝完、喝干。→ Q8

还是慢慢喝，总有喝完的一天。→ Q6

Q5. 如果不小心，让你遇到一场血淋淋的车祸，你会怎样？

会有点儿不舒服，可是还是会继续看。→ Q6

会感觉恶心，转头就走，不会看下去。→ Q7

Q6. 如果经济能力许可，你会选择怎样的穿着？

会买好一点儿的衣服，但不会刻意追求名牌。→ Q9

应该会买名牌，那毕竟质感好且较有保障。→ Q10

Q7. 你是否有常常忘记钥匙放在哪儿或忘了拿的习惯？

有，而且次数还不少。→ Q9

几乎很少，平时多会特别留意。→ Q11

Q8. 你是否曾经为了偶像出现恋情而难过不已？

心真的很痛，没想到他竟然就这么被"抢"走了。→ Q9

还好，一开始就知道彼此不可能，影响应该不会太大。→ Q10

Q9. 你自己本身是否有美术天分呢？

没有，不是美术白痴就不错了。→ A 型

有，虽然没受过训练，但总觉得有那样一份灵感。→ Q10

Q10. 你看电视时，是否很容易就跟着入戏？

是啊，明知道是假的却还是哭得稀里哗啦的。→ C 型

还好，要感动我的戏剧其实并不多。→ Q11

Q11. 独自一个人住，你在家里会穿什么样的衣服？

反正没人知道，什么样的衣服都无所谓。→ B 型

不会太随便，还是会维持一下形象。→ D 型

诊断分析：

A 型：很小心的人

你是一个很小心的人，事事谨慎的你在做决定的时候会细细评估，结果就是因为想得太多了，连该做的事都没去做。你冲动指数不高，受人影响的指数却不低，所以极有可能会在旁人怂恿下做出意想不到的事。

B 型：外冷内热的人

你是一个外冷内热的人，当你与不认识的人相识之初，会让人有一种严肃感，一旦认为对方可以信任，你甚至会将家中私事告诉对方，小心，这种"熟悉就会让你变得冲动"的血液可能会让你受骗上当。

C 型：活泼开朗的阳光型人物

你是一个活泼开朗的阳光型人物，拥有着乐于助人的个性，由于你常常会在不知不觉中将一些不该说的话脱口而出，久而之，朋友们会认为你蛮冲动的。其实你并非有意伤害别人，建议你还是守口如瓶比较好。

D 型：很善于思考的人

你是一个很善于思考的人，你的言行举止都是经过思考的，即使有人想要陷害你也很难。你的冲动指数非常低，是个值得信赖的朋友。只不过，防御心强的你看起来朋友虽然很多，却比较缺少谈心的对象。

第六章
真正的自由来自自制

每一种享乐，如无节制，都可破坏它本身的目的。

——马尔萨斯（英国人口学家）

一分克制，就是十分力量

如果我们将冲动比作一匹脱缰撒野的烈马，那么自制力就是能够有效制服这匹烈马的缰绳。所谓自制力，书面的定义是指一个人在意志行动中善于控制自己的情绪，约束自己的言行。而通俗地说，自制力指的就是自我控制的能力。

一个人自制力的高低，主要体现在两个方面：一方面能够在日常生活与工作中克服不利于自己的恐惧、犹豫、懒惰等；另一方面应善于在实际行动中抑制冲动行为。这两个方面相辅相成。也就是说，一个能够克服不利于自己的恐惧、犹豫、懒惰等，相对来说也更善于在实际行动中抑制自己的冲动行为。

自制力对人走向成功起着十分重要的作用。自古代百科全书式科学家亚里士多德，到近代的哲学家们都注意到："美好的人生建立在自我控制的基础上。"自制力是实现自我价值的重要元素，是人生转折和飞跃的保险绳。有了较强的自制力，我们在前进的道路上便不会迷失方向，便不会被各种外物所诱惑，不会因为其他事情而影响了自己的判断。

自制的人生更自由

没有自由，人如同笼里的鸟，即使是黄金做的笼子，也断无快乐幸福可言。但在追求自由的路人，别忘了"自制"这个词。没有自制，必受他制。自由来自自制。

例如：每个人都有享受美食的自由，可是当这种自由因为无限的扩张而失去控制时，自由就会被肥胖以及由此带来的一系列疾病所束缚，节食和减肥就是在享受这种自由后不得不付出的代价。

抽烟、喝酒也一样。当做不到自制地享受这些自由时，那无疑是在作茧自缚，并有可能从此被剥夺享受这些自由的权利。

更极端的是，一些不知自制或不能自制的人，见色起心或见财生念，一时冲动做出违背刑律的荒唐事，将自己送入囹圄，彻底告别自由。

控制自己不是一件容易的事情，因为我们每个人心中永远存在着理智与情感的斗争。自我控制、自我约束也就是要一个人按理智判断行事，克服追求一时情感满足的本能愿望。一个真正具有自我约束能力的人，即使在情绪非常激动时，也是能够做到这一点的。

自我约束表现为一种自我控制的感情。自由并非来自"做自己高兴做的事"，或者采取一种不顾一切的态度。如果任凭感情支配自己的行动，那便使自己成了感情的奴隶。一个人，没有比被自己的感情所奴役更不自由的了。

无法自制的人难以取得卓越的成就。所有的自由背后都有严格的自制作保证，人一旦无法控制自己的情绪、惰性、时间、金钱……那他将不得不为这短暂的自由付出长远的、备受束缚的代价。

无法自制定被他制。如果不希望被他人判处约束的"无期徒刑"或"死刑"，你就得好好管住自己。

先自制再制人

有一次，小江和办公大楼的管理员发生了一场误会，这场误会导致了他们两人之间彼此憎恨，甚至演变成激烈的敌对态势。这位管理员为了显示他对小江的不满，在一次整栋大楼只剩小江一个人时，立即把整栋大楼的电闸关掉。这种情况发生了几次，小江决定进行反击。

一个周末的下午，机会来了。小江刚在桌前坐下，电灯灭了。小江跳了起来，奔到楼下锅炉房。管理员正若无其事地边吹口哨边铲煤添煤。小江恼羞成怒，以异常难听的话辱骂对方，而出人意料的是，管理员却站直身体，转过头来，脸上露出开朗的微笑，他以一种充满镇静与自制力的柔和声调说道："呀，你今天晚上有点儿激动吧？"

完全可以想象小江是一种什么感觉，面前的这个人是一位文盲，有这样那样的缺点，但他却在这场战斗中打败了小江这样一位高层管理人员。况且这场战斗的场合以及武器都是小江挑选的。

小江非常沮丧，他恨这位管理员恨得咬牙切齿，但是没用。回到办公室后，他好好反省了一下，觉得唯一的办法就是向那个人道歉。

小江又回到锅炉房，轮到那位管理员吃惊了："你有什么事？"

小江说："我来向你道歉，不管怎么说，我不该开口骂你。"

这话显然起了作用，那位管理员不好意思起来："不用向我道歉，刚才并没人听见你讲的话，况且我这么做，只是泄泄私愤，对你这个人我并无恶感。"

你听，他居然说出对小江并无恶感这样的话来。小江非常感动，两人就那么站着，居然还聊了一个多小时。

从那以后，两人成了好朋友。小江也从此下定决心，以后不管发生什么事，绝不再失去自制。因为一旦失去自制，另一个人——不管是一名目不识丁的管理员还是一名知识渊博的人——都能轻易将他打败。

这件事告诉我们：一个人必须先控制住自己，才能控制别人。

自制不仅仅是人的一种美德，在一个人成就事业的过程中，自制也可助其一臂之力。

有所得必有所失，这是定律。因此，要想取得并非是唾手可得的成功，就必须付出努力，自制可以说是努力的同义语。

自制，就要克服欲望，人有七情六欲，此乃人之常情。食色美味，高屋亮堂，每个人都想得到，但是要得之有度，不能操之过急，一味追逐。否则沉溺其中，不能自拔，不仅会导致力竭精衰，还有可能会使人颓废不振，空耗一生。

人最难战胜的是自己。换句话说，一个人成功的最大障碍不是来自外界，而是自身，除了力所不能及的事情做不好之外，自身能做的事不做或做不好，那就是自身的问题，是自制力的问题。

一个成功的人，他是在大家都做情理上不能做的事时，他自制而不去做；大家都不做情理上应做的事，而他强制自己去做。做与不做，克制与强制，这就是取得成功的因素。

理智者，理性智慧

"理智"的"理"是理性，是逻辑化的主见；"智"是智慧，是机智行事的方法。《现代汉语词典》对于"理智"词条的解释为：辨别是非、利害关系以及控制自己行为的能力。一个理智的人，有主见，又有方法，做事说话知进退、懂轻重、明缓急。

人的七情六欲最难控制，种种冲动皆源于此。所谓七情，指的是喜、怒、哀、惧、爱、恶、欲；所谓"六欲"，指的是对异性的色欲、形貌欲、姿态欲、言语声音欲、细滑欲、人相欲（后来有人把此概括为见欲、听欲、香欲、味欲、触欲、意欲）。佛家认为：人世间的种种痛苦，皆来自七情六欲，因此主张灭绝情欲。灭绝情欲对于凡夫俗子来说是很困难的，何况有情欲也并非坏事，人类的发展与历史进步的动力，在很大程度上就是源于人的情欲。因此，有情欲也并非坏事，有情欲的人才有情商。只是，人的情欲不可放纵，不能让情欲牵着自己走，而要用理智的绳索牵着情欲走。

一个理智的人，中了巨额大奖也不会醉生梦死、花天酒地。一个有理智的人，即使面对百般羞辱也能保持冷静，而不会一触即跳或走极端，使自己在愤怒中迷失方向。乐不可极，乐极生悲；欲不可纵，纵欲成灾。一个人失去了理智，就得准备接受打击和惩罚。因为理智不允许做的事，都是在寻常状态下不应该做或不能够做的事。

理智不但是一种明智，更是一种胸怀，没有胸怀的人，总是缺少理智。而一个没有胸怀和缺少理智的人则难成大器。"所取者远，则必有所待；所就者大，则必有所忍。"古往今来，大抵如此。

理智还是一种权衡。权衡轻重缓急，扬长避短，可让自己走向成功。而一个好冲动的人，却较少考虑自身条件，凭着一时的冲动去行动，到头来一事无成，枉费了许多精力和时间。

遗憾的是，人的理智有时是很脆弱的，甚至不堪一击。特别是在面对强烈感情的时候。吴三桂冲冠一怒为红颜，合"情"却不合"理"。正是这种行事的不理智，造就了吴三桂悲剧的一生。我们或许做不到"诸葛一生唯谨慎"，却应努力做到"吕端大事不糊涂"。

1965 年 9 月 7 日，世界台球冠军争夺赛在美国纽约举行。路易斯·福克斯的得分一路遥遥领先，只要再得几分便可稳拿冠军了，就在这个时候，他发现一只苍蝇落在主球上，他挥手将苍蝇赶走了。可是，当他俯身击球的时候，那只苍蝇又飞回到主球上来了，他在观众的笑声中再一次起身驱赶苍蝇。这只讨厌的苍蝇破坏了他的情绪，而更为糟糕的是，苍蝇好像是有意跟他作对似的，他一回到球台，它就又飞回到主球上来，引得周围的观众哈哈大笑。路易斯·福克斯的情绪恶劣到了极点，他终于失去了理智，愤怒地用球杆去击打苍蝇，球杆碰动了主球，裁判判他击球，他因此失去了一轮机会。之后，路易斯·福克斯方寸大乱，连连失分，而他的对手约翰·迪瑞则愈战愈勇，超过了他，最后夺走了冠军。第二天早上，人们在河里发现了路易斯·福克斯的尸体，他投河自杀了！

一只小小的苍蝇，竟然击倒了所向无敌的世界冠军！路易斯·福克斯夺冠不成反被夺命，其中的教训可谓深刻。

控制情绪三原则

控制自己的情绪和行为，是一个人有教养和成熟的表现。可是在生活和工作中，常常会有这样的人，他们总是为一点儿小事而大动干戈、发脾气，闹得鸡犬不宁，既破坏了和谐的工作环境，也破坏了同志间的团结。心理学家认为，冲动是一种行为缺陷，它是指由外界刺激引起，突然爆发，缺乏理智而带有盲目性，对后果缺乏清醒认识的行为。

有关研究发现，冲动是靠激情推动的，带有强烈的情感色彩，其行为缺乏意识的能动调节作用，因而常表现为感情用事、鲁莽行事，既不对行为的目的做清醒的思考，也不对实施行为的可能性作实事求是的分析，更不对行为的不良后果做理性的评估和认识，而是一厢情愿、忘乎所以，其结果往往是追悔莫及，甚至铸成大错、遗憾终生。

增强自制力，可以使我们有更多的机会获得成功的体验，使自己更加理智，遇事更为冷静，从而进入良性循环，使自我得到健康积极的发展。

有了较强的自制力，可以使人具有良好的人格魅力，增强自己的亲和力，更容易得到别人的认同，拥有更多的朋友和知己，使自己的交际范围更为广泛，在与朋友的交往中学习别人的优点，吸取别人的教训，进一步完善自我。

自制力可以使我们激励自我，从而提高学习效率；也可以使自己战胜弱点和消极情绪，从而实现自己的理想。怎样培养和增强自己的自制力呢？从理论上讲可以从以下几个方面进行。

1. 认识自我，了解自我，深入自己的内心

人最大的敌人不是别人，而是自己。只有认识自我，在取得成绩时，才能保持平常的心态，不会因此而骄傲自满，丧失自我，对自己的能力进行过高的估计；只有认识自我，在遇到挫折和失败时，才不会被其击倒，一如既往地为着自己既定的目标而努力，不会对自己进行过低的评价。任何人都不可能一帆风顺地就成功了，也没有任何事情是不需要付出任何一点儿努力就能完成的。当我们遇到挫折时，当我们因为各种原因而后退时，我们就必须重新认识自我，只有在正确认识自我的基础上，我们才能重新找回自己的航行坐标，朝胜利方向前进。

我们随便找几个人问他了解不了解自己，得到的回答一般说来都是肯定的。很多时候，人们总是认为自己对自己最为了解，其实，你真的了解了自己吗？不，其实很多人根本不了解自己，根本不能正确地认识自己。

很多时候，我们总认为自己是对的，但当事情有了结果之后，我们才发现自己的错误，我们常常以为自己完全了解自己，其实我们是被自己蒙蔽了，或者说我们自己不愿意去正确地认识自己，我们情愿被自己的表象所麻痹。

怎样才算是认识自己了呢？认识自我，就是对自己的性格、特点、长处、短处、理想、生存目的、价值观、兴趣、爱好、憎

恶、心理状态、身体状态、生活规律、家庭背景、社会地位、交际圈、朋友圈、现在处于人生的高峰还是低谷、长期或短期目标是什么、最想做的事是什么、自己的苦恼是什么、自己能够做什么、自己不能做成什么等方面做出正确全面的综合评估。

2. 学会控制自己的思想，而不是任由思想支配

人的具体活动，都是由思想进行先导，每个行为都受着思想的控制，有的是无意的，有的是有意的。但是，思想是构建在肢体之上的，它必须起源于我们的身体。在思想控制活动之前，我们一定要先主动积极地对其进行正确的引导，或者控制，修正其中的错误，发出正确的行动指令。这样，我们的行为才会减少冲动因素，我们的情绪更为稳定，能更为理性地看待问题。

要想控制思想，让其受我们自身的驾驭，就要知道自己想做什么，能做什么，不能做什么。当明确了这些之后，我们在思想上就可以为自己的行为定下一个准则，利用这个准则来指导自己该做什么，不该做什么。

要想掌控自己的思想不是件容易的事情，在活动进行的过程中，我们原先为自己定下的准则会时不时地受到各种因素的影响，使得我们所坚持的准则开始动摇甚至坍塌，所以，在活动进行的过程中，我们要时常检讨自己的行为，思考自己的得失，减少冲动、激进的心理，这样才能重新夺回思想的控制权，使自己的行为更为理性。

3. 树立远大的目标

一个有远大目标的人，能不太理会身边的嘈杂而专注前行；

一个想去麦加朝圣的行者，不会轻易在路途中听别人的话而改变路线，也不会轻易因别人的挑衅而拔刀相向。勾践因为有复国雪耻的目标，因此不会因为夫差的羞辱而冲动。

因为有了努力的方向，所以不会盲目行动；因为身负重任，所以心无旁骛前行。有了自己最想完成的目标，我们的思想和行为或多或少都会受其影响，在一定程度上可以矫正我们的思想和行为，对我们自制力的增强将会起到积极的作用。

从小事培养自制力

如果你今天早上计划做某件事，但因昨晚休息得太晚而困倦，你是否会义无反顾地披衣下床？

如果你要远行，但身体乏力，你是否要停止远行的计划？

如果你正在做的一件事遇到了极大的、难以克服的困难，你是继续做呢，还是停下来等等看？

对诸如此类的问题，若在纸面上回答，答案一目了然，但若放在现实中，自己去拷问自己，恐怕也就不会回答得这么利索了。眼见的事实是，有那么多的人在生活、工作中遇到了难题，都被打趴下了。他们不是不会简单地回答这些问题，而是缺乏自制力，难以控制自己。

要拥有非凡的自制力，并非看几本书，发几个誓就能立刻见效。九尺之台，起于垒土。通过一件又一件的小事来锻炼自己的自制力，是提升自己自制力的一个切实可行的方法。

1976 年，曾连续二十年保持美国首富地位的"石油大王"，象征石油财富和权力的保罗·盖蒂去世，留下巨额遗产，按照他的遗嘱，将 20 多亿的遗产中的 13 亿美元交"保罗·盖蒂基金会"。

保罗·盖蒂曾不止一次地对他的子女们说：一个人能否掌握自己的命运，完全依赖于自我控制力。如果一个人能够控制自己，他就不必总是按喜欢的方式做事，他就可以按需要的方式做事。这正是人生成功的要点。

保罗·盖蒂是一个富家子弟，年轻时不爱读书爱浪荡。有一次，他开着车在法国的乡村疾驰，直到夜深了，天下起大雨，他才在一个小城镇找一家旅馆住下来。

他倒在床上准备睡觉时，忽然想抽一支烟。取出烟盒，不料里面却是空的。由于没有烟，他就更想抽烟了。他索性从床上爬起来，在衣服里、旅行包里仔细搜寻，希望能找到一支不小心遗漏的烟。但他什么也没有找到。

他决定出去买烟。在这个小城镇，居民没有过夜生活的习惯，商店早就关门了。他唯一能买到烟的地方是远在几公里之外的火车站。当他穿上雨鞋、披上雨衣，准备出门时，心里忽然冒出一个念头："难道我疯了吗？居然想在半夜三更，离开舒适的被窝，冒着倾盆大雨，走好几公里路，目的只是为了抽一支烟，真是太荒唐了！"

他站在门口，默默思考着这个近乎失去理智的举动。他想，如果自己如此缺少自制力，能干什么大事？

他决定不去买烟，重新换上睡衣，躺回被窝里。

这天晚上，他睡得特别香甜。早上醒来时，他浑身轻松，心情很愉快。因为他彻底摆脱了一个坏习惯的控制。从这天开始，他再也没有抽过烟。

对于保罗·盖蒂来说，戒烟的真正意义不在于戒烟本身，而在于戒烟成功后对自己意志与自制力的磨炼与提升。因此，对于本节前面所提的点滴小事，若能有所警醒，和惰性、惯性作一些斗争并最终取胜，对于自己自制力的提升会有莫大的帮助。

装傻，傻人自有傻人福

人们常说：傻人有傻命。为什么呢？因为人们一般懒得和傻人计较——和傻人计较的话自己岂不也成了傻人？也不屑和傻人争夺什么——赢了傻人也不是一件什么光彩的事情。相反，为了显示自己比傻人要高明，人们往往乐意关照傻人。因此，傻人也就有了傻命。

美国第九届总统威廉·亨利·哈里逊出生在一个小镇上，他儿时是一个很文静又怕羞的老实人，以至于人们都把他看成傻瓜，常喜欢捉弄他。他们经常把一枚五分硬币和一枚一角的硬币扔在他的面前，让他任意捡一个，威廉总是捡那个五分的，于是大家都嘲笑他。

有一天一位可怜他的好心人问他："难道你不知道一角要比五分值钱吗？"

"当然知道，"威廉慢条斯理地说，"不过，如果我捡了那个一角的，恐怕他们就再没有兴趣扔钱给我了。"

你说他傻吗？

《红楼梦》中的主要人物之一薛宝钗，其待人接物极有讲究。元春省亲与众人共叙同乐之时，制一灯谜，令宝玉及众裙钗粉黛们去猜。黛玉、湘云一干人等一猜就中，眉宇之间甚为不屑，而宝钗对这"并无甚新奇""一见就猜着"的谜语，却"口中少不得称赞，只说难猜，故意寻思"。有专家们一语破"的"：此谓之"装愚守拙"，因其颇合贾府当权者"女子无才便是德"之训，实为"好风凭借力，送我上青云"之高招。这女子，实在是一等一的装傻高手。

真正的聪明人在适当的时候会装装傻。明朝时，况钟从郎中一职转任苏州知府。新官上任，况钟并没有急着烧所谓的三把火。他假装对政务一窍不通，凡事问这问那，瞻前顾后。府里的小吏手里拿着公文，围在况钟身边请他批示，况钟佯装不知所措，低声询问小吏如何批示为好，并一切听从下属们的意见行事。这样一来，一些官吏乐得手舞足蹈，都说碰上了一个傻上司。过了三天，况钟召集知府全部官员开会。会上，况钟一改往日愚笨懦弱之态，大声责骂几个官吏：某某事可行，你却阻止我；某某事不可行，你又怂恿我。骂过之后，况钟命左右将几个奸佞官吏捆绑起来一顿狠揍，之后将他们逐出府门。

"装傻"看似愚笨，实则聪明。人立身处事，不矜功自夸，可以很好地保护自己。即所谓"藏巧守拙，用晦如明"。

"愚不可及"这句话已经成为生活中的常用语，用来形容一个人傻到了无以复加的程度。但要是查一下出处，此话最早还出于孔子之口，原先并不带贬义，反而是一种赞扬："子曰：'宁武子，邦有道则知，邦无道则愚。其知可及也，其愚不可及也。'"（《论语·公冶长》）

宁武子是春秋时代卫国有名的大夫，姓宁，名俞，武是他的谥号。宁武子经历了卫国两代的变动，由卫文公到卫成公，两个朝代国家局势完全不同，他却安然做了两朝元老。卫文公时，国家安定，政治清平，他把自己的才智能力全都发挥了出来，是个智者。到卫成公时，政治黑暗，社会动乱，情况险恶，他仍然在朝做官，却表现得十分愚蠢鲁钝，好像什么都不懂。但就在这愚笨外表的掩饰下，他还为国家做了不少事情。所以，孔子对他评价很高，说他那种聪明的表现别人还做得到，而他在乱世中为人处世的那种包藏心机的愚笨表现，则是别人所学不来的。其实，人们真正学不到的是宁武子的那种不惜装傻以利国利民的情操。

在我们的周围，总有些人喜欢处处表现自己。爱表现自己固然没有错，但在一些场合却是一个缺失，会把某些关系搞糟，会把某些事情搞坏。比如，你的领导在场的场合里，一旦遇有困难或问题需要解决，只要不是领导点名让你谈看法、拿意见，一般来说，你切不可唐突发言满怀自信地谈你的看法，并提出处理意见。因为很多情况下，领导需要维护自己的面子、需要体现出自己的高明，所以，你最好装傻，多分析问题，而把解决问题的点子，让给领导，其结果是：问题解决了，也体现了领导的高明。那么，久而久之，你的领导一定喜欢和你一起共事，也会渐渐地欣赏你。反之，遇事总显得你比领导高明，那么领导的面子往那里放？若是让领导觉得你挡光，他还会把你放在前台吗？

装傻是一种大智慧、大谋略。懂得装聋作哑的人，要少惹多少是非啊。

大智若愚在生活当中的表现是不处处显示自己的聪明，做人低调，从来不向人夸耀自己抬高自己，做人原则是厚积薄发，宁静致远，注重自身修为、层次和素质的提高，对于很多事情持大度开放的态度，有着海纳百川的心态，从来没有太多的抱怨，能够真心实意地踏实做事，对于很多事情要求不高，只求自己能够不断得到积累。

难得糊涂，受益无穷

"难得糊涂"出自清代画家郑板桥，原文书法怪异而大气，后加小字注为："聪明难，糊涂难，由聪明而转入糊涂更难。放一着，退一步，当下心，安非图，后来福报也。"

"难得糊涂"这四字箴言通俗易懂，因而广为流传，至今成为许多人处世待人的原则和方法。

但是，往往看起来越是简单易行的东西做起来就越难，"难得糊涂"就是如此。多少年来，许多人都以"难得糊涂"作为处世做人的箴言，但真正领悟出其中真意的人却是少之又少。因为"难得糊涂"并非努力就能做到的，努力做到的糊涂也有，但它看起来更像是装糊涂而非"难得糊涂"。

"难得糊涂"是对小恩小怨的不执着、不计较，是性存忠厚，是对弱小者的体恤宽容，是一种良好的道德修养。纵观世人，多对人斤斤计较，对别人的缺点用放大镜来看，连毛孔粗细都瞧得真真切切、明明白白，而对于自己，却是稀里糊涂，从不曾拿个照妖镜来照照自己又是何方神圣，这是人性的弱点。若世人都能换个视角，对自己多检点，对别人"难得糊涂"，从此天下太平矣！当然，这种"难得糊涂"是用在善良弱小或是亲朋好友的小毛病、小缺点或是内部矛盾上，在大是大非面前是绝不可"难得糊涂"的，这也是一个做人的准则问题。

难得糊涂，人才会清醒，才会清静，才会有大气度，才会有宽容之心。可见，难得糊涂不是真糊涂，而是不糊涂。

一个人在处世、生活中学会难得糊涂，会在很多方面受益无穷：

第一，避免矛盾和纷争。生活中的许多小事，如果我们采取难得糊涂的态度，睁一只眼闭一只眼，很容易小事化了。而如果你一点儿都不糊涂，一是一，二是二，矛盾、纷争、甚至流血牺牲都有可能发生。生活中有很多精明的人总是喜欢揪别人的辫子，抓别人的缺点，以为这样做可以显示自己比他人高明。实际上，这种语言、行为上的丝毫不糊涂，却是造成两个人关系疏远、分道扬镳甚至成为仇敌的根本原因。

第二，可以使自己心态平和。与人交往、处世的关键是要使人心情愉快，而心态平和是心情愉快的前提，难得糊涂就可以使一个人心态平和。如果你是一个牙尖嘴利、眼尖手快的人，你必然会发现一些别人注意不到的东西，如果你一笑置之，不加追究，不久你就会忘掉这些东西；而一旦你觉得自己无法不站出来、非要给他人一个昭示的话，既弄得他人满心不快活，恐怕连你自己的心也难以平静下来。

一个老和尚和一个小和尚来到河边，一个年轻姑娘正犹豫着如何过河，看到和尚们来了，便求和尚帮助。老和尚念了一声"善哉"，便抱着姑娘过了河，姑娘千恩万谢地走了。走了相当长一段路，小和尚突然问："出家人，不近女色，师父你犯戒了。"老和尚哈哈大笑道："我早就放下了，怎么你还抱着？"小和尚惭愧地面红耳赤。

很多人在处世时就像这个不懂真谛的小和尚，总不自觉地使自己的心态处于不平和之中。

第三，与己方便。人常说："给人方便，与己方便。"难得糊涂无非就是给人方便，给人方便，人就会对你也方便。两个过于精明的人就像两只正在酗斗的公鸡一样，非要分出个你胜我负来，这于双方的身心是没有什么益处的。

糊涂如一挑纸灯笼，明白是其中燃烧的灯火。灯亮着，灯笼也亮着，便好照路；灯熄了，它也就如同深夜一般漆黑。灯笼之所以需要用纸罩在四周，只是因为灯火虽然明亮但过于孱弱，还容易灼伤他人与自己，因此需要适当地用纸隔离，这样既保护了灯火也保护了自己和别人。明白也需要糊涂来隔离。给明白穿上糊涂的外套，既需要处世的智慧，又需要处世的勇气。很多人一事无成，痛苦烦恼，就是自认为自己明白，缺乏"装糊涂"的明白与勇气。

其实糊涂者哪里是真的糊涂，他们只是因为看清了、看透了，明白与清醒到了极致，在俗人的眼里才成了糊涂而已。

如何改掉坏脾气

一提到"脾气"，许多人都会认为是"脾"之"气"，是与生俱来无法改变的。因此，那些脾气不好的人，大抵是一贯如此，直至老死仍无任何改变。脾气不好的人，最容易冲动。

从前，有个脾气极坏的男孩，到处树敌，人人见到他都唯恐避之不及。男孩也为自己的脾气而苦恼，但他就是控制不住自己。

一天，父亲给了他一包钉子，要求他每发一次脾气，都必须用铁锤在他家后院的栅栏上钉一个钉子。

第一天，小男孩一共在栅栏上钉了 37 个钉子。过了一段时间，由于学会了控制自己的愤怒，小男孩每天在栅栏上钉钉子的数目逐渐减少了。他发现控制自己的脾气比往栅栏上钉钉子更容易，小男孩变得不爱发脾气了。

他把自己的转变告诉了父亲。父亲建议说："如果你能坚持一整天不发脾气，就从栅栏上拔掉一个钉子。"经过一段时间，小男孩终于把栅栏上的所有钉子都拔掉了。

父亲拉着他的手来到栅栏边，对小男孩说："儿子，你做得很好。可是，现在你看一看，那些钉子在栅栏上留下了小孔，它们不会消失，栅栏再也不是原来的样子了。当你向别人发脾气之后，你的那些伤人的话就像这些钉子一样，会在别人的心中留下伤痕。

你这样就好比用刀子刺向某人的身体，然后再拔出来。无论你说多少次对不起，那伤口都会永远存在。其实，口头对人造成的伤害与伤害人们的肉体没什么两样。"

还有一个故事也颇能说明我们的观点。

有位脾气暴躁的弟子向大师请教，"我的脾气一向不好，不知您有没有办法帮我改善？"

大师说："好，现在你就把'脾气'取出来给我看看，我检查一下就能帮你改掉。"

弟子说："我身上没有一个叫'脾气'的东西啊。"

大师说："那你就对我发发脾气吧。"

弟子说："不行啊！现在我发不起来。"

"是啊！"大师微笑说，"你现在没办法生气，可见你暴躁的个性不是天生的，既然不是天生的，哪有改不掉的道理呢？"

如果你觉得情绪失控，怒火上升，试着延缓 10 秒钟或数到 10，之后再以你一贯的方式爆发，因为，最初的 10 秒钟往往是最关键的，一旦过了，怒火常常可消弭一半以上。

下一次，试着延缓 1 分钟，之后，不断加长这个时间，1 天、10 天，甚至 1 个月才生一次气。一旦我们能延缓发怒，也就学会了控制。自我控制能力是一个人的内在本质。

记住，虽然把气发出来比闷在肚子里好，但根本没有气才是上上策。不把生气视为理所当然，内心就会有动机去消除它。其具体方法如下：

办法一：降低标准法。经常发脾气可能和你对人对事要求过高过苛刻有关，也可能和你喜欢以自我为中心、心胸狭窄不善宽容有关。因此，通过认真反省，改变自己的思维方式和处事习惯，降低要求别人的尺度，学会理解和宽容忍让，是改掉坏脾气的根本途径。

办法二：体化转移法。怒气上来时，要克制自己不要对别人发作，同时通过使劲咬牙、握拳、击掌心等动作，使情绪转由动作宣泄出来。

办法三：离开现场法。发火多由特定的情景引起，因此当怒气上来时，培养自己养成条件反射般立即离开现场的习惯，暂时回避一下，待冷静下来再处理事情。

办法四：精神胜利法。一说到精神胜利法，大家可能自然而然地想到阿Q，并不屑为之。但偶尔精神胜利一下也未尝不可。相传某禅师偕弟子外出化缘，途中遇一恶人左右刁难，百般辱骂，禅师不搭理，该人竟穷追数里不肯罢休。禅师面无恼色，和弟子谈笑自如。恶人无奈，只得退后罢休。事后，弟子不解，问禅师："师傅你遭此不公平为何不生气，不反击？"师傅答道："若你路遇野狗朝你狂吠，你会放下身段与之对吠吗？弄不好惹它咬了你，难道你也去咬它？"禅师面对挑衅与侮辱的态度难道不是一种大智吗？